Kailer/Weiß

•

Gründungsmanagement kompakt

Gründungsmanagement kompakt

Von der Idee zum Businessplan

von

Norbert Kailer

Gerold Weiß

Unter Mitarbeit von Tina Gruber-Mücke, Alexander Stockinger und Freimuth Daxner

2. Auflage

Bibliografische Information der Deutschen Bibliothek

Die Deutsche Bibliothek verzeichnet diese Publikation in der Deutschen Nationalbibliografie; detaillierte bibliografische Daten sind im Internet über http://dnb.ddb.de abrufbar.

ISBN 978-3-7073-1359-8

Es wird darauf verwiesen, dass alle Angaben in diesem Fachbuch trotz sorgfältiger Bearbeitung ohne Gewähr erfolgen und eine Haftung der Autoren oder des Verlages ausgeschlossen ist.

© LINDE VERLAG WIEN Ges.m.b.H., Wien 2008
1210 Wien, Scheydgasse 24, Tel.: 01 / 24 630
www.lindeverlag.at

Datenkonvertierung und Satz: BuX. Verlagsservice, www.bux.cc
Druck: Hans Jentzsch & Co. GmbH, 1210 Wien, Scheydgasse 31

Vorwort zur 2. Auflage

Sehr geehrte Leserin, sehr geehrter Leser!

Die erfreuliche Nachfrage macht bereits nach einem Jahr eine Neuauflage notwendig. Das Buch wurde in allen Teilen aktualisiert (Stand Juli 2008) und durch eine Reihe weiterer Praxisbeiträge ergänzt. Wir bedanken uns bei unserem bewährten Team, Frau *Dr. Tina Gruber-Mücke*, Herrn *Mag. Alexander Stockinger* und Herrn *Mag. Freimuth Daxner* und bei unseren NetzwerkpartnerInnen für die engagierte Mitarbeit und bei Frau *Judith Miny* für die Layoutierungs- und Korrekturarbeit.

Linz, August 2008   *Norbert Kailer und Gerold Weiß*

Vorwort zur 1. Auflage

Sehr geehrte Leserin, sehr geehrter Leser!

Dieses Buch fokussiert auf das *Gründungsmanagement,* d.h. auf Fragen der Ideengenerierung, der Prüfung der Markttragfähigkeit und Umsetzbarkeit der Innovation bis hin zur Erstellung eines fundierten Businessplanes als Entscheidungsunterlage sowohl für Gründer(teams) als auch potenzielle Kreditgeber und Investoren.

Zielgruppe sind alle *GründungsinteressentInnen* sowie bereits *konkret planende Gründer(teams)*, insbesondere Studierende und AbsolventInnen von Universitäten und Fachhochschulen.

Thematisch ist der Bereich der Unternehmensgründung eine typische Querschnittmaterie von betriebswirtschaftlich-rechtlichen bis hin zu psychologisch-soziologischen Fragestellungen, deren umfassende Behandlung den Rahmen einer kompakten Einführung bei weitem sprengen würde. Deshalb wurde auf die aus Autorensicht relevantesten Fragestellungen der Vorgründungs- und Planungsphase fokussiert. Behandelt werden die Themenbereiche unternehmerische Kompetenzen, Ideengenerierung, Gründungsstrategie, Marketingplan, Rechts-, Steuer- und Versicherungsfragen. Bei den Rahmenbedingungen (Gesetze, Gründungsinfrastruktur, Förderprogramme etc.) wird konkret auf *Österreich* abgestellt. Die dargestellte Gesetzeslage sowie öffentliche Förderprogramme unterliegen jedoch ständigen Veränderungen und Weiterentwicklungen. Im Buch dargestellt ist der *Stand Mitte 2007.* Es wird deswegen empfohlen, bei Bedarf anhand der angegebenen Internetadressen den jeweils aktuellen Stand nochmals zu recherchieren. Darauf aufbauend wird – durch Leitfragen und Praxistipps ergänzt – die *systematische Erstellung eines Businessplanes* behandelt.

Die einzelnen Kapitel sind durch *Blicke in die Praxis* ergänzt. Diese wurden von Netzwerkpartnerinnen und Lektoren des IUG verfasst und sollen, ebenso wie die Einbeziehung des *Original-Businessplanes des IT-Unternehmens „Underground_8"* die Praxisorientierung des Buches erhöhen. Es wurden Leitfragen beigefügt, um diesen Businessplan aus der unternehmerischen Praxis nochmals kritisch zu analysieren und daraus Erkenntnisse für Inhalt, Layout und Verständlichkeit eines eigenen Businessplans abzuleiten.

Das Buch ist auch als Begleitunterlage für Einführungsveranstaltungen im Bereich Unternehmensgründung und -entwicklung konzipiert. Dementsprechend sind Zitate im Text auf ein Minimum beschränkt. Die weiterführenden Literaturhinweise enthalten Praxisveröffentlichungen ebenso wie Handbücher und wissenschaftliche Arbeiten, um sowohl PraktikerInnen als auch Studierende bei einer vertieften Auseinandersetzung mit der Thematik zu unterstützen.

Wenn im Text von Gründungspersonen, Gründungsinteressenten und -planern, Unternehmern, Investoren, Beratern oder Gründungshelfern gesprochen wird, sind damit immer Personen beiderlei Geschlechtes gemeint.

Wir danken unseren Netzwerkpartnern und Lektorinnen sowie Frau *Mag. Tina Gruber-Mücke,* Herrn *Mag. Alexander Stockinger* und Herrn *Mag. Freimuth Daxner* vom IUG für die engagierte Mitarbeit an diesem Buch und *Frau Judith Miny* für die Layoutierungs- und Korrekturarbeit.

Linz, August 2007   *Norbert Kailer und Gerold Weiß*

Inhaltsverzeichnis

Abbildungsverzeichnis

Tabellenverzeichnis

1. Entrepreneurship-Kompetenzen

Einführend werden Definitionen von Entrepreneurship vorgestellt. Die Einflussfaktoren auf die Gründungskompetenz und -aktivitäten werden anhand eines Modells der Gründungskompetenz diskutiert. Abschließend wird auf Teamgründungen eingegangen.

1.1 Entrepreneurship: Bedeutung und Definitionen

Der Erhöhung des Gründungspotenzials und der Anzahl der neu gegründeten Unternehmen sowie der Unterstützung von Start-ups in ihrer Entwicklungsphase kommt international aus wirtschafts- und arbeitsmarktpolitischen Gründen hohe Bedeutung zu. Dies gilt angesichts einer europaweiten Nachfolgerlücke ebenso für die Übernahme von Unternehmen durch Familienmitglieder, Mitarbeiter oder Externe (Schauer et al. 2005).

Wirtschafts- und arbeitsmarktpolitische Bedeutung

Unternehmer stellen im dynamischen Wettbewerb eine zentrale Figur dar. In der wissenschaftlichen Literatur werden jedoch die Definitionen von Unternehmer, Entrepreneur, Unternehmertum und Entrepreneurship keineswegs einheitlich verwendet (Neck 2000).

Definitionen

Der irische Bankier *Richard Cantillon* (1637–1734) führte den Begriff des Entrepreneurs (französisch für: etwas unternehmen) als eigenständigen Typ eines Wirtschaftsakteurs ein. Er betonte vor allem dessen Bereitschaft, **ökonomische Risiken einzugehen** und nach Gewinn zu streben.

Cantillon

Jean-Baptist Say (1767–1832) ergänzte dies um die **Koordination von Produktionsfaktoren** als wesentlichen Unterschied von Unternehmer und Kapitalgeber.

Say

Joseph Schumpeter (1883–1950) sieht in seinem 1911 erschienenen Werk „Theorie der wirtschaftlichen Entwicklung" Unternehmer als wesentlichen Motor der wirtschaftlichen Dynamik, die neue technologische Entwicklungen erkennen, aufgreifen und wirtschaftlich umsetzen. Sie **realisieren immer neue Faktorkombinationen** durch neue Produkte/Dienstleistungen, Rohstoffquellen und Produktionsverfahren, durch die Erschließung neuer Märkte und Zielgruppen und durch neue Formen der Beschaffung oder der Organisation.

Schumpeter

Innovation erfolgt durch **schöpferische Zerstörung** (d.h. Entwertung technisch funktionsfähiger Produkte oder Dienstleistungen durch Einführung neuer Produkte, Verfahren oder Dienstleistungen, durch Änderung von Marktstrukturen und Wettbewerbspositionen). Schumpeter hebt Innovationskraft und Dynamik als typische Eigenschaften von Entrepreneuren heraus, unterscheidet jedoch **Erfinder und Techniker** von **Entrepreneuren i.e.S.**

Schöpferische Zerstörung

Während Schumpeters unternehmerische Gelegenheiten durch neue Informationen, durch schöpferische Zerstörung und resultierende Marktungleichgewichte entstehen, hebt *Kirzner* (1978) hervor, dass diese Opportunities mit **Unterschie-**

Informationsungleichgewichte

den in Zugang zu und Interpretation von Informationen zusammenhängen, welche zu Knappheit oder Überschüssen führen.

Entscheidung über knappe Ressourcen

Casson (1982) betont, dass Entrepreneure Entscheidungen über den **Einsatz knapper Ressourcen** treffen müssen.

Erkennen und Nutzen einer Opportunity

Drucker (1995), *Shane/Venkataraman* (2000) und *Timmons/Spinelli* (2007) heben das **Wahrnehmen einer Gelegenheit** (opportunity) als zentrale unternehmerische Aufgabe hervor.

Entrepreneurship als Denk-, Argumentations- und Handlungsweise

Hisrich definiert Entrepreneurship umfassend als eine bestimmte **Weise zu denken, zu argumentieren und zu handeln**: *"Entrepreneurship is the process of creating something new with value by devoting the necessary time and effort, assuming the accompanying financial, psychic, and social risks, and receiving the resulting rewards of monetary and personal satisfaction and independence"* (Hisrich et al. 2005, S. 8).

1.2 Einflussfaktoren auf die Gründungskompetenz und -aktivitäten: Ein Bezugsrahmen

Die Entscheidung, mit konkreten Planungsaktivitäten zu beginnen, ein Unternehmen zu gründen oder zu übernehmen oder dieses in weiterer Folge auszubauen (siehe Kap. 15) sowie die Nachhaltigkeit dieser Entscheidungen hängen von einer Reihe von Faktoren ab, die sich zudem gegenseitig beeinflussen. Im **Modell der Gründungskompetenz** (Abb. 1.1). wird ihr Zusammenwirken grafisch dargestellt.

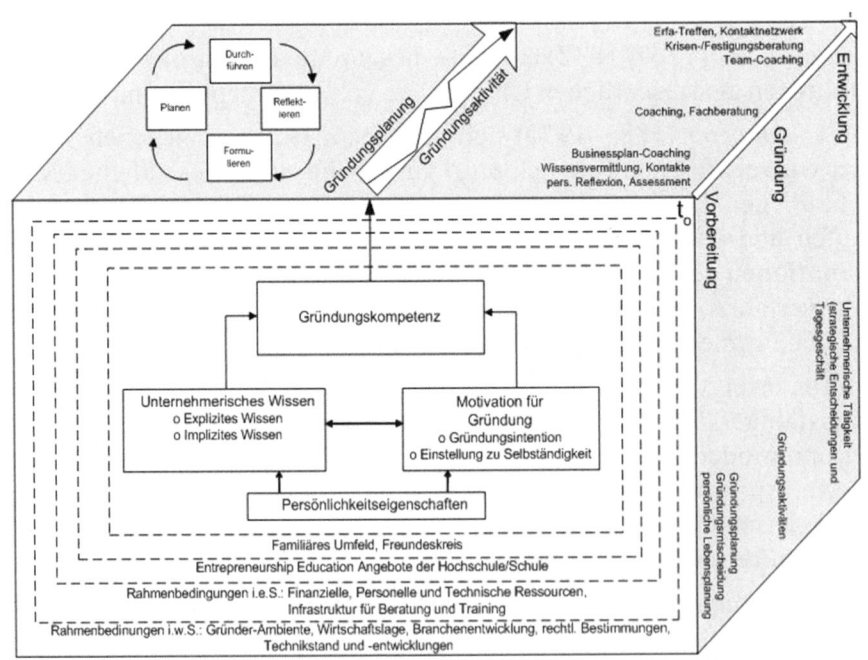

Abb. 1.1: Modell der Gründungskompetenz (Qu.: Kailer 2005, S. 167)

Dieser Bezugsrahmen geht vom Bochumer Kompetenzmodell aus (Staudt et al. 2002). Die Umsetzung von Gründungsabsichten in Planungen und konkrete Gründungshandlungen setzt individuelle Gründungskompetenz voraus. Diese erfordert sowohl unternehmerisches Wissen als auch die Motivation, ein Unternehmen zu gründen oder zu übernehmen.

Individuelle Gründungskompetenz

Im Folgenden werden die einzelnen Bestandteile des Modells der Gründungskompetenz kurz beschrieben:

Das **unternehmerische Wissen** beinhaltet explizite und implizite Wissensbestandteile.

Explizites und implizites Wissen

- Zum **expliziten Wissen** zählt für den Gründungsvorgang erforderliches **Gründungswissen** (z.B. Kenntnis von Vor- und Nachteilen unterschiedlicher Rechtsformen) sowie insbesondere das für den laufenden Betrieb und die Weiterentwicklung des Unternehmens erforderliche **Fach- und Methodenwissen** und **sozial-kommunikative Fähigkeiten**. Besonders wichtig sind dabei die Bereiche Verhandlung, Verkauf und Teamarbeit.

- Von zentraler Bedeutung ist das **implizite Wissen**, d.h. (möglichst einschlägige) Praxis- und Berufserfahrung und Branchen-Know-how sowie Erfahrung in der Arbeit in Teams, in Führung von Mitarbeitern, Delegation und dem Führen von Verhandlungen und Verkaufsgesprächen. So halten drei von vier Jungunternehmern in Oberösterreich branchenspezifisches Erfahrungswissen für unverzichtbar für den Unternehmenserfolg. Je ausgeprägter die Branchenerfahrung, desto zielgerichteter können branchenbezogene Marktinformationen und Marktforschungsdaten in ihrer Bedeutung realistisch eingeschätzt und in eigenen Planungen berücksichtigt werden. Serial Entrepreneurs und Teams mit branchen-, team- und gründungserfahrenen Partnern verfügen hier über einen wichtigen Vorteil. Das Problem impliziten Wissens besteht darin, dass es nur schwer bewusst gemacht und nur zum Teil weitergegeben werden kann.

Die **Motivation zur Gründung** umfasst einerseits die grundsätzliche **Einstellung gegenüber Selbständigkeit** an sich sowie darauf basierend die **zielgerichtete persönliche Gründungsabsicht**. Erst unternehmerisches Wissen kombiniert mit Gründungsmotivation führt dazu, dass Aktivitäten zur Gründungsplanung gesetzt bzw. diese in Gründungshandlungen umgesetzt werden.

Kombination Wissen und Motivation

Die **Persönlichkeitseigenschaften** üben ebenfalls einen wichtigen Einfluss auf die Gründungskompetenz und -neigung aus (Müller 1999, Shane 2003). So beeinflusst z.B. die Risikoneigung einer Person ihre Motivation zur Aufnahme einer selbständigen Tätigkeit. Interne Kontrollüberzeugung (**internal locus of control**) und hohe Selbstwirksamkeitserwartung (**self efficacy**) führen zu erhöhter unternehmerischer Wachsamkeit (entrepreneurial alertness) und damit zu intensiverem Wahrnehmen unternehmerischer Chancen (siehe Kap. 2). Auch die bevorzugten Lern- und Arbeitsstrategien – die wiederum von der persönlichen Aus- und Weiterbildung geprägt sind – beeinflussen, ob, wie und wie schnell Informationen aus dem Umfeld aufgenommen, ausgewertet und in Strategien (siehe Kap. 3) und operative Maßnahmen umgesetzt werden.

Rahmenbedingungen

Darüber hinaus wirkt sich eine Reihe von **Rahmenbedingungen** hemmend oder fördernd auf Gründungsneigung und -aktivitäten aus. Dabei können mehrere **Einflussebenen** unterschieden werden.

Familiäres Umfeld

Das **familiäre Umfeld** prägt auch die Einstellung gegenüber Selbständigkeit. Studierende aus Familienunternehmen werden häufiger selbst Unternehmer als Studierende mit unselbständig tätigen Eltern. Dies gilt sowohl für Personen, die eine positive, als auch für diejenigen, die eine eher negative Einstellung gegenüber dem Familienunternehmen haben.

Freundeskreis

In ähnlicher Weise beeinflussen der **Freundeskreis,** Arbeitskollegen und Arbeitgeber Gründungsentscheidungen. Je intensiver der Kontakt zu Unternehmern, desto größer die Neigung, selbst die unternehmerische Laufbahn zu ergreifen.

Schule

Schulen, Hochschulen und Weiterbildungseinrichtungen fördern durch inhaltliche und methodisch-didaktische Gestaltung des Lehrprogramms **Selbständigkeit als Lernziel** und damit eine positive(re) Grundeinstellung gegenüber einer unternehmerischen Tätigkeit (Gibb 2005, Kailer 2005). Sie vermitteln auch konkrete Fachkenntnisse für eine selbständige Tätigkeit (z.B. Erstellung von Businessplänen) und können Gründungsinteressenten und Jungunternehmer durch Unternehmenspraktika, hochschuleigene Inkubatoren, Businessplan-Wettbewerbe, Mentoring von Gründungsideen, Unterstützung beim Knüpfen von Netzwerkkontakten usw. konkret in ihren Planungsaktivitäten unterstützen.

Gründungsinfrastruktur

Unter **Rahmenbedingungen i.e.S.** werden in der Gründungsinfrastruktur i.w.S. vorhandene finanzielle, personelle und technische Ressourcen zusammengefasst (siehe Kap. 6). Ihre breitgefächerten Angebote umfassen **Training, Coaching, Unternehmensberatung, Information** sowie **finanzielle Unterstützung** in oft kombinierten Unterstützungspaketen (siehe Kap. 7). Aufgrund massiver öffentlicher Subventionen werden diese meist deutlich unter den Marktpreisen bzw. überhaupt kostenlos angeboten. Ihre Inanspruchnahme bedingt aber zuerst, dass sie wahrgenommen werden. Dies hängt mit der **Intentionalität unternehmerischer Suchprozesse** zusammen. Und schließlich muss die **unternehmerische Kosten-Nutzen-Schätzung** für das jeweilige Leistungsangebot positiv ausfallen. D.h. die Interessenten wägen Zeit- und Kostenaufwand für die Beantragung; die Bewilligungswahrscheinlichkeit und die erzielbare Höhe von Fördersumme bzw. Beteiligungskapital einerseits sowie den möglichen Nutzen andererseits ab (Atzlesberger 2004). Je geringer die Befürchtung einer „Antragsbürokratie", je höher die Einschätzung des Praxisnutzens des jeweiligen Leistungsangebotes, desto eher wird eine Förderung beantragt werden.

Wirtschaftslage und Gesetze

Zu den **Rahmenbedingungen i.w.S.** zählen die **Wirtschaftslage,** Entwicklungsstand und -trends von **Branche und Technologie,** aber auch **gesetzliche Bestimmungen** (siehe Kap. 8) und deren Veränderungen. So führt z.B. der Abbau von Zugangsbeschränkungen zu bestimmten Berufen oder Märkten häufig zu vermehrten Unternehmensgründungen. Auch hier kommt es darauf an, inwieweit Informationen wahrgenommen und wie sie individuell vom (potenziellen) Unternehmer interpretiert werden, d.h. inwieweit Opportunities erkannt werden (siehe Kap. 2.1).

All diese Einflussfaktoren wirken im Zeitablauf unterschiedlich stark. Dies hat wieder Rückwirkungen auf die Entscheidung zum Selbständigwerden bzw. auf die im Zuge der Gründungsplanung bzw. in der Aufbauphase gesetzten Entscheidungen. Einmal getroffene Entscheidungen werden oft nicht konsequent durchgehalten, vielmehr ist ein „oszillierender" Verlauf festzustellen. Je nach Phase stehen unterschiedliche Kompetenzanforderungen im Vordergrund und es werden unterschiedliche Unterstützungsangebote nachgefragt. Zudem unterscheidet sich das Lernen von Unternehmern vom Lernen in Aus- und Weiterbildungsgängen (siehe Kap. 1.4).

1.3 Unternehmerperson und Unternehmenserfolg

Neben der Ökonomie leisteten auch andere Disziplinen, vornehmlich Psychologie, Soziologie und Berufs- und Wirtschaftspädagogik, wesentliche Beiträge zur Entrepreneurship-Forschung (Delmar 2002).

Zu Beginn der systematischen Entrepreneurship-Forschung standen vor allem die **Persönlichkeitsmerkmale (traits)** von Unternehmern im Mittelpunkt. Welche Persönlichkeitsstrukturen und Merkmale weisen Entrepreneure im Unterschied zu anderen Gruppen auf? Ergebnis dieser Forschungsarbeiten waren eine große Anzahl von Merkmalslisten und „typischen Charaktereigenschaften" von Unternehmern. Gemäß den Ergebnissen der „traits school" sind Unternehmer durch moderate Risikoneigung, hohe Ambiguitätstoleranz, interne Kontrollüberzeugung, starkes Streben nach Autonomie, Dominanz, Unabhängigkeit und Selbstachtung sowie ein geringes Bedürfnis nach Konformität und Unterstützung charakterisiert (Fallgatter 2000). **Trait Approach**

Auch der demografisch-soziologische Ansatz geht davon aus, dass Unternehmer besondere, nur schwer beeinflussbare Persönlichkeitseigenschaften kennzeichnen. Diese grundlegenden Bedürfnisse, Werthaltungen, Einstellungen und Antriebe (wie z.B. Risikobereitschaft oder Leistungsstreben) werden im Laufe des Lebens erworben, wobei der Einfluss der Familie und eigene Erfahrungen mit Selbständigkeit von besonderer Bedeutung sind. Diese Eigenschaften werden durch **Sozialisation** erworben. Bekannt ist die These des Soziologen *Max Weber*, dass die protestantische Ethik das Leistungsstreben fördere, da das Leben einer Person durch ihre Erfolge bewertet werde (Weber 2000). Im Mittelpunkt dieses Ansatzes steht somit das soziale Umfeld. **Demographic Approach**

Die Ansätze der Management School of Entrepreneurship gehen davon aus, dass unternehmerische Kompetenz **erlernt** werden kann. Erforscht wird, was Unternehmer tun. Da Unternehmer nach diesen Auffassungen einen **speziellen Typ von Leader** darstellen, somit eine große Nähe zu Managern unterstellt wird, werden Ergebnisse und Konzeptionen der Managementforschung auf die Unternehmerforschung übertragen. **Management Approach**

In den verhaltensorientierten Ansätzen zieht man verhaltenstheoretische Modelle heran, um die Gründe für die Entscheidung für Selbständigkeit zu analysieren. Es **Behavioral Approach** geht somit um eine **Analyse der unternehmerischen Intention einer Person**, die als ein Schlüsselkonzept für unternehmerische Aktivitäten betrachtet wird.

Psychologische Faktoren

Es gibt eine Reihe **psychologischer Faktoren**, die insbesondere die **Tendenz zur Nutzung unternehmerischer Gelegenheiten** beeinflussen (Shane 2003) und damit einen entscheidenden Einfluss auf den Erfolg von Unternehmern und Unternehmen haben. Die Forschung konzentrierte sich auf die im Folgenden angeführten Faktoren, die eine relativ gute Validität aufweisen (Fueglistaller et al. 2004).

Interne Kontrollüberzeugung

Das Konzept des locus of control (Rotter 1966) bezieht sich darauf, wie sehr Menschen glauben, Ereignisse, denen sie ausgesetzt sind, kontrollieren zu können. Unternehmer verfügen charakteristischerweise über ausgeprägte interne Kontrollüberzeugung (internal locus of control), d.h. sie glauben, dass Ereignisse (wie der Erfolg ihres Unternehmens) hauptsächlich Resultat ihrer eigenen Handlungen sind. Dies korreliert mit hoher Leistungsmotivation und hohem Streben nach Unabhängigkeit und selbständiger Tätigkeit.

Risikobereitschaft

Unternehmer tragen technische, finanzielle, Markt- und Wettbewerbsrisiken. Die individuelle Einstellung zu Risiko und Sicherheit (risk taking propensity) gibt zuerst den Ausschlag dafür, ob Personen eine Tätigkeit als Beschäftigter gegenüber einer selbständigen Tätigkeit bevorzugen und beeinflusst in weiterer Folge auch den Unternehmenserfolg. Personen mit einer höheren Risikoneigung werden eher geneigt sein, unternehmerische Chancen wahrzunehmen. In ihrer unternehmerischen Tätigkeit gehen sie jedoch eher kalkulierte Risiken ein. Ein Teil davon wird auf andere (z.B. Investoren, Banken, Gründungspartner) verteilt. Gründer sind nicht, wie oft vermutet wird, durch eine besonders starke Risikoneigung gekennzeichnet. Diese liegt vielmehr auf mittlerem Niveau.

Extraversion

Sozialinitiative Gründer verkehren gerne mit ihren Mitmenschen, sind unternehmungslustig, humorvoll und gesellig. Sie haben eine starke Begeisterungsfähigkeit und stehen gerne im Mittelpunkt. Extrovertiertere Personen sind somit auch eher bereit, unternehmerische Gelegenheiten zu ergreifen, da sie unter der Bedingung herrschender Unsicherheit und Informationsasymmetrie besser Ressourcen beschaffen und organisieren können.

Verträglichkeit

Unternehmer müssen Informationen kritisch hinterfragen und bewerten. Personen, die eher anderen vertrauen und weniger skeptisch sind, nützen tendenziell seltener unternehmerische Chancen.

Leistungsbereitschaft

Das Streben einer Person nach Exzellenz bzw. nach Erfolg in Konkurrenzsituationen (McClelland 1961) wird als zentraler Erfolgsfaktor von Unternehmern gesehen. Personen mit hoher Leistungsmotivation nützen eher unternehmerische Chancen. Empirischen Studien zufolge scheint auch ein Zusammenhang mit dem Unternehmenserfolg zu bestehen.

Unabhängigkeitsstreben

Höheres Streben nach Unabhängigkeit beeinflusst die Entscheidung, unternehmerische Chancen wahrzunehmen. Diese Eigenschaft ist bei Gründern besonders stark ausgeprägt. Gründer wollen Selbstentfaltung ohne Einengung durch starre Strukturen.

Unter Selbstwirksamkeitserwartung versteht man den Glauben an die eigenen Fähigkeiten, die subjektive Erwartung, eine bestimmte Aufgabe bewältigen zu können (Bandura 1982) und über die für den unternehmerischen Erfolg notwendigen Fähigkeiten zu verfügen. Personen mit höherer Self efficacy nehmen tendenziell eher unternehmerische Chancen wahr und haben eine größere Neigung zum Selbständigwerden.

Self Efficacy

1.4 Entrepreneurship-Kompetenz: Angeboren oder entwickelbar?

Sind Unternehmer „geboren" oder können sie ausgebildet werden? Darüber wurde in der Vergangenheit sehr intensiv debattiert. Letztlich setzte sich die Auffassung durch, dass Persönlichkeitseigenschaften zwar nur auf längere Sicht gesehen, aber doch **zum Teil beeinflussbar** sind (Lang-von Wins 2004). Lernen von role models (z.B. durch Diskussion und Arbeit mit erfolgreichen Unternehmern und Erfahrungsaustausch), Coaching und Trainingsmaßnahmen (mit sozial-kommunikativen und persönlichkeitsbildenden Lernzielen) spielen hier eine wichtige Rolle.

Entwickelbare Unternehmer-kompetenzen

Entsprechend wurde die **zentrale Bedeutung der Bildung für die Förderung des Unternehmertums** Ende 2006 in der Oslo Agenda for Entrepreneurship Education der Europäischen Union besonders hervorgehoben.

Oslo Agenda for Entrepreneurship Education

In den letzten Jahren sind im Bildungssystem erhöhte Anstrengungen zur Förderung des Entrepreneurship-Gedankens unternommen worden. Im Hochschulbereich ist eine Reihe von Entrepreneurship-Lehrstühlen geschaffen worden (Klandt et al. 2004, Achleitner et al. 2007), was sich nicht nur in steigenden Absolventenzahlen der Studienrichtung Entrepreneurship, sondern generell in einer Zunahme der akademisch gebildeten Entrepreneure niederschlägt.

Insbesondere von Hochschulabsolventen werden wegen ihrer fachlich-theoretischen Kompetenz, ihrer Neigung zu Teamgründungen und der oft intensiven Kooperation mit Forschungseinrichtungen Unternehmensgründungen mit nachhaltigem Geschäftserfolg und hoher Wachstumsorientierung erwartet.

Hohes Gründungspotenzial bei Hochschülern

Das **hohe Gründungspotenzial von Hochschülern und -absolventen** wird durch den **International Survey on Collegiate Entrepreneurship (ISCE)** (Fueglistaller et al. 2006) eindrucksvoll bestätigt: 3,2% aller Studierenden – in Österreich insgesamt 4,7% – verfügen bereits über konkrete Erfahrung als Unternehmer. Etwa ein Drittel der Studierenden strebt spätestens 5 Jahre nach Studienende eine unternehmerische Tätigkeit an. In der ISCE-Erhebung 2006 lag die Johannes Kepler Universität Linz gemessen an der Zahl der studierenden Unternehmer international auf dem ersten Platz (Kailer 2007).

ISCE

Bei der Diskussion um unternehmerische Kompetenzentwicklung sind jedoch Besonderheiten des entrepreneurial learning zu berücksichtigen.

Entrepreneurial Learning

Experiential Learning Generell ist das Lernen, unternehmerisch zu handeln bzw. im unternehmerischen Kontext zu lernen, stark an **experiential learning** und **action learning** ausgerichtet (Rae 1999, 2007). Dieser Zusammenhang wird im in der Entrepreneurshipliteratur sehr verbreiteten **learning loop model** von Kolb (1984) deutlich (siehe Abb. 1.1): Lern- bzw. Arbeitsziele werden formuliert, geplant und durchgeführt. Resultate und Prozess werden reflektiert und fließen wiederum in neue Planungsprozesse ein. Gerade in der Gründungs- und Pionierphase von Unternehmen sind Arbeiten und Lernen eng verbunden (Glasl et al. 2004). Dies erklärt auch, warum in jungen Unternehmen und KMU Lernformen wie On-the-job-Training, Besuch von Fachmessen, Erfahrungsaustausch mit anderen Unternehmern und Lernen aus Kundenfeedback zur Erhöhung der Kundenorientierung besonders gefragt sind (Kailer/Stockinger 2007b).

Da Unternehmer besonders intensiv durch Reflexion ihrer Arbeitserfahrungen und durch Erfahrungsaustausch mit anderen lernen, sind dementsprechend die Unterstützungsangebote anwendungs- und umsetzungsorientiert auszurichten. Gerade Personen, die in der Gründungsplanung weit fortgeschritten sind oder die bereits gegründet haben, sind an praxisorientierten Unterstützungsangeboten und hoher Umsetzbarkeit des Gelernten interessiert. Besonders wichtig wird damit ein methodisch-didaktischer Aufbau, der praktische Anwendung des Gelernten und Reflexion der Anwendungserfahrungen systematisch unterstützt.

1.5 Gründung im Team

Teamgründung Unter Teamgründung wird die Gründung eines Unternehmens durch mehrere Personen verstanden. Angestellte Mitarbeiter oder mithelfende Familienangehörige werden i.e.S. nicht zum Gründungsteam gerechnet.

Hohe Verbreitung In den letzten Jahren sind Gründungen im Team immer beliebter geworden. Laut Schwarz (2006) gründeten 15% mit Partnern. Von über 400 befragten Jungunternehmen in Oberösterreich wurde ein Drittel im Team gegründet (Kailer/Stockinger 200). Je höher das Bildungsniveau, desto öfter wird im Team gegründet: Zwei Drittel der österreichischen Hochschulstudierenden mit Gründungsplanungsaktivitäten beabsichtigen eine Teamgründung. An erster Stelle der potenziellen Mitgründer steht der persönliche Freundeskreis, gefolgt von Personen aus der eigenen Hochschule (meist der eigenen Studienrichtung). Jedoch wollen nur knapp 10% auch Personen außerhalb ihrer Hochschule als Partner gewinnen (Kailer 2007).

Vorteile Gründerteams weisen eine Reihe von **Vorteilen** auf:

- Erhöhte Arbeits- und Problemlösungskapazität durch ein breiteres Kompetenzportfolio

- Gegenseitige fachliche und emotionale Unterstützung ist leichter möglich

- Ausfall, Krankheit, Austritt von Mitgliedern kann leichter verkraftet werden

- Verbesserte Aufgabenbewältigung durch Übernahme von Aufgaben entsprechend dem eigenen Kompetenzschwerpunkt (z.B. Forschung, Organisation, Verkauf, Führung)

- Mehr Netzwerkkontakte

- Größeres Vertrauen bei Geldgebern, Lieferanten und Kunden

Jedoch gibt es – insbesondere bei nicht eingespielten Teams – eine Reihe von **Problemfeldern** zu berücksichtigen:

Nachteile

- Kompetenzunklarheiten und „Kompetenzlöcher" können auftreten

- Gruppendynamische Einflüsse z.B. bei Gruppenentscheidungen (groupthink) können zu schlechten Problemlösungen führen

- Erforderliche Abstimmungsprozesse benötigen Zeit

- Unterschiede hinsichtlich privaten und beruflichen Zielen, Arbeitsstil und -intensität, Risikofreudigkeit treten oft erst im Laufe der unternehmerischen Tätigkeit auf und können zu Teamkonflikten führen.

Zentrale **Erfolgsfaktoren** von Gründungsteams sind

Kompetenzportfolio und Reflexion

- Zusammenstellung mit dem Ziel eines breit gefächerten Kompetenzportfolios (bzgl. Fachwissen, sozial-kommunikativer Fähigkeiten, Verkaufs- und Verhandlungskompetenz, branchenspezifischer Erfahrung und Kenntnis einschlägiger Netzwerke, vorhandener Netzwerkkontakte zu potenziellen Lieferanten, Kunden, Banken usw.)

- Reflektion und kontinuierliche Begleitung des Team(bildungs)prozesses

1.6 Weiterführende Literatur

Entrepreneurship-Definitionen und ihre historischen Entwicklung: *Fueglistaller* et al. (2008), *Schmitz* (2004), *Hisrich* et al. (2005), *Timmons/Spinelli* (2007), *Volkmann/Tokarski* (2006).

Überblick über Forschungsergebnisse zu Entrepreneurship und Unternehmerpersönlichkeit: *Fallgatter* (2002), *Shane* (2003), *Lang-von Wins* (2004), *Frank* u.a. (2007); zu Mitunternehmertum/Intrapreneurship: *Wunderer/Bruch* (2000), *Frank* (2006).

International Survey on Collegiate Entrepreneurship (ISCE 2006): *Fueglistaller* et al. (2006), Österreichbericht: *Kailer* (2007) (Download unter www.isce.ch).

Global Entrepreneurship Monitor (GEM): Österreichbericht: *Apfelthaler* et al. (2008). (www.gemconsortium.org)

Förderung von Entrepreneurship durch die Europäische Union: *http://ec.europa.eu/enterprise/entrepreneurship/support_measures*

Teamgründungen: Erfolgsfaktoren und empirische Ergebnisse: *Birley/Stockley* (2000), *Lechler/Gemünden* (2003), *Shane* (2003); praxisorientiertes Handbuch: *Hofert* (2006).

Reputationsmanagement für Jungunternehmer: *Wieseneder* (2006).

Lernen in KMU: *Kailer/Heyse* (2007), Projekt Betriebliche Kompetenzentwicklung in Klein- und Jungunternehmen (WK OÖ/IUG): www.iug.jku.at, www.ooe.wifi.at/uak, www.netzwerk-hr.at.

Entrepreneurial Learning: *Rae* (1999, 2007), *Röpke* (2002), *Lang-von Wins* (2004), *Harrison/Leitch* (2005).

Action Learning, Experiential Learning: *Donnenberg* (1999), *Glasl* et al. (2005), *Rae* (2007).

Entrepreneurship Education: *Frank* et al. (2002), *Fayolle* (2003), *Kailer* (2005), *Gibb* (2005), *Kailer/Neubauer* (2008), European Comission (2008).

1.7 Blick in die Praxis von S. Wieseneder: Reputationsmanagement für Unternehmensgründer

Mag. Susanna Wieseneder
Personal Counseling
www.wieseneder.at

In Zeiten von vergleichbaren Produkten und austauschbaren Dienstleistungen zählen plötzlich andere Faktoren, die über Erfolg und Misserfolg eines jungen Unternehmens entscheiden. Die so genannten „weichen Kapitalformen" oder die persönlichen intangible assets rücken in den Vordergrund. Was ist damit gemeint?

- Investitionsentscheidungen fallen auch bei Venture Capitalists (wenn auch nicht größtenteils) gefühlsmäßig.

- Der persönliche Eindruck des Unternehmensgründers zählt im Sinne von: Der erste Eindruck zählt, der letzte bleibt.

- Auftreten und Wirkung im Vorstellungs- oder Verkaufsgespräch bei Banken oder Venture Capitalists sind erfolgsentscheidend. Das „WAS" (Produkt und Businessplan) ist notwendig, das „WIE" (Darstellung, Verkauf und Vermarktung) ist wichtig.

- Die Reputation des Gründers wird als Referenz abgefragt und dient der Vertrauensbildung.

All diese Tatsachen werden maßgeblich von der Unternehmerpersönlichkeit beeinflusst.

Folgende Fragen sollen im Zuge des Gründungsprozesses beantwortet werden:

Fragen zur Persönlichkeit

1. Was kann ich als Unternehmer am besten?
2. Welche Talente besitze ich, die für die Gründung wichtig und relevant sind?
3. In welchen Bereichen muss ich aufholen oder diese Tätigkeiten „auslagern"?

Fragen zur Zielsetzung

1. Welches Ziel will ich als Unternehmer erreichen? (Nicht damit gemeint ist das Unternehmensziel, das nicht immer gleich sein muss mit dem persönlichen Ziel, im Berufsleben etwas erreichen zu wollen)
2. Was will ich mir und anderen beweisen?

Fragen zur Imagebildung

1. Was und wie will ich mich positionieren?
2. Welche Symbole/Signale sind dabei wichtig?
3. Was soll über mich gesagt werden?

Neben der klaren Ausrichtung der eigenen Persönlichkeit zählen das soziale Kapital und die persönliche Reputation zu wichtigen Erfolgsfaktoren. Unter Sozialkapital versteht man in diesem Zusammenhang alle wirksamen Kontakte und Beziehungen. Es ist nicht so, dass man als Gründer ohne Kontakte dasteht. Beziehungen entwickeln sich bereits in der Schule. Neu ist, dass man diese nicht systematisch archiviert und pflegt. Gerade für Gründer sind Empfehlungen und Referenzen von enormer Bedeutung. Systematische Beziehungspflege geht weit über das herkömmliche Networking hinaus. Kontakte werden dann wirksam, wenn diese nach dem Prinzip „Geben und Nehmen" und nicht umgekehrt gelebt werden.

Die persönliche Reputation ist das Echo, das man als Gründer hervorruft, also das Sammelbecken aller Entscheidungen und des Verhaltens, das von anderen Personen wahrgenommen und interpretiert wird. Man kann Reputation über einige Hebel steuern. So füllt man sein Konto des guten Rufs mit Vertrauenswürdigkeit, Berechenbarkeit und dem authentischen Leben des ganz für die Person Typischen. Das kann ein besonderes Talent, eine Gabe oder ein Umstand sein. Somit schließt sich der Kreis wieder bei der Unternehmerpersönlichkeit, die den Mittelpunkt aller Gründungsüberlegungen bildet.

Weiterführender Literaturhinweis: *Wieseneder* (2006).

1.8 Blick in die Praxis von C. Gemmato: personal-branding® – oder die Kunst, sich selbst gekonnt in Szene zu setzen

Dr. Christian Gemmato
Markenstrategie und Markenkreation
www.gemmato.com

Die Zahlen sprechen für sich: Im Jahr 2007 wurden in Österreich 30.500 neue Unternehmen gegründet. Viele davon feiern heute bereits ihre Erfolge am Markt. Die einen, weil sie von Anfang an eine clevere Idee hatten, die anderen, weil sie einen jungfräulichen Markt bedienen konnten und wieder andere hatten einen weiteren nicht zu unterschätzenden Wettbewerbsvorteil – eine starke Unternehmerpersönlichkeit als Zugpferd. Zufall oder nicht: Unternehmer müssen ihre Marken langfristig führen, können aber auch selbst eine Marke sein. Mit allen Vor- und Nachteilen, die ein „personal brand" mit sich bringt.

Dieter Herbst hat 2003 in seinem Buch „Der Mensch als Marke" den wissenschaftlichen Zugang zu diesem Thema gesucht und zieht als Fazit: Die Grundzüge des Marketings lassen sich auf die Profilierung der eigenen Person übertragen. Es scheint zunächst abwegig und künstlich, den Menschen als Marke zu betrachten. Anliegen des Selbstmarketings ist jedoch nicht das künstliche Verstellen, sondern die bewusste Betonung der eigenen persönlichen Stärken in der Öffentlichkeit. Steht doch jede Person in ihrem sozialen Umfeld für eine Eigenschaft, eine Fähigkeit und das damit verbundene Wissen.

Warum also nicht als Unternehmerpersönlichkeit diesen persönlichen USP herausarbeiten und bewusster (als bisher) unterstreichen?

Bereits Goethe arbeitete effektiv an seinem Image für die Nachwelt. So vernichtete er authentische Dokumente und ersetzte sie durch selbst verfasste autobiografische Schriften. Oder er führte – in der Absicht späterer Veröffentlichung – Briefwechsel mit diversen prominenten Persönlichkeiten, wobei er bestimmte Themen forcierte. Heute befasst sich die Wissenschaft mit strategischer Positionierung und Gestaltung von Marken und Images. Denn wer in übersättigten Märkten zur Geltung kommen will, benötigt unverwechselbare Kennzeichen – das gilt für Produkte ebenso wie für Menschen.

Angehende Unternehmer können ein Lied davon singen. Gut sein allein reicht in vielen Fällen nicht mehr aus. Niemand in der Wirtschaft wartet auf ein neu formuliertes Angebot eines Neugründers. personal-branding®, also strategisches Selbstmarketing und Selbstmanagement kombiniert mit kreativem Handeln wird deshalb immer mehr zu einem Wettbewerbsfaktor. Produkte und Dienstleistungen sind austauschbar – Menschen und Persönlichkeiten nicht.

Der Erfolg einer Neugründung lässt sich dann beschleunigen, wenn der Jungunternehmer den eigenen „guten" Namen zuerst einmal definiert, bekannt macht und dann langfristig im Gedächtnis seiner Kunden und Lieferanten festsetzt. Er muss sicherstellen, dass er so schnell nicht mehr vergessen wird oder werden kann. Der eigene Namen ist dann das Synonym für eine klar und eindeutig formulierte Leistung. Ihre Bedeutung ergibt sich aus den drei K's:

- der *Kompetenz*, dem Umfeld eine spezifische Problemlösung zu bieten,

- der *Kontinuität*, mit der über lange Zeit ein gleichbleibend hohes Qualitätsniveau gehalten wird (primäres Markenversprechen) und

- der *Konsequenz*, dies im Bewusstsein des Umfeldes zu manifestieren und einen psychologischen Mehrwert zu garantieren (sekundäres Markenversprechen).

Was müssen Sie dafür tun? Im Grunde genommen ist die eigene strategische Markenführung die Antwort auf zwei ganz entscheidende simple Fragen: WAS wollen Sie über sich erzählen und WIE?

WAS? Egal, was es ist, Sie müssen das in sich tragen! Fragen Sie sich, über welche Qualitäten Sie bewusst verfügen. Welche Potentiale in Ihnen stecken. Wofür werden Sie bereits anerkannt und geschätzt. Was macht Sie so besonders – im Vergleich zu den anderen? Was können Sie, was andere nicht können? Warum machen Sie Sinn?

WIE? Wie auch immer – Ihr Umfeld muss es sehen, spüren, hören, riechen … Haben Sie vielleicht einen Spitznamen (H. Maier alias der Herminator) oder einen nicht alltäglichen Vor- oder Nachnamen (Enie van de Meiklokjes)? Hat Ihr Äußerliches, Ihr Auftreten etwas atypisches (N. Lauda, K. Lagerfeld)? Sprechen Sie eine eigene Sprache (A. Assinger „Do pfeifn die Komantschn")? Beherrschen Sie eine eigene Körpersprache oder Mimik (R. Atkinson, alias Mr. Bean)? Pflegen Sie eigenständige Verhaltensmuster?

Leben Sie Ihr ICH aus. Füllen Sie dieses mit Inhalten – machen Sie sich interessant. Erzählen Sie Geschichten, die jeder gerne über Sie weitererzählt. Brechen Sie Regeln. Verblüffen Sie und überraschen Sie Ihr Umfeld. Tun Sie einfach das, was am besten zu Ihnen passt – aber tun Sie es in einer Art und Weise, wie dies keiner vor Ihnen gemacht hat.

Es gibt viele Wege, sich in Szene zu setzen, das eigene einzigartige ICH in den Vordergrund zu stellen. Bleiben Sie dabei authentisch.

2. Entwicklung von Gründungsideen

Entrepreneurship beinhaltet alle Aktivitäten von der Entdeckung einer Gründungsidee über deren Entwicklung bis hin zur ökonomischen Verwertung der Idee in Form eines Start-ups. Dieses Kapitel behandelt das Finden und Entwickeln einer Gründungsidee als entscheidende erste Phase einer Unternehmensgründung.

2.1 Grundlagen

Basis des Unternehmertums Für Entrepreneure stellt gerade das Erkennen einer Gründungsidee, ihre Weiterentwicklung und die Analyse ihrer Markttragfähigkeit einen der bedeutendsten Aspekte der **unternehmerischen Tätigkeit** dar (Shane/Venkataraman 2000, Rae 2007). Nur eine tragfähige Gründungsidee rechtfertigt eine positive Gründungsentscheidung und die anschließende Erstellung eines Businessplans.

Abb. 2.1: Prozess von der Idee zum Businessplan

Abb. 2.1 veranschaulicht den Prozess von der Gründungsidee und deren Detail-lierung im Opportunity Plan bis hin zum Businessplan. Die wesentlichen Eck-punkte dieses Prozesses, der in der Praxis mit fließenden Übergängen verläuft, werden im Folgenden kurz dargestellt, um anschließend näher auf die einzelnen Punkte einzugehen.

Den Beginn von Überlegungen zur Unternehmensgründung stellen **Gründungs-ideen** dar. Dies können Innovationen, Geistesblitze, aber auch identifizierte Bedürf-nisse eines Marktes oder einer Zielgruppe sein. Natürlich erfolgen Gründungen nicht nur „ideengetrieben", sondern auch aus dem **Wunsch nach Selbständigkeit** heraus; jedoch stellt sich auch in diesem Fall die Frage nach der Generierung und weiterführenden Präzisierung von Gründungsideen (Klandt 2006). Die Fähigkeit einer Person zur Identifikation von Gründungsideen (opportunity recognition) ist u.a. abhängig von ihrer Berufs- und Branchenerfahrung, dem in Aus- und Weiter-bildung erworbenen Fachwissen und der Erkenntnis, dass ein bestehendes Produkt oder eine Problemlösung verbessert werden kann. Dabei existieren Methoden und Rahmenbedingungen, die die Entwicklung von Gründungsideen fördern.

Die Idee

Anschließend erfolgt eine erste Abklärung, ob am Markt Bedarf besteht oder ge-schaffen werden kann (Mullins 2003). Zeigen erste Marktforschungsaktivitäten die Existenz eines Marktbedürfnisses, wird die Gründungsidee zur **unternehme-rischen Gelegenheit (opportunity)**. Diese repräsentiert die Kombination einer Gründungsidee mit einem entsprechenden Marktbedürfnis und stellt ein Haupt-element des unternehmerischen Tuns dar (Deakins/Freel 2003). Zwischen der Un-ternehmerperson und der Gelegenheit besteht eine dialogische Beziehung. Die Person wird durch Erkennen und Verwertung der Gelegenheit zum Unternehmer, während die Gelegenheit erst durch ihre Identifikation und weitere Verfolgung als solche existiert (Fueglistaller et al. 2004).

Entwicklung der Idee

In der Literatur werden die Begriffe Gründungsidee, Geschäftsidee, Innovation und Gelegenheit/Opportunity nicht einheitlich und überschneidend verwendet. In diesem Buch stellt das Vorhandensein eines Marktpotentials das Differenzie-rungsmerkmal zwischen Gründungsidee und Opportunity dar.

Eine vertiefte Evaluierung des unternehmerischen Potenzials der Gelegenheit er-folgt anhand des **Opportunity Plans**. An dessen Ende steht die Entscheidung für oder gegen eine spezifische unternehmerische Tätigkeit. Im positiven Fall, d.h. bei Vorliegen einer markttragfähigen Opportunity, wird mit der Erstellung des Busi-nessplanes begonnen. Eine negative Entscheidung kann zu einem Neustart des Pro-zesses mit einer neuen Gründungsidee oder ggf. ihrer Adaptierung führen. Ebenso ist natürlich eine gänzliche Einstellung des unternehmerischen Vorhabens denkbar.

2.1.1 Einflussfaktoren auf die Identifikation und Entwicklung von unternehmerischen Gelegenheiten

Die theoretischen Modelle zur Entdeckung und Entwicklung von Gelegenheiten unterscheiden sich zwar im Detail, den meisten gemein ist aber folgende Abfolge:

Grundsätzlicher Prozess

- **Wahrnehmung:** Nicht verwendete Ressourcen und/oder Marktbedürfnisse werden identifiziert.

- **Entdeckung:** Eine Übereinstimmung zwischen Marktbedürfnissen und spezifischen Ressourcen wird identifiziert.

- **Gestaltung:** Ein neues Geschäftskonzept wird geschaffen, das zuvor getrennte Bedürfnisse und Ressourcen vereint.

Einflussfaktoren auf den Prozess

Diese Phasen werden einzig aus Gründen der Anschaulichkeit getrennt dargestellt, sie sind aber in der Praxis fließend. Das verbreitete **Modell der Opportunity Recognition** von Ardichvili et al. (2003) erweitert diesen dreistufigen Kernprozess um folgende „**prozessbeeinflussende Faktoren**", die sich auf die Initiierung dieses Kernprozesses auswirken:

- Informationsasymmetrie und Vorwissen

- Soziale Netzwerke

- Persönliche Eigenschaften, v.a. Risikoneigung, Optimismus, Kreativität und Vertrauen in die eigenen Fähigkeiten

- Unternehmerische Wachsamkeit

- Zufällige vs. strukturierte Suche

Unterschiedliches Wissen

Informationsasymmetrie und Vorwissen: Personen nehmen eher jene Informationen wahr, die sie in Bezug zu bereits bestehendem impliziten und expliziten Wissen setzen können. Daher bildet ausgeprägtes Vorwissen, sowohl im Bereich der beruflichen Tätigkeit als auch im Bereich der persönlichen Interessen, einen Wissenskorridor innerhalb dessen Opportunities vorrangig erkannt werden. Durch die Verbindung beruflichen und privaten Wissens (z.B. Spezialkenntnisse in einem als Hobby betriebenen Themengebiet) können sich Potenziale für neue Opportunities ergeben.

(Flüchtige) Bekannte

Soziale Netzwerke: Die hohe Bedeutung von sozialen Netzwerken ist auch in der Phase der Opportunity Recognition und ihrer weiteren Entwicklung unbestritten. Neben dem Start-up-Team, Beratern und dem engsten sozialen Umfeld kommt den „**weak ties**", also den eher flüchtigen Kontakten, aufgrund ihrer relativ großen Anzahl eine hohe Bedeutung zu.

Eignung der Person

Persönliche Eigenschaften: Empirisch belegt tragen folgende zwei Aspekte zu einer höheren Wahrscheinlichkeit der Entdeckung von Gelegenheiten bei. Zum einen ist dies Optimismus, vor allem hinsichtlich des Vertrauens in die eigenen Fähigkeiten, sich selbst gesteckte Ziele zu erreichen („**self efficacy**"). Zum anderen ist **Kreativität** besonders hilfreich, um jene gedanklichen Konstruktionen und Verknüpfungen zu gestalten, die Ausgangspunkte für Gründungsideen sein können.

Offen für neue Ideen

Unternehmerische Wachsamkeit: Jene Unternehmer, die eine sehr hohe Aufmerksamkeit gegenüber markt- und kundenbezogenen Informationen aufweisen (entrepreneurial alertness), entdecken mit einer höheren Wahrscheinlichkeit neue Opportunities.

Entdeckt oder erschaffen

Zufällige vs. systematische Suche: Opportunities werden weniger aktiv gesucht als entdeckt. Ihre Identifikation erfolgt infolge einer höheren unternehmerischen Wachsamkeit und einer damit gestiegenen Aufnahmefähigkeit für unternehmerisch relevante Informationen. Daher wird im Modell von Ardichvili et al. (2003) die unternehmerische Wachsamkeit und damit eine eher „zufällige" Entdeckung von Gründungsideen als wichtiger Auslöser für die Identifikation von Gründungsideen mit berücksichtigt.

Zusammenfassend kann festgestellt werden, dass Vorwissen, soziale Netzwerke sowie gewisse persönliche Eigenschaften einen positiven Einfluss auf die unternehmerische Wachsamkeit ausüben. Überschreitet diese eine Schwelle, so beginnt der Kernprozess der Opportunity Recognition. Dieser beinhaltet das Erkennen einer Gelegenheit, ihre weitere Entwicklung und Bewertung. Ziel dieses Prozesses ist die Schaffung einer neuen unternehmerischen Struktur zur Nutzung dieser Chancen. Allerdings sind gewisse Umwege zu diesem Ziel durchaus realistisch. So weist dieser Prozess oftmals einen zyklischen und iterativen Ablauf auf: Evaluierung wird in der Regel in jeder Phase des Prozesses durchgeführt, wobei diese in neuen Gelegenheiten oder in Änderungen der ursprünglichen Gelegenheiten resultieren können.

Gesamtheit des Prozesses

2.2 Quellen für Gründungsideen

Gute Gründungsideen sind oft eine Mischung aus Glück, Zufall, Arbeit, „zum richtigen Zeitpunkt am richtigen Ort sein" und „Unternehmergespür". Die Gewinnung von Ideen kann allerdings durch strukturierte Erhebung oder durch Kreativitätstechniken unterstützt werden. Beide Ansätze werden im Folgenden beschrieben.

2.2.1 Strukturierte Erhebung

Potenzielle Quellen für die Identifikation von Gründungsideen sind

Ideen finden

- die Beobachtung von makroökonomischen Entwicklungen und Trends,

- die Beobachtung von Märkten,

- die Erhebung von Kundenbedürfnissen und ihrer Entwicklung im Zeitablauf,

- neu entwickeltes Wissen.

2.2.1.1 Beobachtung von makroökonomischen Entwicklungen und Trends

Entwicklungen in sozialen und demografischen Bereichen können unternehmerische Gelegenheiten sowohl ermöglichen als auch vereiteln. Als Beispiel seien neue Bedürfnisse aufgrund der markanten Veränderung der Alterstruktur angeführt (wie z.B. Dienstleistungen im Pflegebereich, Medizintechnik, betriebliche Gesundheitsförderung, life long learning und Karriereberatung).

Externe Veränderungen

Branchentransformation: Ein revolutionärer Wandel einer Branchenstruktur bietet Chancen für neue unternehmerische Vorhaben. Diese Veränderungen sind oftmals technologisch bedingt (wie z.B. die Internet-Ökonomie).

Gesetzliche Regelungen und Bestimmungen: Durch sie können Märkte beeinflusst, aber auch überhaupt erst geschaffen werden (wie z.B. geänderte Zulassungsbedingungen zur Ausübung bestimmter Berufe, Einführung von Qualitätssicherung).

2.2.1.2 Beobachtung von Märkten

Chancen auf Märkten

Wirtschaftliches Ungleichgewicht auf unterschiedlichen Märkten: Markt-Produkte, deren Verfügbarkeit und Preise sich international unterscheiden, sind ein Beispiel für eine **Marktasymmetrie,** die unternehmerisches Potenzial bietet.

Informationsasymmetrie zwischen Akteuren auf unterschiedlichen Märkten: Dies kann z.B. ein Wissensvorsprung über gewisse Produkteigenschaften sein.

Strukturelle Löcher zwischen bereits bestehenden Unternehmen: An den Rändern von Schnittstellen zwischen unterschiedlichen bzw. bislang nicht verbundenen Branchen ergeben sich oftmals unternehmerische Gelegenheiten in Form von strukturellen Löchern. Strukturelle Löcher finden sich tendenziell eher in jungen Branchen. Dieses Konzept eignet sich, um unternehmerische Gelegenheiten im Rahmen der Wertschöpfungskette eines Unternehmens zu identifizieren, aber auch zwischen Branchen und Märkten. Diese **„Go-between Strategie"** führt oftmals zur Genese eines neuen Marktes (Lechner 2003).

Bestehende Unternehmen: Durch strukturierte Beobachtung von Konkurrenten und deren Leistungspalette können Möglichkeiten erkannt werden, auf deren Produkten und Dienstleistungen mit eigenen Ideen aufzubauen.

2.2.1.3 Erhebung von Kundenbedürfnissen

Was wollen die Kunden?

Mittels **Marktforschung** können neue (latente) Kundenbedürfnisse oder Änderungen im Konsumverhalten identifiziert werden. Es ist allerdings darauf zu achten, dass diese Bedürfnisse von einer tragfähigen Mehrheit der Konsumenten geteilt werden. Besonders zu erwähnen ist an dieser Stelle der **Lead-User**-Ansatz. Dieser empfiehlt, jene Kunden in den Neuproduktentwicklungsprozess zu integrieren, die sich als innovative Anwender bereits bestehender Produkte hervorgetan haben (von Hippel 1994).

2.2.1.4 Neu entwickeltes Wissen

Innovationen

Eine ergiebige Quelle für neue Ideen ist **Forschungs- und Entwicklungstätigkeit**. So können z.B. fehlende Technologien entwickelt werden, die in der Lage sind, (latente) Marktbedürfnisse zu befriedigen. Auch **Patentämter** fungieren als Quelle für neue Ideen. Diese können nicht einfach kopiert werden, sind jedoch eine wertvolle Inspiration.

2.2.2 Kreative Generierung durch Einsatz von Kreativitätstechniken

Ideen entwickeln

Kreativitätstechniken helfen neue Ideen zu entwickeln, bereits vorhandene unternehmerische Ideen zu verbessern oder Anwendungspotenziale zu identifizieren. Gerade in KMU werden Innovationen vorwiegend technologiegetrieben entwickelt (Meyer 2000). Hier können Kreativitätstechniken helfen, ein entsprechendes Marktpotenzial für die entwickelten innovativen Technologien zu identifizieren.

Bei der Auswahl der Kreativitätstechnik ist zu beachten, dass es Methoden gibt, die sich eher für wenig strukturierte Probleme eignen, das Potenzial anderer liegt dagegen bei der Bearbeitung eher konkreter Problemstellungen.

Im Folgenden werden exemplarisch einige weit verbreitete Techniken skizziert.

Brainstorming: Diese Methode basiert auf der Annahme, dass die Kreativität von Individuen durch organisierte Gruppen von sechs bis zwölf Personen gefördert wird, insbesondere wenn sich diese inhaltlich auf einen Produktbereich oder einen Markt konzentrieren. Ein eingangs formuliertes und eher offenes Problem gibt die Fokussierung der Sitzung vor. Ziel dieser Methode ist Quantität vor Qualität. Dies führt zu einer hohen Zahl von Ideen, die einer weiteren Verfolgung nicht wert sind, aber auch zu durchaus unternehmerisch verwertbaren Ideen. Erfolgreiche Brainstorming-Sitzungen funktionieren nach folgenden Regeln: **Quantität vor Qualität**

- Quantität vor Qualität
- Kritik ist nicht erlaubt
- Auch ausschweifende und unkonventionelle Gedanken sind erwünscht
- Alle eingebrachten Ideen sind Allgemeingut und können daher von anderen Gruppenmitgliedern aufgegriffen und verändert werden

Methode 6–3–5: Sie eignet sich für Probleme geringer bis mittlerer Komplexität und zur Vertiefung erster Ideen. *Sechs* Gruppenmitglieder erstellen je *drei* erste Ideen und reichen diese dann *fünfmal* zur weiteren Ausarbeitung an die Gruppenmitglieder weiter. Hierzu erhält jeder Teilnehmer ein Blatt Papier mit einer Tabelle mit drei Spalten und sechs Reihen. Jeder Teilnehmer muss nun in die erste Spalte je eine Idee schreiben. Nach fünf Minuten werden die Blätter an die nächste Person weitergereicht, die die bereits genannten Ideen aufgreift, ergänzt und weiterentwickelt. Eine Sitzung ist beendet, nachdem alle sechs Teilnehmer alle Ideen behandelt haben. **Verfeinern von Ideen**

Fokus-Gruppen: Moderierte Gruppen von acht bis vierzehn Personen führen dabei eine intensive Diskussion über Produktbereiche und Märkte. Fokus Gruppen eignen sich auch für bereits leicht strukturierte Problemlösungen. Eine besondere Rolle kommt hierbei dem Moderator zu, der über Objektivität, spezifisches Fachwissen sowie gruppendynamische Kompetenzen verfügen soll, um eine effiziente Diskussion gewährleisten zu können. Fokusgruppen dienen häufig als Vorstufe zu größeren Erhebungen und werden z.B. eingesetzt, um erste Eindrücke zu Perzeption, Einstellung und Zufriedenheit der Verbraucher zu ermitteln. Aufgrund der nicht repräsentativen Stichprobe können die Ergebnisse nicht uneingeschränkt auf die Grundgesamtheit übertragen werden. **In die Tiefe gehend**

Osborn-Checkliste: Dieses Verfahren eignet sich insbesondere zur Verbesserung von bereits bestehenden Produkten und Ideen. Es kann z.B. nach einer Brainstorming-Sitzung, alleine oder insbesondere in Gruppen, verwendet werden. Die Checkliste enthält ca. 40 Impulsfragen, die in Bezug auf das betreffende Objekt **Fragen zur Idee**

beantwortet werden. Ziel dabei ist, die Gedanken um den Startpunkt, die ursprüngliche Ausgangsidee oder das Produkt zu fokussieren, um es neu und besser zu gestalten. Die Impulsfragen sind in Kategorien gegliedert (z.B. „anpassen", „anders nutzen", „verändern").

2.3 Evaluierung der Gründungsidee bzw. der Gelegenheit

Geeignete Idee für die Gründung

Im Zuge der Entwicklung einer Gründungsidee hin zu einer Opportunity erfolgte nur ein erster Abgleich zwischen den Bedürfnissen des Marktes und dem eigenen unternehmerischen Ansatz (vor allem durch erste Marktanalysen, Beobachtung und Befragung von potenziellen Kunden). Dieser Prozess wird nun weiter detailliert. Im Folgenden werden jene Aspekte kurz dargestellt, die eine solide Entscheidungsbasis über das Erfolgspotenzial einer Gelegenheit liefern. Die Evaluierung der Idee hinsichtlich ihres unternehmerischen Umsetzungspotenzials erfolgt einerseits anhand des wirtschaftlichen Aspektes, andererseits anhand der Gründungsperson und ihrer Einstellung zur Gründungsidee.

2.3.1 Kriterien für eine wirtschaftliche Evaluierung

Wirtschaftliche Evaluierung

Darunter sind jene Aspekte zu verstehen, die die Gründungsidee hinsichtlich ihres wirtschaftlichen Potenzials analysieren.

Bereich	Kriterien	Anmerkungen/Methoden
Markt	Wie ist das Wesen des angestrebten Marktes?	„5 Forces" von Porter
	Welche Konkurrenten sind jetzt und in Zukunft zu erwarten? Wie werden diese auf den Markteintritt reagieren? Wie groß ist das Markt- und Umsatzpotenzial? Wie wird sich der Markt mittel- und langfristig entwickeln?	Bildung von strategischen Gruppen Reaktionsprofil der Mitbewerber Segmentierung des Marktes
	Welche Marktsegmente bzw. -nischen sollen wie stark durchdrungen und bearbeitet werden und ist dies überhaupt möglich?	STP-Marketing (Segment-Targeting-Positioning) Abgleich der benötigten und der vorhandenen Ressourcen und der Ziele
	Welche Makrofaktoren und Trends können das eigene Vorhaben positiv bzw. negativ beeinflussen?	Demografische, rechtliche, soziale Makrofaktoren
	Gibt oder gab es ähnliche Produkte bereits am Markt, und wenn ja, wie ist/war deren Performance?	Marktrecherche
	Gibt es jetzt oder in Zukunft Potenziale für eine Differenzierung gegenüber Konkurrenten?	Definition eines USP

Kunden	Wurden Tests mit potenziellen Konsumenten gemacht? Welches Feedback wurde gegeben?	Befragung, Produkttests, Beobachtung
	Wurden Informationen über die anvisierte Zielgruppe, insbesondere deren Kaufkraft und -verhalten, gesammelt, und inwiefern entsprechen diese dem Produkt?	
	Welcher Bedarf beim Kunden wird mit dem Produkt gedeckt oder geweckt?	
Produkt	Welche Risiken können sich im Zeitverlauf ergeben?	Erstellung einer Risikomatrix mit Eintrittswahrscheinlichkeit und Schaden pro Risiko
	Ist das Produkt technisch machbar?	Technische Machbarkeitsstudie
	Wie neuartig und schutzwürdig ist die Idee? Wie kann der Schutz bewerkstelligt werden?	Patent, Gebrauchsmuster, Geschmacksmuster, Urheberrecht
	Wie viel Entwicklungsaufwand in Zeit und Ressourcen wird die Idee noch benötigen?	
	Wie ist der erwartete Produktlebenszyklus?	
	Gibt es kritische Erfolgsfaktoren, die den Markteintritt erschweren oder sogar verhindern (z.B. in technischer, rechtlicher und wirtschaftlicher Hinsicht)?	
Finanzielle Aspekte	Welche Rückflüsse und Renditen sind im Zeitverlauf zu erwarten?	Prognose des Cashflows
	Welches Kapital wird für das Start-up benötigt?	Kalkulation des Start-up-Kapitals, inkl. einer Anlaufphase
	Wie hoch belaufen sich die Herstellungskosten? Welcher Preis wird kalkuliert? Wann wird der Break-Even Point erreicht?	
	Kann der vom Markt akzeptierte Preis erreicht werden (Target Costing)?	Der vom Markt akzeptierte Preis ist zu erheben.
	Durch welches Geschäftsmodell soll das Unternehmen Umsätze generieren?	Analyse der Kernprozesse des Unternehmens
	Wie sollen die ersten Finanzierungsrunden gestaltet werden?	Risikokapital; Eigen- oder Fremdkapital

Tab. 2.1: Kriterien der wirtschaftlichen Evaluierung

2.3.2 Kriterien für eine persönliche Evaluierung

Persönliche Evaluierung Von der Bedeutung her ebenso essenziell wie die wirtschaftliche Bewertung ist die Analyse hinsichtlich des Matchings der Gelegenheit und der Gründerperson.

Bereiche	Kriterien	Anmerkungen
Hard- und Soft-Skills	Sind die notwendigen Kompetenzen im Team bzw. bei Mitarbeitern vorhanden, um das Unternehmen zu gründen und zu führen?	Management, soziale Kompetenz, explizites Wissen,…
Persönliche Ziele	Ist die Gründung mit den Interessen des Gründers vereinbar, besteht eine Affinität zum Produkt?	Kann sich der Gründer eine laufende Tätigkeit im zukünftigen Unternehmen vorstellen?
Ökonomische Ziele	Können die persönlichen ökonomischen Ziele des Unternehmers mit der Gründung erreicht werden? Ist ausreichendes Wachstumspotenzial vorhanden um die Ziele später zu erreichen?	Wie hoch sind die Opportunitätskosten zur Gründung? Sind diese durch die Gründung zumindest gedeckt?

Tab. 2.2:Kriterien der persönlichen Evaluierung

Endgültige Entscheidung In einem **Opportunity Plan** bzw. einer Machbarkeitsstudie werden die o.a. Fragen strukturiert und systematisch schriftlich beantwortet. Dieser evaluiert die spezielle Opportunity, nicht das geplante Unternehmen als Ganzes. Er ist damit i.d.R. kürzer als ein Businessplan. Endpunkt des Opportunity Plans ist eine fundierte und nachvollziehbare Entscheidung über die unternehmerische Nutzung der Gelegenheit. Im Falle einer positiven Entscheidung können die Inhalte des Plans (z.B. die ersten Marktstudien) als Grundlage für den anschließend zu erstellenden Businessplan dienen. Im Falle einer negativen Entscheidung wird die Idee fallen gelassen und der Prozess kann erneut mit einer neuen Gründungsidee beginnen.

2.4 Schutz der Idee

Intellectual Property Rights Um eine positiv evaluierte Gelegenheit uneingeschränkt und ausschließlich nutzen zu können, empfiehlt es sich, **Schutzrechte** in Anspruch nehmen. Sie dienen zur Sicherung einer Wettbewerbsstellung und als Schutz vor Verletzungen dieser Rechte durch Dritte. Umgekehrt ist auch die eigene Gründungsidee hinsichtlich eventueller Konflikte mit bereits bestehenden Schutzrechten zu prüfen.

Wert des geistigen Eigentums Die ständig steigende Zahl der Anmeldung von Schutzrechten ist kein Ausdruck einer gestiegenen F&E-Aktivität, sondern eines erhöhten Bewusstseins für den rechtlichen Schutz von Wissen vor Nachahmern. Diese „intangible assets" werden nicht nur ein immer bedeutenderer Teil des Unternehmenswertes, sondern auch ein entscheidender Punkt bei der Suche nach Risikokapitalgebern. Eindeutig geklärte und abgesicherte Rechte am Produkt sind oftmals ein Muss für die Gewinnung von Private Equity. Allerdings können die mit der Anmeldung und Kontrolle von Schutzrechten verbundenen Kosten und Aufwände nicht unerheblich sein, wie z.B. bei einer internationalen Anmeldung eines Patents. Hier gilt es abzuwägen, ob die mit dem Schutz der Idee verbundenen Vorteile die Aufwände überwiegen. Ebenfalls ist die mit einer geschützten Idee verbundene Publikationswirkung zu berücksichtigen, und deren Vor- und Nachteile gegenüber einer Geheimhaltungsstrategie abzuwägen.

Im Folgenden wird ein kurzer Überblick über die Formen des Schutzes geistigen Eigentums gegeben. Mehr Informationen findet der interessierte Leser beispielsweise unter www.patentamt.at (Österreichisches Patentamt), www.espacenet.com (europäisches Netz von Patentdatenbanken) oder bei www.help.gv.at (Amtshelfer).

2.4.1 Patent

Das Patent ist **ein technisches Schutzrecht**. Das Patent ist technischen Entwicklungen vorbehalten, welche die Kriterien Neuigkeit, hoher Innovationsgrad, technischer Charakter und gewerbliche Anwendbarkeit erfüllen. Patente werden örtlich begrenzt vergeben. Es ist daher zu überlegen, ob ein österreichisches Patent bereits den Zweck des Schutzes vor unerlaubter Verwendung der Innovation von Dritten erfüllt, oder ob ein Patent in mehreren Staaten angemeldet werden sollte. Ein Patent ist für 20 Jahre gültig, in dieser Zeitspanne müssen also zumindest die für die Entwicklung der Innovation getätigten Ausgaben wieder amortisiert sein. Parallel zur Klärung von marktrelevanten Aspekten ist es daher unumgänglich zu prüfen, ob die Gründungsidee mit bereits bestehenden Patenten kollidiert. Zu beachten ist, dass eine Anmeldung eines Patents nach einer Veröffentlichung der dem Patent zugrunde liegenden technischen Spezifikationen, z.B. in einer wissenschaftlichen Publikation, dem Kriterium der Neuheit widerspricht und daher nicht möglich ist.

Für technische Innovationen

Um die Recherche nach Patenten zu erleichtern, gibt es auf nationaler und internationaler Ebene mehrere Möglichkeiten.

- Internationale Patentklassifikation (IPC): depatisnet.dpma.de/ipc

Recherche in den Datenbeständen des

- Österreichischen Patentamtes: *register.patent.bmvit.gv.at*
- Deutschen Patentamtes: depatisnet.dpma.de
- Europäischen Patentamtes: ep.espacenet.com
- US-Patentamtes: www.uspto.gov/patft/index.html

2.4.2 Gebrauchsmuster

Dieses gilt für zehn Jahre und findet ebenfalls für gewerblich verwertbare technische Neuheiten Verwendung. Allerdings ist im Vergleich zum Patent der erforderliche **Innovationsgrad reduziert**. Es kann auch für bereits publizierte Erfin-

Kleines Patent

dungen innerhalb von sechs Monaten nach Veröffentlichung Anwendung finden. Im Gegensatz zum Patent wird hier die Neuheit vom Patentamt nicht geprüft.

2.4.3 Marke

Unterscheidung von Waren

Als Marke werden Elemente bezeichnet, die in der Lage sind, **Produkte voneinander zu unterscheiden**. Eine Marke können Worte, Zahlen, Formen, Logos, aber auch Tonfolgen sein. Eine Marke kann für zehn Jahre geschützt, aber beliebig verlängert werden. Markenschutz gilt nicht für alle Produktarten, sondern üblicherweise nur für eine gewisse Waren- und Dienstleistungsklasse (so kann z.B. die Marke „IUG" für die Warenklasse „Fahrzeuge" oder für die Warenklasse „Computer" angemeldet werden). Die Anmeldung einer Marke erfolgt ohne Prüfung auf die Verwechslungsfähigkeit mit anderen Marken. Eine eventuelle Prüfung auf Verstöße, insbesondere gegen bereits eingetragene ähnliche oder gleiche Marken, muss von Seite des Schutzrechtsinhabers erfolgen. Eine Besonderheit und Unterschied zum Patent ist die **Verwendungspflicht** einer Marke, da ansonsten die Schutzrechte verfallen.

2.4.4 Geschmacksmuster

Schutz von Design

Das Geschmacksmuster ist ein **nicht-technischer Schutz**. Dieser gilt für Designs, gewerbliche Muster oder Modelle. Beispiele hierfür wären Karos von schottischen Kilts oder ein spezielles Design von Geschirr. Erforderlich für einen derartigen Schutz sind zum einen ein gewisser Neuheitsgrad sowie eine ästhetische und schöpferische Eigenart. Eine Anmeldung ist noch zwölf Monate nach Publikation möglich. Ein Geschmacksmuster kann in Fünf-Jahres-Schritten maximal zwanzig Jahre geltend gemacht werden.

2.4.5 Urheberrecht

Schutz von Kreativität

Der zentrale Begriff des Urheberrechtes ist das Werk, also eine **eigentümliche geistige Schöpfung** aus den Gebieten der Literatur (inkl. Sprachwerke und Computerprogramme), der Tonkunst, der bildenden Künste oder der Filmkunst. Geschützt ist nicht das Werk an sich (also der Konsum des Werkes durch Ansehen oder Anhören), sondern einerseits bestimmte Verwertungsarten (wie z.B. der Vertrieb von Musik auf CD) und andererseits die geistigen Interessen am Werk (Urheberpersönlichkeitsrecht). Eine Idee wird erst durch ihre Realisierung ein Werk. Überdies muss sich das Werk vom Alltäglichen und Üblichen abheben. Eine besondere Werk- oder Gestaltungshöhe ist allerdings nicht notwendig. Im Allgemeinen beträgt die Schutzfrist 70 Jahre ab dem Todesjahr des Urhebers, bei Werken ohne Urheberbezeichnung 70 Jahre nach ihrer Schaffung bzw. nach ihrer Erstveröffentlichung.

2.5 Weiterführende Literatur

Modell der Opportunity Recognition: *Ardichvili* et al. (2003).

Entrepreneurship-Lehrbücher mit Fokus auf dem Thema Gründungsidee und Gelegenheit: *Klandt* (2006), *Volkmann/Tokarski* (2006), *Barringer/Ireland* (2008).

Speziell zur Phase der Opportunity Recognition: *Mullins* (2003), *Lumpkin/Liechtenstein* (2005), *Rae* (2007).

Handbücher mit Methoden zum Innovationsmanagement in KMU: *Schwarz* et al. (2006), *Schori* et al. (2006).

Schutz geistigen Eigentums: *Beck* (2003), *Kucsko* (2004 und 2006), *Dittrich* (2006).

2.6 Blick in die Praxis von M. Schenk: Anwendungsbeispiel Immaterialgüterrecht

Mag. Michael Schenk, LL.M.
Welzl-Schuster-Schenk – Rechtsanwälte GmbH
www.welzl-schuster-schenk.at

Mark Müller hat ein neues Getränk entwickelt. Um seine Vermarktung zu sichern, hat er sogleich einen passenden Namen gewählt. Sein Produkt soll sich nicht nur geschmacklich von der Konkurrenz abheben, sondern auch in einer ansprechenden Verpackung verkauft werden. Dazu hat er eine in ihrem Erscheinungsbild **außergewöhnliche neue Flasche mit integriertem Strohhalm** entwickelt.

Mark Müller weiß, dass seine Geschäftsidee wohl einer der wesentlichsten Assets seines Unternehmens ist; je weniger die Konkurrenz einen Nutzen aus dieser Geschäftsidee ziehen kann, umso höher ist sein geschäftlicher Erfolg.

Nun ist eine abstrakte Idee als solche zwar nicht schützbar, Mark Müller kann sich aber dennoch auf vielfältige Weise seine Rechtsposition sichern und zwar einerseits durch die registrierungs- und damit kostenpflichtigen Schutzrechte wie registrierte Marke, registriertes Geschmacksmuster (Design) und Patent bzw. Gebrauchsmuster, sowie andererseits durch nicht registrierte und damit kostenfreie Schutzrechte wie Urheberrecht (Urheberrechtsgesetz) und Betriebsgeheimnis (UWG). Dazu im Einzelnen:

Produktname

Der dem Produkt zugedachte Name kann als Marke geschützt werden und zwar einerseits als reine Wortmarke *(Wortmarke „Coca Cola", registriert als EU-Gemeinschaftsmarke CTM 002091569)* oder aber als Wortbildmarke *(Wortbildmarke „Coca-Cola", also der berühmte Coca-Cola-Schriftzug, registriert als EU-Gemeinschaftsmarke CTM 002107118)*. Bei der Wortbildmarke wird auch die besondere grafische Ausgestaltung berücksichtigt.

Die Form der Flasche
Die Form der Flasche kann unter mehreren Aspekten schutzwürdig sein.

Urheberrecht: Wenn die Flasche eine besonders ausgeprägte Form hat, die sich von anderen Flaschen deutlich unterscheidet, kann diese Form bereits unter dem Aspekt des Urheberrechtsgesetzes als solches und damit ohne Registrierung ge-

schützt sein *(Oberster Gerichtshof vom 7.3.1995, 4 Ob 10/95 – „Kerzenständer";
einem Kerzenständer wurde urheberrechtlicher Schutz zugebilligt).*

Schutz als dreidimensionale Marke: Die Form einer Flasche kann aber auch als dreidimensionale Marke (Formmarke) registriert werden (Gemeinschaftsmarken: The Coca-Cola Company CTM 004554994; Nestlé Waters France [SAS] CTM 000922179).

Geschmacksmuster: Die Form einer Flasche kann darüber hinaus auch als (Geschmacks-)Muster geschützt sein (registriertes Gemeinschaftsgeschmacksmuster: Rexam Beverage Can Europe Limited, RCD 00053988–001 bis 0007).

Wenn der Verschluss mit integriertem Strohhalm tatsächlich eine technische Neuheit ist, kann er **patentiert** werden *(beverage containers having drinking straws, GB 2350598, Patent für eine Dose mit integriertem Strohhalm).*

Rezeptur des Getränks

Vorausgesetzt, dass Mark Müller die Rezeptur seines Getränks geheim hält, ist diese als **Betriebs- und Geschäftsgeheimnis** geschützt. Dritte dürfen dieses Rezept ohne Zustimmung des Mark Müller nicht verwenden. Ein diesbezüglicher Schutzanspruch ergibt sich aus dem **Gesetz gegen den unlauteren Wettbewerb** (§ 11 UWG). Wenn jemand das Rezept des Mark Müller „stiehlt", kann Mark Müller sich dagegen zur Wehr setzen. Ein Mitarbeiter des Mark Müller, der Zugang zum Rezept hat und in der Folge für ein anderes Unternehmen mit dieser Rezeptur das gleiche Produkt herstellt, verletzt das Betriebs- und Geschäftsgeheimnis *(zur Mitnahme der Rezeptur eines Haftgels vergleiche Oberster Gerichtshof vom 23.09.1997, 4 Ob 251/9).*

Hinweis: Für die Mehrzahl der registrierten Schutzrechte ist es erforderlich, dass diese vor der Registrierung der Öffentlichkeit nicht bekannt gegeben werden. Mark Müller tut also gut daran, zuerst seine „Ideen" schützen zu lassen und danach deren Inhalt an Dritte zu kommunizieren. Eine voreilige Veröffentlichung in einer Zeitung oder auf einer Homepage kann dazu führen, dass die ursprünglich schutzfähige Leistung – mangels Neuheit – nicht mehr registriert werden kann, der wirtschaftliche Wert der „Idee" kann damit verloren gehen.

Generell sollten Informationen an Geschäftspartner oder potenzielle Kunden erst nach Abschluss einer **Geheimhaltungsvereinbarung** weitergegeben werden. Basis einer Geschäftsbeziehung ist das persönliche Vertrauensverhältnis, dennoch sollten Sie Ihre Rechtsposition durch vertragliche Vereinbarungen absichern. Ist ein Gedanke einmal kommuniziert, ist man der Redlichkeit des Gegenübers ausgeliefert, die Weitergabe von Informationen kann einerseits zum Rechtsverlust führen, andererseits aber auch faktisch nicht mehr rückgängig gemacht werden.

2.7 Blick in die Praxis von A. Scheichl: Do's und Don'ts beim Schutz geistigen Eigentums

Dr. Andrea Scheichl,
Österreichisches Patentamt, Leiterin Öffentlichkeitsarbeit und Public Relations
www.patentamt.at

Bereits ganz zu Beginn sollten für den Gründer strategische Überlegungen zum Schutz des Produktes stehen:

- Sind Urheberrecht und Geheimhaltung ausreichend?

- Ist es besser, die Erfindung geheim zu halten oder zu patentieren? Ein Patent bedeutet auf jeden Fall eine Veröffentlichung der Erfindung, d.h. die Erfindung kann nachgemacht werden.

- Werden mehrere gewerbliche Schutzrechte benötigt und welche Kosten sind dafür zu kalkulieren? In diesem Zusammenhang ist auch eine Kosten-Nutzen-Abwägung anzustellen: Rechnen sich die Investitionen auch? Wo sind die Märkte bzw. Absatzgebiete? Faustregel: Je mehr Länder (Märkte), desto höher die Kosten (Anmeldekosten, Vertreter, Jahresgebühren). Können die Rechte im Verletzungsfall auch durchgesetzt werden?

- Da ein Patent eine Ablaufzeit (max. 20 Jahre) hat, sind, um sich auf dem Markt längerfristig zu etablieren, eine Marke und ein gefälliges Design unumgänglich – Kunden kaufen (häufig) im Vertrauen auf eine Marke und mit den Augen.

Folgend nun einige **Do's** und **Don'ts** zu Patent und Marken, zwei der häufigsten Formen der gewerblichen Schutzrechte.

Patent

- **1. Don't**

Veröffentlichung der Erfindung vor einer Patentanmeldung

Wird ein Patent angestrebt, dann ist Reden Silber und Schweigen Gold. Denn publizieren Sie eine Erfindung vor einer Anmeldung, dann zerstören Sie sich selbst die Neuheit der Erfindung und damit eine wesentliche Voraussetzung für ein Patent.

- **Do**

Keine Publizierung der Erfindung vor der Anmeldung. Mit Personen, mit denen vor einer Patentanmeldung über die Erfindung gesprochen wird, eine Geheimhaltungsvereinbarung abschließen.

- **2. Don't**

Doppelerfindungen

Nur 60% der angemeldeten Patente können auch erteilt werden. Der häufigste Fehler: Die vermeintlich neue Erfindung gibt es bereits.

- **Do**

Sorgfältige Recherche

Vieles kann selbst gemacht werden: Patentanmeldungen, Patent- und Gebrauchsmusterschriften sind z.B. unter: http://ep.espacenet.com/?locale=en_EP (mit englischen Suchbegriffen) oder http://depatisnet.dpma.de/ (deutschsprachige Patentliteratur inkl. österreichische Patente und Gebrauchsmuster) abrufbar.

Allerdings bitte Vorsicht: Wenn im Internet nichts gefunden wurde, dann heißt das nicht, dass es nicht doch etwas Relevantes gibt: Hier helfen Experten mit gezielten Recherchen, die auch nicht öffentliche Datenbanken einschließen – z.B. die Expressrecherche von serv.ip, der Teilrechtsfähigkeit des Österreichischen Patentamts (http://www.servip.at).

Recherchen sind zudem ein wichtiges Tool zur Konkurrenzbeobachtung.

- **3. Don't**

Die Erfindung kann niemand brauchen

Auch wenn man davon überzeugt ist, eine großartige, weltbewegende Erfindung gemacht zu haben, muss man sich aufrichtig die Frage stellen, wer überhaupt als Abnehmer der Erfindung in Betracht kommt.

- **Do**

Prüfen, ob es für die Erfindung einen Markt gibt und zugleich auch, ob und wie man sich in der Branche und am Markt positionieren kann.

- **4. Don't**

Unrealistische Werteinschätzungen

Die Erfindung bringt unermesslichen Reichtum mit sich.

- **Do**

Realistisch bleiben, was den Wert der Erfindung anlangt. Verbessert die Erfindung ein gesamtes Produkt/Verfahren oder nur einen kleinen Teil?

Auch wenn die Höhe von Kaufverträgen und Lizenzgebühren grundsätzlich frei vereinbart werden kann, hängen sie in der Praxis doch von verschiedensten Faktoren ab.

- **5. Don't**

Sparen am falschen Platz

Es wird alles selbst gemacht, von der Anmeldung bis zur Durchsetzung, um Kosten zu sparen.

- **Do**

Für beständige Schutzrechte empfiehlt sich die Hilfe eines erfahrenen Patentanwalts, vor allem wenn mit der Erfindung auch ins Ausland gegangen werden soll.

Marke

- **1. Don't**

Mangelnde Unterscheidungskraft

Ihre Marke hat keine Unterscheidungskraft und kann daher nicht registriert werden.

Das Briefpapier, die Visitkarten und Werbematerialien sind gedruckt, jetzt noch schnell die Marke anmelden. Aber leider ist die Marke aufgrund mangelnder Unterscheidungskraft nicht schutzfähig und es muss daher eine neue Marke entwickelt werden. Viel Geld wurde somit umsonst investiert.

- **Do**

Für Ihre Marke absolute und relative Phantasiezeichen wählen, diese sind am unterscheidungskräftigsten.

- **2. Don't**

Keine Vorabrecherche

Es wurde eine Marke entwickelt, angemeldet und diese wurde auch registriert. Allerdings meldet sich anschließend jemand, der dieselbe oder eine verwechslungsähnliche ältere Marke besitzt. Ältere Rechte gehen einem jüngeren Markenrecht vor, das heißt, die jüngere Marke kann gelöscht oder darf aufgrund einer Unterlassungsklage nicht verwendet werden.

- **Do**

Da ein und dieselbe Marke auch mehrfach registriert wird – das ist gesetzlich kein Hinderungsgrund – wird erst in einem Streitfall festgestellt, wer das ältere und damit das bessere Recht hat.

Um ein Prozessrisiko und Kostennachteile zu vermeiden, ist eine gründliche Recherche nach älteren, registrierten, aber auch unregistrierten Rechten ein Muss.

Es kann dazu in den kostenfrei zur Verfügung stehenden Markendatenbanken des EU-Markenamtes (http://oami.europa.eu/ows/rw/pages/QPLUS/databases/searchCTM.de.do) und der WIPO (Madrid Express http://www.wipo.int/ipdl/en/search/madrid/search-struct.jsp) recherchiert werden. Aber auch hier gilt: Falls im Internet nichts gefunden wurde, heißt das nicht, dass die gewünschte Marke frei ist, da in den Datenbanken verwechslungsähnliche Marken nicht abgefragt werden können. Hier helfen Experten mit gezielten Recherchen, z.B. mit einer Markenähnlichkeitsrecherche (auch mit Firmenbuchabfragen) von serv.ip, der Teilrechtsfähigkeit des Österreichischen Patentamts (http://www.servip.at). Die Markenähnlichkeitsrecherche enthält idente und verwechslungsähnliche nationale, internationale und Gemeinschaftsmarken.

Für den CEE-Raum kann per Mausklick mittels CETMOS (http://www.cetmos.eu/) eine gemeinsame Recherche in neun Ländern (Österreich, Ungarn, der Tschechischen Republik, Polen, der Slowakei, Rumänien, Bulgarien, Kroatien und Slowenien) gestartet werden. Damit entfallen langwierige und aufwändige Einzelrecherchen in der jeweiligen Landessprache.

Das Ergebnis erhält der Auftraggeber binnen vier bis sechs Wochen. Auch für Besitzer geschützter Marken ist die Recherche sinnvoll: Sie zeigt rasch, ob bestehende Rechte verletzt werden.

- **4. Don't**

Selbstgestrickte Marke

Bei selbst entworfenen Marken passiert es, dass der Markenwortlaut kompliziert oder schlecht verständlich ist, nicht zum Produkt passt, die Grafik der Marke verschwimmt und daher nicht in schwarz-weiß wiedergegeben und auch nicht beliebig vergrößert oder verkleinert werden kann.

- **Do**

Den Entwurf einer Marke, eines Logos sollte einem Profi (z.B. Grafiker) überlassen werden, der die Kriterien für eine gute Marke einhält: Eine Marke soll auffallen, einzigartig sein, Assoziationen hervorrufen, in die Branche passen und vor allem auch einfach und vielseitig verwendbar sein.

3. Gründungsstrategien

Für die erfolgreiche Gründung reicht es nicht aus, lediglich eine Geschäftsidee, ein neuartiges Produkt oder eine Dienstleistung zu haben. Es wird auch notwendig sein, sich im Vorfeld verschiedene Gedanken darüber zu machen, wer die Abnehmer sein werden, wie man zur Finanzierung kommt, wie Preise zu gestalten sind, wer die Konkurrenz sein wird usw. Diese Fragen und viele mehr werden zu durchdenken sein, bevor man an konkrete Schritte geht. In diesem Kapitel werden wesentlichen Begriffe angeführt und jene Sichtweisen von Strategie diskutiert, die nützlich für das Entwickeln und/oder Evaluieren von Gründungsstrategien erscheinen. Im zweiten Teil werden gängige Instrumente vorgestellt, die in diesem Zusammenhang eingesetzt werden können.

3.1 Vision, Ziele, Strategie

Damit die Visionen und Ziele der Gründungspersonen auf ihre Realisierungschancen hin überprüft werden können, ist es notwendig verschiedene Einflussfaktoren im Vorfeld zu klären. Dazu gehören interne Faktoren (z.B. die Kompetenzen der Gründerpersonen) sowie externe Faktoren (z.B. potenzielle Konkurrenten). Im Bereich des strategischen Managements wurden bereits Instrumente erarbeitet, die auch Gründern eine Unterstützung in der Analyse bieten und in keinem Businessplan fehlen dürfen. **Visionen und Ziele**

Den Plan, wie der Gründer langfristig seine Visionen und Ziele verwirklichen will, ist seine **Gründungsstrategie**. Diese kann bereits intuitiv vorhanden sein, weil der Gründer z.B. branchenkundig ist, und muss nur mehr entsprechend formuliert werden. Es kann aber auch sein, dass im Zuge der im Kap. 3.3 beschriebenen Prozesse bzw. bei der analytischen Auseinandersetzung mit den genannten Rahmenbedingungen und Einflussfaktoren erfolgversprechende Strategien entstehen. Idealerweise sollte dies spätestens bei der Anfertigung eines Businessplanes geschehen. **Gründungsstrategie**

3.2 Begriff und Definition

Der Begriff Strategie stammt vom griechischen Wort „strategos" ab, das soviel wie Heerführer bedeutet. In der Militärwissenschaft sind auch die Wurzeln zu finden, wobei bereits zu frühen Zeiten Parallelen zur Wirtschaft gezogen wurden. Obwohl der Begriff schon sehr lange in unterschiedlichen Disziplinen in Gebrauch ist, hat sich – oder vielleicht gerade deswegen – bis dato noch kein einheitliches Verständnis für dessen Bedeutung bzw. eine einheitliche Definition herausgebildet. **Strategiebegriff**

Ansätze Allerdings hat es bereits Versuche gegeben, wie etwa Barney (2006), die unterschiedlichen Definitionen zu kategorisieren:

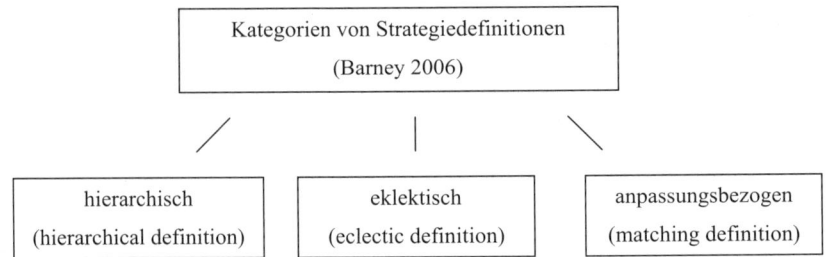

Abb. 3.1: Kategorien von Strategiedefinitionen

Hierarchische Definition Konzepte dieser Art orientieren sich an den Zielen bzw. der Mission der Unternehmung. Strategisches Management stellt hier den Prozess dar, in dem zuerst die Mission und die Ziele festgelegt werden, danach die Strategien zu deren Erreichung gesucht werden, und letztlich diese Strategien durch Verfahren oder Taktiken umgesetzt werden („hierarchical definition").

Eklektische Definition Bei einer weiteren Konzeption wird davon ausgegangen, dass eine Strategie nicht mit einer einzigen Definition beschrieben werden kann, sondern dass davon eine ganze Reihe möglich bzw. notwendig ist („eclectic definition"). Der Vertreter dieser Ansicht schlechthin ist **Henry Mintzberg** et al. (2007). Er betrachtet Strategie als eine mehrdimensionale Beschreibung aus verschiedenen Blickwinkeln. Davon sind fünf von besonderer Bedeutung – **die 5 P's: Plan, Pattern, Position, Perspective and Ploy.**

Mintzberg Übertragen auf die Erarbeitung einer Gründungsstrategie könnte die Entwicklung unter folgenden Gesichtspunkten erfolgen:

Beschreibung Strategie als...	Erklärung
Plan	*Strategieentwicklung als formaler Prozess:* Der Gründer setzt zu Beginn Ziele fest. Die Strategien, welche zur Erreichung notwendig erscheinen, werden in Hinblick auf externe und interne Bedingungen überprüft. Soweit die Strategie einer ausführlichen Evaluation standgehalten hat (z.B. durch eine Risikoanalyse), können mittelfristige und kurzfristige bzw. operative Pläne (Finanzplan, Marketingplan, Produktplan usw.) formalisiert und dann operationalisiert werden.

Pattern	Strategieentwicklung als sich herausbildender Prozess: Erfolgreiche Initiativen erzeugen Erfahrungen, welche im Nachhinein als Strategie identifiziert werden können. Der Gründer fördert individuale oder organisationale Lernerfahrungen, welche zur Bewältigung von Ungewissheit bzw. Komplexität angewandt werden.
Position	Strategieentwicklung als analytischer Prozess: Die Strategieentwicklung besteht im Auffinden der Marktposition in einer gegebenen Branche, die gegen Konkurrenten verteidigt werden kann. Als generische Strategien können beispielsweise Produktdifferenzierung und Kostenführerschaft gewählt werden. Einsetzbare Instrumente sind die Branchenanalyse, Portfolio und Erfahrungskurven.
Perspective	Strategieentwicklung als visionärer Prozess: Ausgangspunkt ist hier der Gründer mit seiner Vision. Er generiert sie aus seinen geistigen Zuständen und Prozessen wie Intuition, Urteilsvermögen, Weisheit, Erfahrung und Erkenntnissen. Sie zielt meist auf Marktnischen ab. Vision und Organisation bleiben formbar. Verschiedene Kreativitätstechniken können zur Generierung von Visionen eingesetzt werden.
Ploy	Strategieentwicklung als Verhandlungsprozess: Der Gründer legt politisches Geschick zu Tage, um die Umwelt so anzupassen, dass sie zum Jungunternehmen passt. Ziel ist die Kontrolle oder Kooperation mit der Umwelt, z.B. durch Netzwerke oder strategische Allianzen. Nützliche Instrumente sind die Analyse der Stakeholder und eine Koalitionsanalyse.

Tab. 3.1: Die 5 P's von Henry Mintzberg

Die Anhänger der „matching definition" beschreiben Strategien als anpassungsbezogene Handlungen, die versuchen, die Gefahren und Risiken aus der Unternehmensumwelt zu minimieren und gleichzeitig an Schwächen zu arbeiten und Stärken ausbauen. Dies bedarf der Analyse des Wettbewerbsumfeldes sowie der Feststellung eigener Ressourcen und Kompetenzen.

Anpassungsbezogene Definition

Die Herausforderung bei der Erstellung eines guten Businessplans ist es, dass möglichst viele dieser Gesichtspunkte bedacht werden. Dabei sollen die Gliederungsvorschläge des Businessplanes helfen, diese strategischen Entscheidungen vorzubereiten, ohne dass etwaige Gesichtspunkte unberücksichtigt bleiben. Das bedeutet, dass sowohl die Vision, als „... a picture of the new world (... the entrepreneurs ...) wish to create" (Wickham 2006, S. 321), das Mission Statement und die Strategien ausgearbeitet werden sollten. Die Strategien sollen dabei sowohl Aspekte des „Inhaltes" (Produkte, Märkte, Wettbewerbssituation, Ressourceneinsatz) als auch Aspekte des „Prozesses" (Entscheidungsprozesse, Führungsweise, Controlling) beinhalten.

Gründung als strategische Entscheidung

Bei den genannten unterschiedlichen Zugängen sollte nachvollziehbar sein, dass keine allgemein gültige Definition von Strategie angeboten werden kann. Wie erkennt man nun, ob es sich um eine strategische Entscheidung handelt oder nicht? Nach Grant (2007) weisen strategische Entscheidungen **drei Eigenschaften** auf:

- sie sind wichtig

- sie bringen eine bedeutsame Bindung von Ressourcen mit sich

- sie sind nicht ohne weiteres umkehrbar

Somit kann die **Gründungsentscheidung** per se auch als **strategische Entscheidung** identifiziert werden.

3.3 Instrumente des strategischen Managements

Im Folgenden werden einige ausgewählte Instrumente des strategischen Managements vorgestellt. Vielen Instrumenten ist gemeinsam, dass sowohl die Ressourcen und Kompetenzen des Unternehmens als auch die Chancen und Risiken der Umwelt abgeglichen werden. Dies erklärt sich dadurch, dass der Unternehmenserfolg sich weder alleine durch die Konzentration auf die eigenen Kompetenzen noch auf die Konzentration auf einzigartige Marktchancen begründen lässt. Im Folgenden wird auf eine Auswahl von Instrumenten des strategischen Managements eingegangen.

3.3.1 Branchenanalyse

Branchenanalyse

Michael **Porter** (2002) geht davon aus, dass die Spielregeln innerhalb einer bestimmten Branche als auch die möglichen Wettbewerbsstrategien hauptsächlich durch die Branchenstruktur bestimmt werden. Wie sich der Wettbewerb, also der Kampf um die besten Erträge innerhalb einer Branche gestaltet, hängt im Wesentlichen von fünf Wettbewerbskräften – den „5 forces" ab. Dabei handelt es sich um die Bedrohung durch neue Konkurrenten, die Verhandlungsstärke der Lieferanten, die Verhandlungsmacht der Abnehmer, die Bedrohung durch Ersatzprodukte und -dienste und letztlich auch um die Rivalität unter den bestehenden Unternehmen. Die Kunst für Unternehmensgründer ist, in dieser Konstellation die ertragreichste Position zu finden. Für die Prüfung eines möglichen Eintrittes in die Branche gilt es, diese Faktoren systematisch zu untersuchen, um so eventuelle Lücken für eine eigene Positionierung aufzudecken.

Die Untersuchung der jeweiligen **Wettbewerbskräfte** konzentriert sich dabei auf die Betrachtung der wichtigsten ökonomischen und technologischen Merkmale. Die folgende Liste soll einen Überblick über diese Merkmale geben.

Triebkraft	Faktoren
Grad der Rivalität unter bestehenden Wettbewerbern	• Anzahl oder Gleichheit der Wettbewerber • Tempo des Branchenwachstums • Höhe der Fix- oder Lagerkosten • Grad an Differenzierung • Höhe der Umstellungskosten • Dimensionen von Kapazitätserweiterungen • Heterogenität der Wettbewerber • Höhe der strategischen Einsätze • Höhe der Austrittsbarrieren
Verhandlungsstärke der Abnehmer	• Konzentration der Abnehmergruppen • Anteil am Gesamtumsatz der Verkäufer • Anteil der Produkte an Gesamtkosten oder -käufen • Standardisierungsgrad der Produkte • Differenziertheit • Höhe der Umstellungskosten • Höhe der Gewinne • Glaubwürdigkeit von Rückwärtsintegration • Einfluss des Produktes auf die Qualität oder Leistung eines Abnehmerproduktes • Informationsgrad des Käufers
Verhandlungsstärke der Lieferanten	• Anzahl der Lieferanten • Konzentration der Lieferantengruppe • Vorhandensein von Ersatzprodukten • Abhängigkeit der Lieferanten von der Branche • Input-Abhängigkeit der Kunden von den Lieferanten • Differenziertheit • Höhe der Umstellungskosten • Glaubwürdigkeit von Vorwärtsintegration

Bedrohung durch neue Konkurrenten	• Eintrittsbarrieren (Betriebsgrößenersparnisse, Produktdifferenzierung, Kapitalbedarf, Umstellungskosten, Zugang zu Vertriebskanälen, größenabhängige Kostennachteile, staatliche Politik) • Erwartete Vergeltung • Eintrittskritischer Preis
Bedrohung durch Ersatzprodukte	• Preisvergleich • Leistungsvergleich • Höhe der erzielbaren Gewinne

Tab. 3.2: Die 5 Wettbewerbskräfte von Porter

Die Analyse der o.a. Merkmale sollte dazu dienen, dass eine Einschätzung der Situation innerhalb der Branche möglich wird. Es können dann die eigenen Stärken und Schwächen mit der Branche verglichen und entsprechende Strategien zur Verbesserung der eigenen Wettbewerbsposition gefunden werden.

Damit ein Unternehmen erfolgreich mit den fünf Wettbewerbskräften umgehen kann und dadurch langfristig eine gefestigte Position innerhalb einer Branche erreicht, bietet Porter drei Gruppen von Strategien (**Normstrategien**) an. Diese können getrennt, aber auch kombiniert verwendet werden:

1. Umfassende Kostenführerschaft:	Angelehnt an das Erfahrungskurvenkonzept wird ein Kostenvorsprung gegenüber der Konkurrenz angestrebt.
2. Differenzierung:	Bestimmte Merkmale des Produktes oder der Dienstleistung werden hervorgehoben, sodass sie als einzigartig wahrgenommen werden.
3. Konzentration auf Schwerpunkte:	Diese können Marktnischen, bestimmte Abnehmergruppen, ein Produktprogramm oder ein geografisch abgegrenzter Markt sein.

Auf Grund der Branchenanalyse sollte es möglich sein, dass sich der Gründer im Vorfeld für eine diese Strategien entscheidet.

3.3.2 Szenario-Analyse

Szenarios Ein weiteres Instrument des strategischen Managements stellt die Szenario-Analyse dar. Sie ist eine Simulation alternativer Umweltszenarien. Szenarien können als eine hypothetische Folge von Ereignissen verstanden werden, wofür sowohl quantitative als auch qualitative Informationen verarbeitet werden, um auf Auswirkungen, auf Zielgrößen und Prozesse selbst hinzuweisen. Die Beurteilung der

Einflussgrößen erfolgt nicht nur in Hinblick auf etwaige Auswirkungen, sondern auch auf gegenseitige Wechselwirkungen. Analyseergebnis sind unterschiedliche **alternative Zukunftsbilder**. Zur Komplexitätsreduktion empfiehlt sich, wenigstens eine Einschränkung der Voraussage in eine „sehr wahrscheinliche", eine denkbar „schlechteste" und eine denkbar „beste" Entwicklung vorzunehmen. Selbstverständlich sind noch unterschiedliche Entwicklungen zwischen diesen Extremen möglich.

Ein wesentlicher Vorteil bei der Szenario-Analyse ist die Ausarbeitung selbst. Es wird nämlich deutlich, welche Faktoren in Wechselwirkung miteinander stehen bzw. wie groß der Einfluss dieser Faktoren auf die zukünftige Entwicklung ist. Dies spricht dafür, dass sich die Gründerpersonen eher persönlich mit den Deskriptoren und unterschiedlichen Szenarien auseinandersetzen, als diese Analyse extern ohne eigene Beteiligung anfertigen zu lassen. Bei der Erstellung von Businessplänen sollte auf keinen Fall auf die Erarbeitung unterschiedlicher Szenarien (**Normal-Case-**, **Best-Case-** und **Worst-Case**-Szenarien) vergessen werden!

3.3.3 Portfolios

Portfolio-Analysen wurden in den siebziger Jahren eingeführt und erfreuen sich seither im strategischen Management an großer Beliebtheit. Die bis dahin entwickelten Instrumente zeigten Defizite, soweit es um Fragen gegangen ist, wie Ressourcen zwischen Geschäftseinheiten verteilt gehören, welche Kombinationen von Geschäftseinheiten erfolgversprechend sind und welche Maßstäbe herangezogen werden können, um Neuaufnahmen von Geschäftseinheiten befürworten zu können. Das ursprünglich für den Finanzbereich entwickelte Portfolio wurde dann für verschiedenste Funktionen bzw. das Gesamtunternehmen adaptiert.

Portfolio

Grundsätzlich besteht die Funktionsweise in der Visualisierung des Betrachtungsobjektes in einer **zweidimensionalen Matrixdarstellung**. Die Dimensionen sind an eine Umwelt- und Unternehmensanalyse angelehnt und decken so Erkenntnisse zu externen Chancen und Risiken bzw. internen Stärken und Schwächen ab. Auf Grund der Positionierung der Objekte lassen sich strategische Leitlinien bzw. **Normstrategien** ableiten. Diese lassen sich unterscheiden in:

- Wachstumsstrategie
- Haltestrategie
- Schrumpfungsstrategie

Einer der meist verbreiteten Ansätze wurde von der Boston Consulting Group entwickelt (siehe Abb. 3.2). Es handelt sich bei der Methode der **Boston Consulting Group (BCG)** um eine Visualisierung der Positionen des derzeitigen Standes der Strategischen Geschäftseinheiten (SGE's) in einer **Marktwachstums-Marktanteils**-Matrix. Im Weiteren wird dann den SGE's je nach Position einer Typisierung zugeordnet (Fragezeichen, Stars, Milchkühe, Arme Hunde). Es ist darauf zu achten, dass das Portfolio ausgeglichen ist, woraus sich bereits strategische Ansätze (Ausbauen, Erhalten, Ernten, Abstoßen) entwickeln lassen. Unter

BCG-Portfolio

Bedachtnahme, dass jede SGE einen bestimmten Lebenszyklus hat, kann es nicht zur Zielsetzung werden, dass alle SGE's die gleiche Rendite liefern sollten.

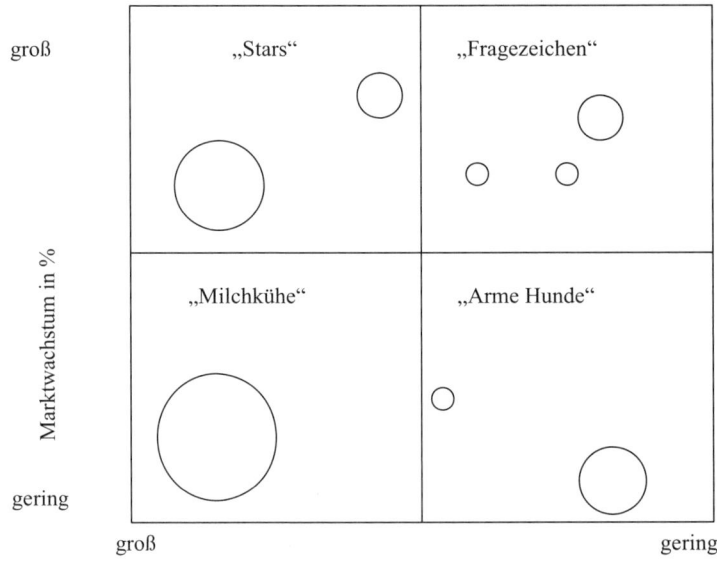

Abb. 3.2: Marktwachstums-Marktanteils-Matrix der Boston Consulting Group
(Qu.: Kotler/Bliemel 2006, S. 118)

Für einen Gründer stellt sich die Frage, ob nicht Lücken entdeckt werden können, welche durch eine Neugründung gefüllt werden könnten. Ebenso könnten sich im Bereich der „Fragezeichen" potenzielle Gründungschancen ergeben.

Das angeführte Portfolio ist allerdings nur ein Beispiel von vielen. Es besteht auch die Möglichkeit andere Dimensionen, wie etwa die Marktattraktivität und die Wettbewerbsstärke (Multifaktoren-Methode von General Electric) oder die Dimensionen Preis und Qualität zu wählen.

3.3.4 SWOT-Analyse

SWOT Die Abkürzung SWOT steht für **S**trengths, **W**eakness, **O**pportunities and **T**hreats und besteht aus zwei Elementen: einer Stärken-Schwächen-Analyse und einer Chancen-Risiken-Analyse.

Mit der **Stärken-Schwächen-Analyse** wird die unternehmensinterne Perspektive dargestellt. Dabei werden die Stärken und Schwächen der Unternehmung mit jenen der Wettbewerber verglichen. Dazu müssen unternehmensinterne Daten aus einer Potenzialanalyse zur Verfügung gestellt werden, um so die vorhandenen und zukünftigen Unternehmensressourcen identifizieren zu können. Nur so können sie auch in Hinblick auf die Verwertbarkeit bei strategischen Herausforderungen betrachtet werden. Soweit es auch gelingt, dass die Gegebenheiten bei den Wettbewerbern herausgefunden werden können, erhält man durch Zusammenführung der Informationen die Identifikation jener Bereiche, in welchen Wettbewerbsvorteile bestehen. Bei der **Chancen-Risiken-Analyse** werden Umweltentwicklungen antizipiert bzw. identifiziert. Von besonderer Bedeutung ist es dabei, dass strategische Diskontinuitäten (sehr schwer vorhersehbare Ereignisse) erkannt werden. Aus diesen können sich sowohl Chancen als auch Risiken ergeben. Letztlich werden beide Analysen zur SWOT-Analyse vereint und damit die unternehmensinterne und unternehmensexterne Perspektive zusammengeführt.

Die SWOT-Analyse kann in drei Schritte zerlegt werden: **Analyseschritte**

1. Schritt: **Stärken-Schwächen-Analyse**

Am Beginn dieses Schrittes steht die Auswahl jener Kriterien, die beurteilt werden müssen, um ein aussagefähiges Bild der Unternehmenssituation zu bekommen. Orientierungspunkte liefern die jeweiligen betrieblichen Funktionen, die neben dem bestehenden Potenzial auch auf die bestehenden Stärken oder Schwächen im Konkurrenzvergleich untersucht werden.

Bei der Auswahl der Bewerter ist darauf zu achten, dass diese über ausreichende Informationen über das zu gründende Unternehmen und die Konkurrenz verfügen. Die Suche und Auswahl dieser Personen stellt für den Gründer sicherlich den schwierigsten Schritt dar. Bei der Bewertung selbst sollte ein Vergleichsmaßstab herangezogen werden (z.B. Branchenbeste). Als Basis sind so weit wie möglich objektive Daten zu verwenden. Es müssen aber auch subjektive Einschätzungen, die auch aus Kunden- und Lieferantenperspektive zu treffen sind, miteinbezogen werden. Im Zuge der Bewertung kann ein Stärken-Schwächen-Profil angefertigt werden.

2. Schritt: **Chancen-Risiken-Analyse**

Hier werden die für das Unternehmen relevanten Umweltfaktoren identifiziert und die Entwicklungen sowohl auf Makro- (im sozio-kulturellen, technischen, politisch-rechtlichen, physischen und wirtschaftlichen Bereich) als auch auf der Mikroebene (Lieferanten, Kunden, Konkurrenten und Absatzmittler) betrachtet. Als Hilfsmittel können verschiedene Prognoseinstrumente, wie z.B. die Szenarioanalyse, herangezogen werden. Zur Übersichtlichkeit empfiehlt sich eine Reihung nach Bedeutsamkeit und Eintrittswahrscheinlichkeit.

3. Schritt: **SWOT-Analyse**

In der SWOT-Analyse kommt es dann zur Integration der beiden vorangegangenen Analysen. Übertragen in eine Matrix ergeben sich je zwei positive und zwei negative Felder, aus denen sich jeweils eine bestimmte Strategie ableiten lässt. Diese lassen sich wie folgt kurz beschreiben:

- **SO-Strategie:** Nutzung der Chancen unter Einsatz der Stärken

- **ST-Strategie:** Entschärfung der Gefahr durch Einsatz der Stärken

- **WO-Strategie:** Nutzung der Chancen durch Abbau der Schwächen

- **WT-Strategie:** Entschärfung der Gefahr durch Abbau der Schwächen

3.3.5 Konkurrentenanalyse

Konkurrentenanalyse Ein wesentlicher Aspekt bei der Formulierung von Strategien ist jene Merkmale zu identifizieren, in denen man den Konkurrenten etwas voraus hat. Dabei soll herausgefunden werden, was die nächsten Schritte der Wettbewerber sind und wie sie auf Veränderungen ihres Umfeldes reagieren werden. Die erlangten Erkenntnisse lassen sich auch für eine Wettbewerbsanalyse (siehe Kap. 4) verwerten.

Zur Erstellung eines **Reaktionsprofils** eines Konkurrenten (bzw. der wesentlichen Konkurrenten) müssen vier Elemente betrachtet werden:

1. zukünftige Ziele
2. gegenwärtige Strategie
3. Annahmen
4. Fähigkeiten

Die Auseinandersetzung mit den **Zielen der Konkurrenz** soll Aufschluss darüber geben, wie zufrieden der Konkurrent gegenwärtig ist. Dadurch lässt sich abschätzen, wie auf etwaige Strategieveränderungen oder auf äußere Ereignisse reagiert wird. Ziele, welche von zentraler Bedeutung für das betroffene Unternehmen sind, werden mit anderem Nachdruck verfolgt werden als andere. Eventuell kann auch auf das Verhalten von verbundenen Unternehmen geschlossen werden. Es ist durchaus anzuraten, die jeweiligen Ziele der unterschiedlichen Ebenen (Konzern, Geschäftseinheiten, Funktionsbereiche usw.) zu betrachten – soweit dies möglich ist.

Beispielhafte Fragen für Gründer:

- *Gefährde ich mit meiner Gründung Zielsetzungen der Konkurrenz?*
- *In welche Geschäftsbereiche, Kundensegmente usw. der Konkurrenz dringe ich ein und wie wird diese darauf reagieren?*

Bei den **gegenwärtigen Strategien** sollte bedacht werden, dass diese nicht unbedingt explizit formuliert sein müssen. Es kann auch sein, dass sie implizit vorhanden sind.

Beispielhafte Fragen für Gründer:

- *Wird die Konkurrenz ihre Strategie auf Grund meines Eintritts ändern?*
- *Hat die Konkurrenz überhaupt eine Möglichkeit, mit einer Strategieänderung zu reagieren?*

Bei der Identifizierung der **Annahmen der Wettbewerber** lassen sich diese in Hinblick auf Annahmen des Wettbewerbers **über sich selbst** und Annahmen über die **Branche/Unternehmen** unterteilen. Ob sich ein Wettbewerber als Billigproduzent, Preisbrecher, Branchenführer usw. sieht, wird einen wesentlichen Einfluss auf sein Reaktionsverhalten ausüben. Bei der Untersuchung der Annahmen sollte man sich auf Bereiche konzentrieren, wo sich Konkurrenten nicht völlig rational oder realistisch verhalten. Wird z.B. von diesen die Loyalität ihrer Kunden falsch eingeschätzt, könnte an dieser Schwachstelle angesetzt werden. Eine gute Hilfestellung im Bereich der Annahmen, welche sich auch zur Analyse der Ziele eignet, ist das Studium der Geschichte der Wettbewerber und der Branche.

Beispielhafte Fragen für Gründer:

- *Wie reagierte der Wettbewerber beim letzten Eintritt eines Kontrahenten?*

- *Wenn sich z.B. der Wettbewerber als Billigproduzent sieht, wie wird er auf mein billigeres Produkt reagieren (können)?*

Die Möglichkeiten, wie ein Wettbewerber mit Ereignissen in seinem Umfeld umgeht bzw. welche Schritte er selbst setzen kann, hängt wesentlich von seinen (Kern)**Kompetenzen** ab. Seine Stärken und Schwächen bestimmen die Handlungsfähigkeit. Eine Möglichkeit zur Analyse stellt die Betrachtung der Position innerhalb der bereits genannten „5 forces" dar.

Beispielhafte Fragen für Gründer:

- *Wie schnell ist der Wettbewerber in der Lage, auf meinen Markteintritt zu reagieren?*

- *Wie ist es um seine Anpassungsfähigkeit auf die neue Marktsituation bestellt?*

Den Abschluss der Konkurrentenanalyse bildet die Erstellung eines **Reaktionsprofils**. Dabei wird eingeschätzt, welche offensiven Schritte für den Wettbewerber möglich sind, wie sehr der Wettbewerber in der Lage ist, sich zu verteidigen und letztlich, wo sich geeignete „Schlachtfelder" für eine eventuelle Auseinandersetzung befinden.

Die genannten Instrumente können eine Unterstützung für das Entwickeln erfolgträchtiger Strategien sein bzw. dienen der Prüfung eher intuitiv entstandener Strategien. Da die Ansätze, um zu einer Strategie zu kommen, sehr unterschiedlich sind, kann kein universeller Ratschlag für das Entwickeln bzw. Aufdecken der Gründungsstrategie gegeben werden. Es dürfte jedoch vielversprechend sein, entsprechend der eklektischen Definition von Strategie möglichst vielen Ansätzen Beachtung zu schenken.

3.4 Weiterführende Literatur

Handbücher mit strategischen Instrumenten: *Simon/Von der Gathen* (2002), *Porter* (2002), *Lombriser/Abplanalp* (2005).

Darstellung unterschiedlicher strategischer Ansätze und Sichtweisen: *Eschenbach/Eschenbach/Kunesch* (2008), *Mintzberg* et al. (2007).

Grundlagenwerk zu Instrumenten des strategischen Managements aus Marketingsicht: *Kotler/Bliemel* (2006).

Entrepreneurship-Lehrbücher mit Fokus auf Entwicklung von Gründungsstrategien: *Wickham* (2006), *Hisrich* et al. (2007).

Forschungsergebnisse zur Strategieentwicklung in KMU: *Welter* (2003).

4. Marketingplanung

Den Markt zu verstehen, das Marktumfeld in Relation zur eigenen Unternehmung zu setzen, und das eigene Leistungsangebot gemäß den Bedürfnissen des Marktes und der eigenen Ziele zu gestalten, dies sind die entscheidenden Elemente eines Marketingplans. Dieser stellt deshalb ein Kernstück des Businessplans dar.

4.1 Grundlagen

Struktur eines Marketingplans

Der Marketingplan behandelt die marktorientierten Maßnahmen des zu gründenden Unternehmens.

Er enthält i.d.R. **drei Komponenten**:

Zuerst erfolgt die **Sammlung** interner und externer **Fakten** und Annahmen. Das Resultat der Analyse ist die vom Unternehmen anvisierte und erreichbare Position am Markt.

- Danach erfolgt die Definition der ökonomischen und nicht-ökonomischen **Ziele.**
- Vor deren Hintergrund sind die **konkreten Maßnahmen** als dritter Bestandteil
- des Marketingplans festzulegen. Ausgearbeitet wird dabei die Leistungsgestaltung in Form des **Produktsortiments** und des **Preises** sowie die Leistungsvermittlung in Form der **Vertriebsgestaltung** und der **Marktkommunikation**.

Diese drei Elemente eines Marketingplans werden im Folgenden näher beschrieben.

4.2 Informationsgewinnung

Information und Erfahrungswissen

Ein hoher Informationsstand (verknüpft mit Erfahrungswissen, das eine praxisgerechte Interpretation der vorhandenen Informationen sichert) erlaubt es, qualitativ hochwertige und (auch von externen Geldgebern) nachvollziehbare Entscheidungen zu treffen und zu begründen. Marktforschung ist daher die Grundlage für zahlreiche Marketingentscheidungen.

4.2.1 Marktforschung

Gewinnung von Informationen

Die in einem Businessplan enthaltenen Angaben zu Branche, Markt und Kunden sind von deutlich höherer Qualität und Glaubwürdigkeit, wenn sie mit aktuellen und zuverlässigen Daten aus Erhebungen gestützt werden können. Welche Informationen erhoben werden sollen, wurde bereits bei der Erstellung des Opportunity Plans (Kap. 2.3) angeführt. Deshalb wird im Folgenden nur kurz auf die Methodik eingegangen.

Allgemein kann in primäre und sekundäre Marktforschung untergliedert werden. Kennzeichen der **Primärmarktforschung** ist die Erhebung eigener Daten. Diese sind i.d.R. aktuell und genau auf die spezifischen Informationsbedürfnisse abgestimmt. Unumgänglich ist hier die **Befragung potenzieller Kunden:** Ihr Feedback gibt Inspirationen für **Verbesserungen** und Erweiterungen und erlaubt eine erste **Evaluation der Marktakzeptanz** des Produkts. Darüber hinaus können so eventuell bereits Partner oder sogar potentielle Kunden gewonnen werden.

Eigene Erhebung

Groß angelegte Markterhebungen (z.B. Fragebogenerhebungen, Interviewserien) erfordern Zeit, Geld und einschlägiges Know-how. Da diese i.d.R. bei einem Start-up nicht vorhanden sind, ist **Sekundärforschung** der gängigere Ansatz. Darunter wird die Sammlung und Aufbereitung von bereits existierenden Daten verstanden.

Recherche

Quellen für sekundäre Daten sind z.B. Statistik Austria, Datenbanken, das Internet, Wirtschaftskammer, Verbände und Interessengruppen, Marktforschungsinstitute, Forschungseinrichtungen und einschlägige Institute von Hochschulen, Fach- und Branchenjournale, wissenschaftliche Studien, Studien von Banken, KSV, der KMU Forschung Austria (früher: IfGH) oder das Patentamt.

Sekundärdaten

Daten aus Sekundärforschung sind schnell, relativ einfach und kostengünstig zu erhalten. Nachteilig wirkt sich aus, dass sie ggf. nicht aktuell sind bzw. nicht exakt dem eigenen Informationsbedarf entsprechen. Auch im Falle einer geplanten Primärerhebung sollte, als eine Art Vorstudie, eine Sekundärerhebung durchgeführt werden.

4.2.2 Produkt

Der Grundgedanke jedes neu gegründeten Unternehmens ist es, eine auf seine Kunden abgestimmte **Problemlösung** anzubieten. Die grundsätzliche Markttragfähigkeit eines Produkts wird bereits im Rahmen der ersten Evaluierung der Geschäftsidee (siehe Kap. 2.3) durchgeführt. Entscheidend ist dabei, besondere Vorteile des Produktes für die Kunden zu finden und eine USP zu entwickeln.

Produkt oder Dienstleistung

Ebenso ist der **Stand der Entwicklung** zu berücksichtigen: Ist das Produkt bereits serienreif oder sind noch Entwicklungsarbeiten notwendig? Zu welchem Zeitpunkt wird die **Marktreife** erlangt? Ggf. existierende **Schwierigkeiten** im Zuge der Entwicklungsarbeiten sind zu analysieren und Lösungswege zu entwickeln. Wichtig ist auch die Planung der erforderlichen **Produktionskapazitäten** und damit zusammenhängend der zu tätigenden **Investitionen**.

Vor allem bei neuen Produkten oder Innovationen ist eine frühzeitige Absicherung des **geistigen Eigentums** wichtig (siehe dazu Kap. 2.4).

Jedes Leistungsangebot unterliegt einem gewissen Lebenszyklus, welcher auch Teil der Marketingüberlegungen sein soll. Grundaussage des Modells des **Produktlebenszyklus** ist, dass jedes Produkt

Produktlebenszyklus

- ungeachtet des spezifischen Umsatzverlaufs zunächst steigende und dann sinkende Grenzumsätze aufweist,

- ungeachtet der Lebensdauer des Produktes ganz bestimmte Phasen am Markt durchläuft.

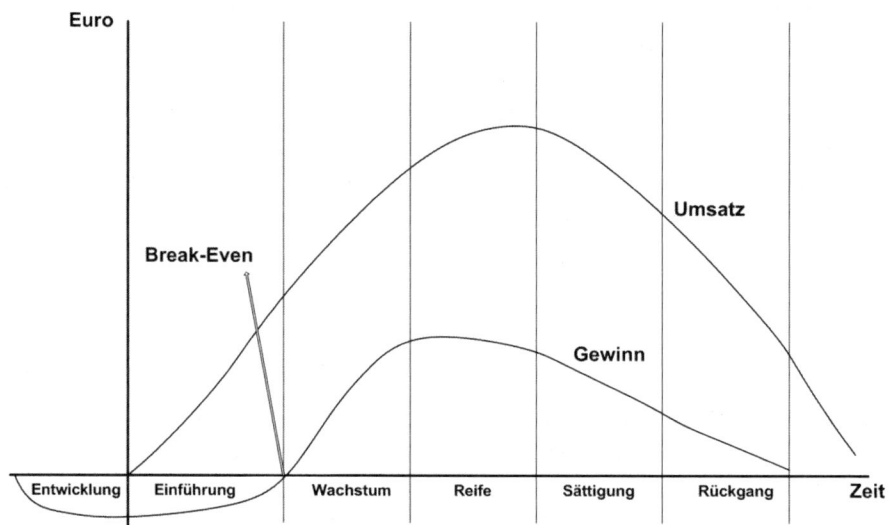

Abb. 4.1: Der Produktlebenszyklus (in Anlehnung an Freudenmann 1965, S. 8)

Phasen   Die typischen Phasen hierbei sind (Meffert 2000)

1. **Einführung:** Neugierkäufe und Marketingmaßnahmen anlässlich der Produkteinführung ergeben den Kurvenverlauf in der ersten Phase. Diese Phase zeigt, wie gelungen die ursprüngliche Gründungsidee für den Markt konzipiert wurde. Verluste sind in dieser Phase durchaus üblich, mit dem Erreichen der Gewinnschwelle bzw. des Break-Even Points endet die Einführungsphase.

2. **Wachstum:** Mundpropaganda, Berichte in Fachzeitschriften und Aktivitäten der Marktkommunikation zeigen bereits Wirkung und die Umsätze steigen. Aufgrund des wachsenden Marktes treten in dieser Phase (neue) Konkurrenten in den Markt ein. Mit dem Ende der Wachstumsphase stabilisieren sich die zuvor überproportionalen Umsatzzuwächse.

3. **Reife:** Die Reifephase ist geprägt von einer absoluten Marktausdehnung, einem Absinken der Umsatzzuwachsraten und einem intensiven Wettbewerb. Das Ende der Reifezeit ist gekennzeichnet durch das Ende des absoluten Umsatzzuwachses.

4. **Sättigung:** Die Umsatzkurve ist hier am oder nahe am Maximum, die Grenzumsätze sinken. Die Abgrenzung zu anderen Phasen, insbesondere zur Rückgangsphase, erweist sich hier allerdings als schwierig.

5. **Rückgang:** Hier endet i.d.R. die Lebenszeit des Produktes, da das durch das Produkt befriedigte Bedürfnis nicht mehr existiert oder von anderen, auch eigenen, Produkten besser befriedigt werden kann.

Handlungsalternativen bei Ablauf des Lebenszyklus (Relaunch, Neueinführung eines weiteren Produktes, Marktausweitung etc.) müssen im Businessplan berücksichtigt werden. Gerade für Jungunternehmen ist es sinnvoll, bei möglichst geringen Kosten die Attraktivität und damit die Lebensdauer des Produktes zu erhöhen (wie es z.B. durch Updates im Bereich Software gängig ist).

4.2.3 Branche, Markt und Wettbewerb

Basis für jeden Geschäftserfolg ist die Kenntnis über potenzielle Kunden und ihrer Bedürfnisse. Das **Markpotenzial** ist durch eine eingehende Analyse zu ermitteln. Die Glaubwürdigkeit dieser Analyse für Investoren wird durch detaillierte, aktuelle Informationen zu den einzelnen Faktoren, welche die Nachfrage und Absatzstrategie beeinflussen, erhöht.

Analyse der Situation

Bei der Datensammlung und -aufbereitung empfiehlt sich eine systematische Vorgehensweise. Wichtige Fragen sind aufzulisten und anhand von Datenmaterial zu beantworten. Die Informationsquellen sollen exakt zitiert werden, Interviews mit potenziellen Kunden sind unumgänglich.

Informationsquellen

4.2.3.1 Branchenanalyse

In der Branchenanalyse wird ein **Überblick über die Branche,** in der das Unternehmen tätig wird, gegeben. Dabei sind **Haupteinflussfaktoren** (siehe Kap. 3.3) ebenso wichtig wie die Beschreibung künftiger **Branchentrends,** die auf die Unternehmung einwirken. Hier werden auch die Informationen aus dem Opportunity Plan (siehe Kap. 2.3) eingearbeitet.

Gegebenheiten der Branche

4.2.3.2 Marktanalyse

Nachdem in der Branchenanalyse eine allgemeine Darstellung der Branche erfolgte, sollte nun der **Zielmarkt** (das angezielte Marktsegment) und der geplante **Markterfolg** eingehend behandelt werden. Wichtige **Kenndaten** sind Größe, Wachstum und Entwicklungstendenzen des Marktsegmentes bzw. hinsichtlich des geplanten Markterfolges (Umsatz, Absatzmengen, Markanteil und Gewinn). Diese Daten sind u.a. im Internet, bei Marktforschungsinstituten, bei Fachverbänden u.Ä. zu finden. Zu beachten ist, ob ein bereits existierender oder ein gänzlich neuer Markt bearbeitet wird. Letzterer ist generell schwieriger abzuschätzen. Eine ergänzende primäre Marktforschung mit zumindest einigen Interviews ist oftmals zweckmäßig.

Gegebenheiten des Marktes

Innerhalb des Marktes werden jedoch nicht bei allen potenziellen Kunden die gleichen Bedürfnisse vorherrschen, d.h. eine nähere **Zielgruppendefinition** ist vorzunehmen. Die Zielgruppe sollte jene Gruppe von Kunden sein,

Zielgruppendefinition

- denen das Produkt den größten Nutzen bringt,

- die am besten erreicht werden können und

- die bereit sind, den Preis für das Produkt zu bezahlen.

Um diese Zielgruppe besser bestimmen zu können, empfiehlt sich eine Analyse nach dem Prinzip des **STP-Marketing** durchzuführen. STP steht für Segmenting-Targeting-Positioning und stellt den Prozess der Segmentierung eines Marktes, die Auswahl eines Zielmarktes und die Positionierung des Produktes auf demselben dar.

STP-Marketing

Segmenting: Segmentierung steht für eine Teilung des Marktes nach sinnvollen Kriterien.

Gliederung des Marktes

Kundensegmentierung kann anhand einer Reihe von **Kriterien** erfolgen, wie z.B.:

- Geografisch: Land, Bevölkerungsdichte
- Demografisch: Altersgruppe, Einkommenshöhe, Beruf
- Lifestyle: Generation X, Yuppies
- Verhalten: Anwendungsart und -häufigkeit

Es gibt dabei keine „guten" und „schlechten" Kriterien, sondern nur geeignete und ungeeignete. So kann für einen Gründer im Bereich Babybekleidung eine demografische Segmentierung nach Alter durchaus sinnvoll sein, während dies für einen Mineralwasserproduzenten ein ungeeigneter Zugang sein kann. Ebenfalls sei an dieser Stelle auf das Problem des Verhältnisses zwischen Zugang zu den Daten und deren Aussagekraft hingewiesen. So sind bspw. geografische Daten einfach zu gewinnen, besitzen aber nur eine sehr beschränkte und eindimensionale Aussagekraft. Lifestyle-Kriterien besitzen hingegen eine sehr hohe Aussagekraft, geben sie doch Auskunft über die Lebensweise eines Menschen, diese Information zu erhalten, erweist sich aber als sehr schwierig und damit kostspielig.

Für ein besseres Ergebnis ist es durchaus üblich, mehrere Segmentierungskriterien zu kombinieren oder sequentiell zu verwenden.

Mit der Marktsegmentierung wird in erster Linie das Ziel verfolgt, den Gesamtmarkt in kleinere Teile zu zerlegen, um ihn so strukturierter wahrnehmen zu können. Ebenfalls erlaubt dieser Ansatz – durch die Reduktion des Untersuchungsobjekts – eine konkretere und oftmals einfachere Analyse des Marktes. Die wesentliche Frage bei der Geschäftsplanung ist dabei die nachvollziehbare Wahl der Segmentierungskriterien.

Wahl des Zielsegments

Targeting: I.d.R. bedient ein Unternehmen nicht alle Segmente, sondern nur jene, welche den meisten Gewinn versprechen. Zur Beurteilung dieser Frage ist es notwendig, die einzelnen Segmente hinsichtlich Größe, Wachstum, Entwicklungstendenzen, Chancen und Risken zu analysieren. Es gilt anschließend jene Segmente auszuwählen, die einerseits das größte Potenzial für das eigene Produkt versprechen, andererseits mit den strategischen Zielen des Unternehmens konform gehen.

Wahl der Marktposition

Positioning: Nach der **Teilung** des Marktes in Segmente und der Auswahl der erfolgversprechendsten Segmente und damit Zielgruppen gilt es zu überlegen, welche Position das Unternehmen in dem Zielmarkt einnehmen will. Anders formuliert muss das Unternehmen festlegen, wie es wahrgenommen werden möchte. Davon hängt ab, wie sich das Unternehmen von anderen Anbietern am Markt unterscheidbar machen kann und welches primäre Kaufargument gewählt wird. Positioning ist nicht nur für das Produkt wichtig, sondern auch für die Unternehmerpersonen selbst. Durch Reputationsmanagement kann zielgerichtet die eigene Wahrnehmung in der Öffentlichkeit gesteuert werden, um z.B. Vertrauen und Glaubwürdigkeit aufzubauen.

USP

Im Idealfall wird dieser Differenzierungsansatz noch von keinem der Mitbewerber beansprucht, wodurch eine eigenständige Position am Markt erzielt werden kann. Mit der USP (Unique Selling Proposition) kann diese Differenzierung erreicht werden. Als USP kann die Einzigartigkeit der Geschäftsidee oder des Produktes im Gegensatz zu den Mitbewerbern bezeichnet werden. Dies kann sich sowohl auf den Preis als auch auf bestimmte Produktattribute, begleitende Serviceleistungen oder emotionale Faktoren beziehen. Das Produkt oder die Leistung sollte so am Markt positioniert werden, dass der USP vom Kunden sofort erkennbar ist und sich von der Konkurrenz abhebt.

Exkurs: Kundenorientierung

Kundenorientierung und somit das Zusammenspiel zwischen **Kundenerwartung** und **Kundenzufriedenheit** ist für jedes Unternehmen wichtig. Besondere Beachtung sollte daher den persönlichen Erfahrungen und Bedürfnissen, den Erkenntnissen aus der Branchen- und Marktanalyse sowie den Rückmeldungen zu Marketingaktivitäten und Werbebotschaften geschenkt werden. Erfahrungswerte haben ergeben, dass von 100 unzufriedenen Kunden lediglich vier Beschwerden zu registrieren waren. Anders ausgedrückt: auf eine Reklamation, die im Unternehmen eingeht, kommen 25 verärgerte Kunden, die sich nicht zu Wort melden. Ist ein Kunde mit dem Produkt überdurchschnittlich zufrieden, so wird dieser seine Erfahrungen zwischen drei und fünf Personen weitergeben. Aufgrund der hohen Glaubwürdigkeit ist dies eine effiziente und außerdem kostenlose Werbung für das Unternehmen, und daher von äußerster Wichtigkeit. Ein unzufriedener Kunde wird seine Erfahrungen an zehn bis fünfzehn Kunden weitergeben. Es ist deshalb bereits bei der Erstellung des Businessplanes wichtig, Erwartungen der (potenziellen) Kunden zu erkennen, um sie nach der Gründung bestmöglich erfüllen zu können; intensive Kontakte zu (potenziellen) Kunden verschaffen dem Unternehmen Informationen aus erster Hand. Veränderungen in den Kundenwünschen und im Kaufverhalten können so schnell erkannt werden.

Der Kunde ist König

4.2.3.3 Wettbewerbsanalyse

Mit Wettbewerb durch Konkurrenz oder durch Substitute ist zu rechnen. Die entscheidende Frage lautet, warum ein potenzieller Kunde das eigene Produkt gegenüber Konkurrenzprodukten vorziehen sollte. Deshalb ist es notwendig, **die potenziellen Mitbewerber zu kennen**. Dazu empfiehlt sich zuerst die Durchführung einer Konkurrentenanalyse (siehe Kap. 3.3.5). Darauf aufbauend ist es notwendig, die Mitbewerber auch **hinsichtlich ihrer Marketingaktivitäten zu untersuchen**. Ein erster Ansatz hier ist die Erstellung eines Stärken-Schwächen-Portfolios der Mitbewerber und des eigenen Unternehmens. Probate Messgrößen dazu sind im Bereich Marketing die Zielkunden, Produktlinien, Preise, Vertriebskanäle und Aktivitäten der Marktkommunikation. Ziel ist, Unterschiede und Gemeinsamkeiten zwischen dem eigenen Angebot und jenem der Konkurrenz zu erkennen, um so Potenziale für eigene Marketingaktivitäten zu identifizieren.

Was machen die Konkurrenten?

4.3 Marketingziele

Wohin will das Unternehmen? Die Marketingziele sind realistisch und in Abstimmung mit der strategischen Ausrichtung des Unternehmens zu formulieren. Zur Zielformulierung ist es wichtig, zuvor interne und externe Einflussgrößen auf das eigene Unternehmen zu ermitteln.

Zielkriterien Es gilt nun jene Ziele zu definieren, die als Grundlage und Orientierung für die Erstellung der Leistungsgestaltung sowie -vermittlung dienen sollen. Wie alle Ziele müssen auch jene im Bereich des Marketings Aussagen über **Inhalt, Ausmaß und Zeitdimension** treffen (Bsp. für ein typisches Marketingziel: „Steigerung des Marktanteils von Produkt A auf 5 % innerhalb eines Jahres").

Zwei Gruppen von Marketingzielen Es können zwei Gruppen von Marketingzielen unterschieden werden: Zu den **vorökonomischen Zielen** zählen Markt- und Prestigeziele (z.B. Einfluss, Image, Reputation, Bekanntheitsgrad), aber auch soziale Ziele (etwa Arbeitszufriedenheit der Mitarbeiter, Einkommen und soziale Sicherheit). Die Zielerreichung kann i.d.R. direkt durch das Setzen von geeigneten Marketingmaßnahmen erfolgen und überprüft werden. Langfristig trägt ein höherer Zielerreichungsgrad dieser Ziele auch zum Erreichen der ökonomischen Ziele bei. Zu den **ökonomischen Zielen** zählen klassischerweise Absatzzahlen, Umsatz und Marktanteil. Die Güte der getroffenen und noch zu treffenden unternehmerischen Entscheidungen (z.B. hinsichtlich des Produkts, des Zielmarktes, der nicht-ökonomischen Ziele sowie der Marketingmaßnahmen) spiegelt sich letztendlich im Zielerreichungsgrad der ökonomischen Ziele wider.

4.4 Marketingmix

Die vier P's Die Erreichung der zuvor festgelegten Ziele wird durch deren Operationalisierung ermöglicht. So gilt es, jene Unterziele und damit Maßnahmen für die Marketinginstrumente festzulegen, die das Erreichen der Marketingziele ermöglichen. Diese Maßnahmen werden im **Marketingmix** zusammengefasst, welcher die Leistungsgestaltung (**P**roduct und **P**rice) sowie die Leistungsvermittlung (**P**romotion und **P**lace) umfasst.

Die produktspezifische Kombination dieser vier P's ergibt die individuelle Ausgestaltung des Produktsortiments, der Kontrahierungspolitik, des Vertriebs sowie der Marktkommunikation.

4.4.1 Vertriebskanäle

Place Der Vertriebskanal wird auch als „Tor zum Kunden" bezeichnet. Beispiele für Vertriebskanäle sind Einzelhandel, Großhandel, Franchising, Direct Mail, eigene Akquisition oder Handelsvertreter. Die Wahl der Vertriebskanäle wird von zahlreichen Faktoren beeinflusst (Anzahl potenzieller Kunden, Firmenkunden oder Privatkunden, Art des Einkaufsverhaltens), die eine Entscheidung über „**Make**

or Buy" erforderlich machen. D.h. es ist zu überlegen, ob der Vertrieb selbst oder über ein beauftragtes Partnerunternehmen durchgeführt wird. Die Wahl hängt mit anderen Marketingentscheidungen zusammen (bspw. erhöhen Vertriebskosten den erzielbaren Verkaufspreis) und wirkt sich tendenziell auf das gesamte Geschäftssystem und die Organisation aus. Darüber hinaus ist der gewählte Vertriebsweg automatisch immer auch Teil der Kommunikationsstrategie.

4.4.2 Preisgestaltung

Der Preis ist ein wesentlicher Faktor für Erfolg oder Misserfolg einer Unternehmung und zur Differenzierung gegenüber Mitbewerbern. Grundsätzlich ist zu klären, welcher **Preis** kalkuliert und welche **Preisstrategie** verfolgt wird. Die **Zahlungsbereitschaft** der Kunden sowie das vorherrschende **Marktpreisniveau** sollten Ausgangspunkt für die Preisbestimmung sein. Sollten die anschließend kalkulierten Kosten über dem Marktpreisniveau (sprich über den Konkurrenzpreisen) liegen, so hängt der Geschäftserfolg nicht zuletzt davon ab, wie viel der spezielle Nutzen des Produktes bzw. der Dienstleistung den Kunden (zusätzlich) wert ist.

Price

Die Festlegung der Preisstrategie hängt im Wesentlichen davon ab, welches grundsätzliche Unternehmensziel verfolgt wird. Bei einer **Penetrationspreisstrategie** wird der Preis so niedrig wie möglich kalkuliert, um so schnell wie möglich den Markt zu durchdringen (Verluste werden anfangs in Kauf genommen). Der Preis wird nach Markteinführung sukzessive angehoben. Bei der **Abschöpfungspreisstrategie** wird von Beginn an ein sehr hoher Preis festgelegt, um einen möglichst hohen Ertrag zu erzielen. Die Preise werden im Laufe der Zeit sukzessive gesenkt. In der Regel verfolgen neu gegründete Unternehmen eine Abschöpfungsstrategie, um das Produkt von Beginn an besser zu positionieren und um höhere Gewinnspannen zu erzielen. Weiters ist die bei der Penetrationsstrategie nur aus Gründen der Preisstrategie bedingte Preiserhöhung oftmals schwer gegenüber den Kunden zu argumentieren.

4.4.3 Kommunikationspolitik

Die Kommunikationspolitik ist das „Sprachrohr des unternehmerischen Marketings" und umfasst Basisinstrumente der **Werbung, Verkaufsförderung** und **Öffentlichkeitsarbeit**. Neuere Kommunikationsinstrumente, die sich gerade auch für Gründer und KMU eignen, sind z.B. Sponsoring, Event-Marketing, Guerilla-Marketing oder Online-Marketing.

Promotion

Entscheidend ist, wie das neue Unternehmen potenzielle Kunden auf das Produkt aufmerksam machen wird. Für Unternehmensgründer ist es aufgrund der angespannten finanziellen Situation schwierig, teure Kommunikationsinstrumente einzusetzen. Jedoch wäre eine Vernachlässigung der Kommunikationspolitik nicht sinnvoll. Es existieren zahlreiche Werbemaßnahmen, abseits von Rundfunk- und Printmedienwerbung, die für relativ wenig Geld große Wirkung zeigen. Ein hoher Wiedererkennungseffekt ist anzustreben, entscheidend ist daher das **Corporate Design (CD)**, das einheitliche Auftreten des Unternehmens am Markt. CD ist der markanteste und sichtbarste Eindruck, den ein Unternehmen nach außen vermitteln kann. Die Größe und Platzierung des Firmenlogos, die Verwendung einheitlicher Schriften und Farben erfolgen nach einheitlichen Kriterien, die eine rasche Wiedererkennung bei den Geschäftspartnern ermöglichen.

Werbung für Gründer Beispielhaft seien im Folgenden einige „**Low-Budget-Werbemaßnahmen**" für Jungunternehmer angeführt:

- **Firmenname**: Dieser stellt den ersten Kontakt zu den relevanten Zielgruppen her. Er generiert Zuordnung, Hervorstellung oder Identifizierung. Die Suche nach dem richtigen Namen erfordert höchste Priorität, da hierdurch der Grundstein des Marketingerfolges gelegt werden kann (Wiedererkennungseffekt). Wichtige Merkmale bei der Namensgebung sind die Differenzierung gegenüber Mitbewerbern, die (einfache) Merkbarkeit des Namens, die (einfache) Aussprache sowie die Länge/Kürze des Namens.

- **Logo**: Das Firmenzeichen ist das visuelle Aushängeschild des Unternehmens. Es begleitet den Unternehmer jahrelang auf Visitenkarten, Briefbögen, Schildern, Internet etc. Das Logo schafft Blickkontakte und kann vom Betrachter binnen Sekundenbruchteilen wiedererkannt werden. Eine wesentliche Anforderung an das Logo besteht in der hohen kommunikativen Kraft, die es demonstrieren soll. Es sollte klar und schnell verständlich sein, Signalwirkung haben, Aufmerksamkeit erregen und erinnerungsfähig sein.

- **Geschäftspapiere**: Die Fülle an Geschäftspapieren (Rechnungen, Auftragsbestätigungen, Fax-Nachrichten, Visitkarten etc.) gilt es einheitlich (Logo, Farbe etc.) zu gestalten.

- **Fahrzeuge**: PKWs und LKWs können als mobile Werbefläche genutzt werden. So wird jede Liefer- oder Servicefahrt zur Werbefahrt.

- **World Wide Web**: Besonders für junge Unternehmen bietet das Internet eine ideale Gelegenheit, seine Produkte und Leistungen einer Vielzahl an potenziellen Kunden auf einer eigenen Homepage zu präsentieren. Auch hier ist wie beim Firmenlogo zu beachten, dass die Internet-Adresse einprägsam und prägnant gewählt wird. Weitere Beispiele für Internet-Werbung wären etwa Banner, Ad Words oder Direct Mailing.

- **Guerilla-Marketing**: Dies ist in der Regel das Marketing der Kleinen gegen die Großen, und damit speziell für Gründer geeignet. Es handelt sich dabei um aufsehenerregende Werbemaßnahmen, die sich jenseits der ausgetreten Pfade bewegen. Ziel beim Guerilla-Marketing ist, Aktionen zu konzipieren, die so hohe Aufmerksamkeit erregen, dass Medien über sie berichten. So multipliziert sich ohne weitere Kosten der Kommunikationseffekt einer guten Guerilla-Aktion.

4.4.4 Das Produktsortiment

Product Beim **Produktmix** als essenziellem Teil des Marketingmix ist zu klären, welche Produkte bzw. Leistungen jetzt und in Zukunft angeboten werden sollen und wie diese ausgestaltet sein sollen. Wichtig ist eine Homogenität des Produktsortiments, eine „interne Kannibalisierung" der einzelnen Angebote ist hingegen zu vermeiden. Ist eine zukünftige Erweiterung des Sortiments geplant, so ist dies bei der Schaffung einer Marke, aber auch bei der Firma des Unternehmens zu berücksichtigen. Eine zu enge Formulierung kann später zu Problemen mit neuen Produkten führen. Eine Mehr-Markenstrategie ermöglicht hier teilweise einen Ausweg. Im Rahmen des Produktsortiments ist ebenfalls das erweiterte Produkt zu behandeln. Dieses umfasst beispielsweise Gewährleistungen, Reparaturen, Zubehör, Serviceleistungen, Wartungsverträge und Ähnliches. Oftmals sind gerade diese Aspekte eines Produktes die eigentlichen Ge-winnbringer (Beispiel: sehr günstige Tintenstrahldrucker, die sich in erster Linie durch den Verkauf entsprechender Tintenpatronen finanzieren).

4.5 Weiterführende Literatur

Standardwerke zu Marketing: *Kotler/Keller/Bliemel* (2007), *Meffert* (2007); zu Marktforschung: *Berekoven* et al. (2006).

Marktforschung für Start-ups: *Deakins/Freel* (2003).

Entrepreneurship-Lehrbücher mit Marketingschwerpunkt: *Zimmerer/Scarborough* (2005), *Hisrich/Peters* (2005).

Übersicht Entrepreneurial Marketing: *Hills/Hultman* (2006).

Business-to-Business-Marketing: *Werani* et al. (2006).

Praxispublikationen: zu Guerilla-Marketing: *Schulte/Pradel* (2006); zu Werbung mit geringem Budget: *Böhm* (2004); zu Unternehmens- und Produkt-Positioning bei Jungunternehmen: *Wied* (2007), zu Reputationsmanagement (auch für Jungunternehmer): *Wieseneder* (2006).

5. Gründungsfinanzierung

Im Zuge der Gründungsplanung muss die Unternehmerperson zunächst entscheiden, welche Möglichkeiten der Kapitalbeschaffung für das zu gründende Unternehmen in Betracht kommen. In diesem Kapitel wird darauf eingegangen, welcher Finanzierungsbedarf für das Unternehmen im Zeitablauf entsteht, wie dieser Bedarf aus Eigen- und Fremdmitteln finanziert werden kann und welche Implikationen dies für das Finanzmanagement hat.

Kapitalbeschaffung Die Ermittlung der Finanzierungskosten und die Entscheidung über die Finanzierungsquelle(n), die am besten zu den Unternehmenszielen passt (passen), ist Aufgabe des Finanzmanagements im Rahmen der Gründungsplanung. Die Kapitalbeschaffung stellt eine der größten Hürden im Gründungszyklus dar und wird beeinflusst durch:

- das Risiko des Kerngeschäfts beeinflusst die Zusammensetzung der Finanzierungsquellen,
- es besteht noch keine Aussicht auf Erträge aus dem Unternehmen,
- es können Finanzierungspartnern (z.B. Banken) in der Regel keine umfangreichen Sicherheiten geboten werden,
- es gibt keine vergangenheitsbezogenen Daten aus dem Unternehmen.

Nicht überraschend ist deshalb das Ergebnis einer Jungunternehmerbefragung in Oberösterreich: Eigenmittel und Bankkredite stellen die weitaus wichtigsten Finanzierungsquellen dar, während Risikokapital deutlich unterrepräsentiert ist (Weiß/Kailer 2008).

5.1 Unterscheidung nach Gründungsform

Gründungsform Bei **technologieorientierten Gründungen** ist ein hoher Innovationsgrad der Gründungsidee charakteristisch. In der Regel soll ein Geschäftskonzept umgesetzt werden, das bisher noch nicht am Markt existiert, womit auch ein hohes Wachstumspotenzial des Unternehmens verbunden ist. Bei der **imitierenden Unternehmensgründung** wird ein Geschäftskonzept mit einem bereits am Markt existierenden Produkt bzw. Leistungsangebot realisiert. Unter dem Aspekt der Minimierung von Anlaufverlusten soll möglichst rasch eine stabile Ertragslage erreicht werden, um langfristig das Einkommen der Unternehmerperson zu gewährleisten. Zahlenmäßig überwiegt bei Neugründungen die letztere Gründungsform, sie hat im Vergleich zur innovativen Unternehmensgründung den Vorteil, dass bereits auf bestehende Daten (z.B. Branchenzahlen etc.) zurückgegriffen werden kann und dadurch das Finanzierungsrisiko kalkulierbarer wird.

Je nach Gründungsform gibt es unterschiedliche Modelle der Startup-Finanzierung. Zwei wesentliche Modelle, die unterschieden werden, sind zum einen **Low-**

Budget-Modelle (z.B. Self-Feeding-Ansatz) sowie zum anderen das **Big-Money-Modell,** das die Grundlage für die Finanzierung innovativer oder schnell wachsender Unternehmen mit einem hohen Kapitalbedarf bildet (Nathusius 2001).

Bei den **Low-Budget-Modellen** stehen den Unternehmensgründern Finanzierungsalternativen nur in einem eingeschränkten Ausmaß zur Verfügung und im Wesentlichen sind die Gründer auf die Möglichkeiten zur Selbstfinanzierung und *den Einsatz ihrer eigenen Arbeitskraft* angewiesen. Die *Aufnahme von Fremdkapital ist i.d.R. keine Alternative,* da keine oder nicht im ausreichenden Umfang banküblicher Sicherheiten zur Verfügung stehen. Die nicht vergütete Arbeitsleistung der Gründer und die selbst finanzierten Vermögenswerte, wie eigene Fahrzeuge oder Computer, bilden häufig die wesentlichen Grundlagen für die Gründung.

Low-Budget-Modelle

Alternative

Bei technologieorientierten Gründungen bilden ein tragfähiges Geschäftsmodell, eine aussichtsreiche unternehmerische Gelegenheit sowie ein überzeugender Businessplan i.d.R. die Grundlage für die Verwirklichung des **Big-Money-Modells.** Diese Unternehmen haben *aufgrund ihres zu erwartenden überdurchschnittlich dynamischen Wachstums einen hohen Kapitalbedarf* und benötigen Investoren, um diesen zu decken (z.B. Business Angels und Venture-Capital-Gesellschaften). Weitere Finanzierungsmöglichkeiten sind Mezzanine-Finanzierungen, Privatplatzierungen (Private Placements) und in einer späteren Phase u.U. die Erstemission an der Börse im Sinne eines Initial Public Offering (IPO).

Big-Money-Modell

5.2 Unterscheidung nach Rechtsposition der Kapitalgeber

Eine wesentliche Entscheidung der Unternehmerperson in Verbindung mit der Suche nach Kapitalgebern betrifft die rechtliche Position und die daraus resultierenden Eingriffsmöglichkeiten (externer) Kapitalgeber im Unternehmen. In diesem Zusammenhang versteht man unter **Eigenfinanzierung**, dass die rechtliche Position des Kapitalgebers dem eines Unternehmenseigentümers gleichzusetzen ist. Umgekehrt werden hingegen bei der **Fremdfinanzierung** dem Unternehmen finanzielle Mittel durch Institutionen von außen zugeführt, wobei dies gegen Bereitstellung entsprechender Sicherheiten erfolgt (Gläubigerstellung externer Kapitalgeber).

5.2.1 Eigenfinanzierung

Eigenkapital ist der Kapitalanteil, den die Unternehmerperson selbst aufbringt und dem Unternehmen dauerhaft zur Verfügung stellt. Dabei ist Eigenkapital nicht mit festen Tilgungsleistungen verbunden und dient zur Haftung von Verbindlichkeiten des Unternehmens (**Haftungsfunktion**). Eigenkapital kann sowohl in monetärer Form als auch in Form von Gegenständen (Sacheinlagen) in das Unternehmen eingebracht werden. Je höher die eingebrachten Eigenmittel sind, desto kreditwürdiger und finanziell unabhängiger ist das Unternehmen, denn die Einräumung von Bankkrediten orientiert sich an der Höhe des eingesetzten Eigenka-

Eigenmittel der Unternehmerperson

pitals. In der Regel sollte die Eigenkapitalquote (Verhältnis des Eigenkapitals zum Gesamtkapital) bei 15 bis 25 % liegen. Weiters muss das Eigenkapital eine kontinuierliche Kreditaufnahmefähigkeit garantieren können, um bei Liquiditätsengpässen Darlehen aufnehmen zu können (**Fremdkapitalbeschaffungsfunktion**). Eigenkapital ist somit von der Funktion her ein **Risikopuffer** und sichert die Widerstandsfähigkeit des Unternehmens gegenüber Liquiditätsproblemen ab.

3F-Kapital

Neben dem emotionalen Rückhalt, den das mikrosoziale Umfeld (Ehe-/Lebenspartner, Familie, Freunde) eines Unternehmers bieten kann, stellt dieses Umfeld eine Möglichkeit dar, um (zusätzlich zu den Eigenmitteln) Finanzierungsquellen zu lukrieren. Dieses Kapital wird als **3F-Kapital (Family, Friends & Foolhardy Investors)** bezeichnet, dabei sollte jedoch daran gedacht werden, das rechtliche Verhältnis zu den einzelnen Geldgebern aus dem Kreise der 3F klarzustellen (beispielsweise, ob es sich um eine Schenkung oder ein zinsloses Darlehen handelt).

5.2.1.1 Eigenfinanzierung von Unternehmungen ohne Börsenzugang

Einzelunternehmen, Personengesellschaften (OG, KG), GmbH sowie GmbH & Co KG und kleinere Aktiengesellschaften haben keinen Börsezugang. Es stehen diesen folgende Möglichkeiten der Beteiligungsfinanzierung offen:

● **Einzelunternehmen**

Einzelunternehmen

Das Eigenkapital wird durch Zufuhr bestimmter Teile aus dem Privatvermögen (= Einlagen) erhöht und durch Entnahmen vermindert. Die Erhöhung des Eigenkapitals durch Nichtentnahme von Gewinnen wird der Innenfinanzierung zugerechnet.

● **Offene Gesellschaft**

Offene Gesellschaft (OG)

Bei der OG erfolgt die Beschaffung des Eigenkapitals in erster Linie durch die Kapitaleinlagen der Gesellschafter.

● **Kommanditgesellschaft (KG)**

Kommanditgesellschaft

Wie bei der OG erfolgt die Beschaffung des Eigenkapitals in erster Linie durch die Kapitaleinlagen der Gesellschafter.

● **Stille Gesellschaft**

Stille Gesellschaft

Bei der stillen Gesellschaft beteiligt sich ein (stiller) Gesellschafter mit einer in das Vermögen des Unternehmens übergehenden Einlage gegen Anteil am Gewinn. Nach außen tritt der Stille nicht in Erscheinung und ist von der Vertretung zwingend ausgeschlossen. Er kann nur als Prokurist oder als Handlungsbevollmächtigter das Unternehmen vertreten, aber nicht als eigentlicher Gesellschafter. Aus der Sicht der Eigenfinanzierung ist die stille Gesellschaft vom Darlehen und der Kommanditgesellschaft abzugrenzen:
- der stille Gesellschafter erhält einen Gewinnanteil, der Darlehensgeber feste Zinsen
- der stille Gesellschafter nimmt auch am Verlust teil (kann davon jedoch vertraglich ausgeschlossen werden)

- der stille Gesellschafter hat umfangreichere Kontrollrechte als der Darlehensgeber (z.B. Abschrift des Jahresabschlusses, Einsicht in die Bücher etc.)
- der stille Gesellschafter ist Gläubiger, der Kommanditist Gesamthandeigentümer
- der Kommanditist partizipiert am Firmenwert, der typische stille Gesellschafter nicht
- die stille Gesellschaft hat keine Firma und wird auch nicht in das Firmenbuch eingetragen
- der Kommanditist haftet unter Umständen unmittelbar, der stille Gesellschafter niemals

In der Praxis ist die sog. atypische (unechte) stille Gesellschaft besonders von Bedeutung, welche von der typischen stillen Gesellschaft zu unterscheiden ist. Werden bei der atypischen stillen Gesellschaft sowohl bestimmte Geschäftsführungsbefugnisse und eine Beteiligung an den stillen Reserven und am Firmenwert eingeräumt, beschränkt sich die Beteiligung des echten stillen Gesellschafters lediglich auf seine Einlage und einzelne Informationsrechte. Steuerrechtlich wird der atypische stille Gesellschafter als Mitunternehmer gesehen. **Atypische stille Gesellschaft**

- **Gesellschaft mit beschränkter Haftung (GmbH)**

Die GmbH ist eine Gesellschaft mit eigener Rechtspersönlichkeit, deren Gesellschafter mit Einlagen auf das in Anteile zerlegte Stammkapital beteiligt sind, ohne den Gläubigern der Gesellschaft gegenüber unmittelbar zu haften. Das Stammkapital beträgt mindestens 35.000 Euro und wird durch Stammeinlagen aufgebracht. Die Abtretung der GmbH-Anteile und/oder die Aufnahme zusätzlicher Gesellschafter in die Gesellschaft sind formgebunden (Notariatsakt). GmbH-Anteile sind wenig fungibel, da kein Markt (z.B. Börse) für den Handel mit GmbH-Anteilen existiert. **Gesellschaft mit beschränkter Haftung**

5.2.1.2 Eigenfinanzierung von Unternehmen mit Zugang zur Börse

Ein wesentlicher Nachteil der oben aufgezählten Rechtsformen liegt im fehlenden Zugang zur Börse und damit einer sehr eingeschränkten **Fungibilität** der Anteile. Diese Fungibilität wird durch einen zur Verfügung stehenden (Kapital)Markt erhöht, auf dem die Anteile leicht ge- bzw. verkauft werden können. Dieser Vorteil ist jedoch nur bei der Rechtsform der AG gegeben. **Fungibilität**

- **Aktiengesellschaft (AG)**

Die AG ist eine Gesellschaft mit eigener Rechtspersönlichkeit, deren Gesellschafter mit Einlagen auf das in Aktien zerlegte Grundkapital beteiligt sind, ohne persönlich für die Verbindlichkeiten der Gesellschaft zu haften. Bei der AG wird das Grundkapital in Aktien zerlegt, wobei der Mindestnennbetrag des Grundkapitals 70.000 Euro beträgt. Durch die Aufteilung des Kapitals in Aktien ist eine Beteiligung auch mit geringem Kapital möglich. Eine Beteiligung mehrerer (i.d.R. einer großen Anzahl) Gesellschafter ist **Aktiengesellschaft** grundsätzlich möglich. Für eine gewisse Sicherheit auf Seiten der Aktionäre sorgen detaillierte rechtliche Bestimmungen im Aktiengesetz (AktG).

5.2.2 Fremdfinanzierung

Kreditfinanzierung

Unter Fremdfinanzierung versteht man die Zuführung finanzieller Mittel von außen, etwa in Form von Krediten. Die Kreditfinanzierung ist, wie die Beteiligungsfinanzierung, eine Form der Außenfinanzierung, da Kapital von außen durch **externe Kapitalgeber** in die Unternehmung gelangt, und weist folgende Merkmale auf:

- Der Kreditgeber erwirbt keine Miteigentümerstellung, sondern **Gläubiger-stellung**.

- Der Kreditgeber erhält daher im Regelfall auch **kein Mitspracherecht** bei der Geschäftsführung (Ausnahme: Einflussnahmemöglichkeiten von Großgläubigern).

- Der Kreditgeber wird nicht an der Substanz des Unternehmens (Vermögenszuwachs und stille Reserven) beteiligt, sondern hat **Anspruch auf Rückzahlung** der Kreditsumme in nomineller Höhe.

- Das Entgelt für die Kapitalüberlassung besteht in einer **festen Verzinsung**. Zinszahlungen sind auch dann zu leisten, wenn das Unternehmen Verluste erleidet. Das Verlustrisiko trägt das Eigenkapital. Gläubiger erleiden nur dann Verluste, wenn beim Zusammenbruch des Unternehmens die noch vorhandenen Vermögenswerte und Sicherheiten zu einer Befriedigung ihrer Ansprüche nicht mehr ausreichen.

- Die für Kredite zu leistenden Zins- und Tilgungszahlungen stellen für das Unternehmen betrags- und zeitpunktmäßig fixe Zahlungsverpflichtungen und damit Belastungen der Liquidität dar.

Kreditsicherheiten

Eine Voraussetzung für die Kreditvergabe aus Bankensicht ist die Kreditabsicherung mittels entsprechender Kreditsicherheiten. Unternehmensgründer haben deshalb rechtzeitig zu überlegen, welche Sicherheiten der Bank zur Absicherung eines Kredites geboten werden können, um Kreditverhandlungen zu erleichtern. Zu diesen Krediten gehört neben den Krediten zur Finanzierung der Investitionen auch der eingeräumte Kontokorrentkredit zur Finanzierung des Betriebsmittelbedarfes. Als **Kreditsicherheiten** sind grundsätzlich Bürgschaften, Sicherungsübereignungen sowie eine Abtretung von Rechten und Grundpfandrechte möglich.

5.2.2.1 Langfristige Fremdfinanzierung

Eine wesentliche langfristige Finanzierungsform für neu gegründete Unternehmen ist das **Darlehen**.

- **Darlehen**

Darlehen

Unter Darlehen versteht man **langfristige Bankkredite** (i.d.R. Laufzeit länger als fünf Jahre). Darlehen werden zu den wichtigsten Finanzierungsarten für kleinere und mittlere Unternehmungen, die keinen Zugang zum Kapitalmarkt haben, gezählt. In der Praxis wird die Vergabe eines Darlehens oft auch als Kredit bezeichnet. Der Unterschied zum Kredit besteht jedoch darin, dass der Darlehensvertrag erst durch die Auszahlung der Darlehenssumme an den Darlehensnehmer zustande kommt. Ein Kreditvertrag wird dagegen bereits durch die Annahme der Zusage, einen Kredit einräumen zu wollen, bzw. durch Annahme des Kreditantrages des Kreditwerbers durch das Kreditinstitut begründet.

Darlehen bestehen in der Regel in Geld, es können jedoch auch andere vertretbare Sachen Darlehensgegenstand sein. Eine Darlehenssumme wird immer verzinst zurückbezahlt. Bei einem Darlehen werden Nennbetrag, Nominalzins, Verzinsung, Laufzeit, Tilgungsmodalität, tilgungsfreie Jahre und Tilgungsrate von Anfang an fix vereinbart. Damit bekommt der Darlehensnehmer einen mehr oder weniger fixen Zahlungsplan (Tilgungsplan) vorgelegt. Die Rückzahlung kann durch Bürgschaften oder Pfandrechte besichert werden.

Kreditinstitute sind verpflichtet, professionelle **Kreditwürdigkeitsprüfungen** vor der Darlehensvergabe durchzuführen, denn aufgrund von Basel II gilt das Prinzip: Je höher das ökonomische Risiko, desto mehr Eigenkapital muss ein Kreditinstitut halten, um etwaige aus diesem Risiko entstehende negative Ereignisse ausgleichen zu können. Dabei ist die objektive Einstufung des Schuldnerrisikos durch die Bank selbst oder durch unabhängige Dritte von entscheidender Bedeutung. Diese Risikobemessung wird als **Rating** bezeichnet.

Auswirkungen von Basel II

Beim Unternehmensrating wird aufgrund quantitativer und qualitativer Kriterien eine Einschätzung der Situation eines Unternehmens vorgenommen. Grundsätzlich wird zwischen externem und internem Rating unterschieden. Hauptsächlich werden jedoch die Bereiche der Bilanzbonität, des Unternehmensprofils und der Liquidität analysiert.

Rating

Bei der Beurteilung der **Bilanzbonität** werden die Vermögens-, Finanz- und Ertragslage des Unternehmens analysiert. Die sich ergebenden Kennziffern werden in ein Notensystem eingeordnet, gewichtet und anschließend zur Gesamtnote Bilanzbonität verdichtet. Die **Kriterien** der Bilanzbonität umfassen folgende Bereiche:

Bilanzbonität

- Wirtschaftliches Eigenkapital (je höher das EK, desto besser ist das Unternehmen gegen Krisen gewappnet)

- Cashflow (zeigt die Ertragskraft der betrieblichen Kerntätigkeit und gibt Auskunft, inwieweit diese Mittel für Investitionen und/oder Fremdmitteltilgungen zur Verfügung stehen)

- Umsatzrendite (repräsentiert den wirtschaftlichen Erfolg vor steuerlichen Einflüssen)

- Zinsdeckung (Fähigkeit eines Unternehmens, aus dem operativen Geschäftsergebnis den Zinsaufwand für Verbindlichkeiten erwirtschaften zu können)

- Vermögensrentabilität (ROI) (gibt Auskunft, wie sich ein bestimmtes im Unternehmen eingesetztes Kapital verzinst)

- Wirtschaftliche Schuldentilgungsdauer (gibt an, wie viele Jahre das Unternehmen unter Zugrundelegung der derzeitigen Ertragslage brauchen würde, um mit den aus seiner gewöhnlichen Geschäftstätigkeit erwirtschafteten Mitteln seine Schulden zu tilgen)

Unternehmensprofil   Bei den Kriterien des **Unternehmensprofils** werden einzelne Soft Facts mit einem **Punktesystem** bewertet. Die Summe der Punktezahl wird in ein Notensystem übergeleitet, sodass sich wiederum eine Gesamtnote für den Bereich Unternehmensprofil ergibt. Besondere Beachtung finden dabei die Bereiche Management (Strategie, Organisation, Führung), Markt und Produkt (Wettbewerb, Produkt, Dienstleistung) sowie das unternehmensinterne Rechnungswesen (Qualität, Verfügbarkeit und Aktualität der Daten).

Liquidität   Bei der Beurteilung der **Liquidität** werden etwa Überziehungen und Rahmenausnutzung bzw. die Umsätze und deren Entwicklung betrachtet.

Frühwarnindikatoren sind etwa Ertrags- und Umsatzeinbußen, Zunahme der Fremdverschuldung, Störung bei der Zahlungsweise usw. Durch die **Beurteilung der Kriterien** dieser drei Bereiche wird, unter Berücksichtigung des relevanten Marktes und des Kundensegments, die Einzelbonität ermittelt. Jedes Unternehmen wird einer **Ratingklasse** mit entsprechender einjähriger Ausfallswahrscheinlichkeit zugeordnet.[1]

5.2.2.2 Kurz- und mittelfristige Fremdfinanzierung

- **Lieferantenkredit**

Lieferantenkredit   Ein Lieferantenkredit kommt zustande, wenn ein **Zahlungsziel** eingeräumt wird, also der Zeitpunkt der Übergabe der Ware und der Zahlungszeitpunkt auseinanderfallen.

- **Kundenanzahlung**

Kundenanzahlung   Kundenanzahlungen dienen der Anschaffung der für die Herstellung notwendigen Roh-, Hilfs- und Betriebsstoffe, zur rechtzeitigen Ausweitung der Produktionskapazität, zur Auftragssicherung sowie zur Abdeckung des mit der Herstellung und Verwendung verbundenen Risikos. Die Anzahlungen werden entweder vor Beginn des Produktionsprozesses oder nach teilweiser Fertigstellung gewährt.

- **Kontokorrentkredit**

Kontokorrentkredit   Zwischen Unternehmen und deren Kreditinstituten (Hausbank) wird am Geschäftskonto ein **Überziehungsrahmen** (Kontokorrentkredit) eingeräumt. Wenn das (positive) Bankguthaben zur Regulierung von Verbindlichkeiten nicht ausreicht, so entsteht automatisch ein Kreditgeschäft. Durch den Kontokorrentkredit hat die Unternehmung eine gewisse finanzielle Flexibilität im Rahmen ihrer Überziehungsmöglichkeiten. Die Unternehmung hat dafür Soll-

---

1   Die einzelnen Ratings und Bezeichnungen sind von Bank zu Bank unterschiedlich. Auf eine beispielhafte Darstellung wurde aus diesem Grund bewusst verzichtet.

zinsen für den in Anspruch genommenen Kredit sowie diverse Provisionen und Gebühren zu bezahlen. Neben den genannten Finanzierungsformen existieren noch weitere kurz- und mittelfristige Finanzierungsformen, wie etwa der Wechselkredit, der Lombardkredit, der Kundenkredit, der Akzeptkredit, der Avalkredit oder etwa der Euromarktkredit, auf die im Rahmen dieses Buchs nicht näher eingegangen wird.

5.3 Außenfinanzierung

Bei der **Außenfinanzierung** wird dem Unternehmen von außerhalb Kapital zugeführt, etwa durch Kreditgewährungen (Fremdkapital/Kredit-Finanzierung) oder Kapitaleinlagen (Beteiligungsfinanzierung). Im Folgenden wird auf letztere Thematik eingegangen.

Unter Beteiligungskapital werden Eigenkapital oder eigenkapitalähnliche Mittel verstanden, die in ein Unternehmen von externen Personen/Institutionen eingebracht werden. Externe Kapitalgeber stützen ihre Beteiligungsentscheidung dabei vor allem auf zwei Aspekte: zunächst ist das **Ertragspotenzial** des Kerngeschäfts des Unternehmens zu berücksichtigen und zu bewerten (Diskontierung zukünftiger operativer Überschüsse auf den Gegenwartszeitpunkt, z.B. mit der Discounted-Cashflow-Methode), weiters kann der **Marktwert der einzelnen Vermögensgegenstände,** über die das Unternehmen verfügt, anhand des Beleihungspotenzials ermittelt werden.

Beteiligungskapital

5.3.1 Private Equity

Der Begriff Private Equity steht für Eigenkapital, das Unternehmen außerhalb der Börse zur Verfügung gestellt wird. Private Equity ist an sich der Oberbegriff von Risikokapital. Damit verbunden ist implizit ein aktiver Investmentstil, der stark auf das Nutzen von Transformationsprozessen (z.B. neue Technologien, neue Märkte) und Maßnahmen zur Wertsteigerung der gehaltenen Unternehmensanteile fokussiert, indem auf die strategische Geschäftsentwicklung aktiv Einfluss genommen wird. Folgende Merkmale sind kennzeichnend für Private-Equity-Finanzierungen:

Private Equity

Bereitstellung von Beteiligungskapital: Bei Private Equity handelt es sich um eine Anlageform, bei der der Eigenkapitalgeber Beteiligungstitel wie etwa GmbH-Anteile erhält. **Unterstützung und Beratung**: Private-Equity-Investoren fördern den wirtschaftlichen Erfolg des Unternehmens gezielt durch Managementleistung (zB. durch Beratung in wichtigen betriebswirtschaftlichen, strategischen und finanztechnischen Fragen) sowie den Zugang zu ihren Netzwerken.

Befristeter Zeithorizont: Von den Private-Equity-Investoren werden keine auf Dauer angelegte Beteiligungen angestrebt. Die Desinvestition ist in der Regel nach drei bis acht Jahren vorgesehen. In der Finanzierungspraxis investieren Private-Equity-Fonds typischerweise ab der dritten Finanzierungsrunde (Expansionsphase) in Wachstumsunternehmen.

Bezogen auf den Organisations- und Institutionalisierungsgrad werden im Bereich Private Equity verschiedene Marktsegmente unterschieden:

- **Informeller Private-Equity-Markt**: Der Markt für informelles Risikokapital ist geprägt durch das Direktengagement von Privatpersonen, die nicht aus dem Familienkreis der Unternehmerperson stammen. Auf dem informellen Private-Equity-Markt sind v.a. **Business Angels** tätig, die sich an der Finanzierung von Unternehmen, die sich in der Frühphase befinden, beteiligen. Dem informellen Private-Equity-Markt ist darüber hinaus **Corporate Venture Capital** zuzurechnen. Dabei handelt es sich um Early-Stage-Beteiligungen von Industrieunternehmen, die unter konzerneigener Verwaltung betrieben werden.

- **Institutioneller bzw. formeller Private-Equity-Markt**: Der Markt für formelles Risikokapital ist transparenter als der Markt für informelles Risikokapital und dadurch gekennzeichnet, dass **Intermediäre**, die sogenannten Beteiligungsgesellschaften, für beide Seiten als Vertragspartner agieren. Beim Markt für formelles Risikokapital wird das Kapital von Finanzintermediären oder von etablierten Unternehmen mit strategischen Interessen bereitgestellt. Wesentliches Kriterium für die Zugehörigkeit zum formellen Beteiligungskapitalmarkt ist die Existenz eines Fonds (fondsorientierter Ansatz). Die Kapitalbeteiligungsgesellschaften refinanzieren sich über ihre Eigner oder auf dem allgemeinen Kapitalmarkt. Zwischen kapitalsuchenden Unternehmen und Kapitalgebern bestehen keine eigenständigen (direkten) Vertragsbeziehungen.

AVCO   Aufgabe der **AVCO (Austrian Private Equity and Venture Capital Organisation)** ist es, die Bedeutung von Private Equity für Investoren und als Finanzierungsinstrument für entwicklungsstarke KMUs im vorbörslichen Bereich zu verdeutlichen und den eigenständigen und festen Platz von Private Equity im österreichischen Kapitalmarktumfeld nach außen zu dokumentieren und zu vertreten. Die AVCO wird derzeit von 29 namhaften österreichischen Risikokapitalgesellschaften getragen, die als ordentliche Mitglieder beigetreten sind. Darüber hinaus konnte die AVCO 33 fördernde Mitglieder gewinnen.

5.3.2 Business Angels

Business Angels   Business Angels investieren im Beteiligungsunternehmen **Eigenkapital**, das auch als **smart money** bezeichnet wird. Der Value Added von Business Angels besteht im **aktiven Engagement** (von der Beratung bis zur aktiven Mitarbeit) verbunden mit finanziellen Engagement im Unternehmen. Typischerweise sind Business Angels aktive oder ehemalige Unternehmer oder (ehemalige) Manager in Großunternehmen mit umfangreicher Branchenerfahrung und -netzwerk(en) sowie einem erheblichen Privatvermögen.

Business Angel Network   Um Kontakt zwischen potenziellen Investoren und potenziellen Beteiligungsunternehmen herstellen zu können, wurden sog. **Business Angel Networks** (BAN's) gegründet.[2] BANs sind regionale Zusammenschlüsse, die auf Basis der jeweiligen Investment-Kriterien Unternehmen an interessierte Investoren vermitteln und darüber hinaus beiden Parteien zusätzliche Services anbieten, wie z.B. Organisa-

---

2   In Österreich aktuell das Business Angel Netzwerk I[2]-Börse der AWS.

tion von Veranstaltungen zur Kontaktaufnahme zwischen Unternehmen und Investoren. Die Innovationsagentur hat 1997 im Auftrag des BMWA mit dem Aufbau von i2 – dem ersten Business-Angel-Netzwerk Österreichs – begonnen. Damit war Österreich eines der führenden europäischen Länder, das Business-Angel-Netzwerke als neues Instrument zur Mobilisierung von Risikokapital privater Investoren eingesetzt hat. Seit diesen Anfängen wurden allein in Europa mehr als 200 Business-Angel-Netzwerke (BAN) auf regionaler und nationaler Ebene etabliert.[3]

Auch in Oberösterreich wurde unter dem Namen Angel Investment Club Oberösterreich (AICO, www.aico.cc) ein regionales Business-Angels-Netzwerk etabliert. Dieses ist ein Zusammenschluss erfahrener Unternehmer, die in (vorwiegend) oberösterreichische technologie-orientierte early stage Businesses investieren.

Business Angels in Oberösterreich

AICO selber ist kein Beteiligungsinstrument, die Beteiligung an den Unternehmen erfolgt persönlich durch einzelne oder auch mehrere Mitglieder.

In Tab. 5.1 werden die Vor- und Nachteile von Business-Angel-Investments zusammenfassend dargestellt:

Vorteile	Nachteile
• für das KMU: Die Kapitalzufuhr und Beratungsleistung stärkt das Unternehmen in der Anlaufphase der Unternehmens- entwicklung. • für den Investor: Durch die Investition in der Markteinführungsphase des KMU hat er ein hohes Renditepotenzial.	• für das KMU: es ist notwendig, einen Teil der Kapitalbeteiligung im Unternehmen zu verkaufen. • für den Investor: Es besteht ein hohes Risikoniveau. Eine Minderheitsbeteiligung bietet zudem wenig Kontrolle und der Verkauf kann schwierig sein. • für beide: Ein Abbruch der Beziehungen zwischen Investor und KMU-Manager könnte ein Risiko darstellen.

Tab. 5.1: Vor- und Nachteile von Business Angels

5.3.3 Venture Capital

Als **Venture Capital (VC, Wagniskapital)** bezeichnet man i.d.R. jenes Kapital, das nicht emissionsfähigen, innovativen, zumeist kleinen und mittleren Unternehmen im Hinblick auf deren zukünftiges Wachstums- und Gewinnpotenzial unter zeitlich begrenzter, aber langfristiger Beteiligung zur Verfügung gestellt wird. Die Risikokapitalgeber stellen dem zu finanzierenden Unternehmen dabei voll am Unternehmensrisiko partizipierendes Eigenkapital zur Verfügung (in der Regel Minderheitsbeteiligung) (vgl. Achatz/Kofler 2003).

Venture Capital (VC)

---

3 Die Vereinigung der europäischen Business-Angel-Netzwerke (EBAN) listet im aktuellen Verzeichnis 231 aktive BAN auf (http://www.eban.org).

VC-Anbieter Als Finanzierungsanbieter existieren im Bereich des VC zwei wesentliche Gruppen von Investoren: einerseits reine, unabhängige oder von Banken getragene Finanzierungsgesellschaften, andererseits Finanzierungsgesellschaften, die im Konzernverbund mit Industrieunternehmen stehen. Während erstere VC-Gesellschaften erwerbswirtschaftlich agieren, spielt bei den zweitgenannten Corporate-Venture-Capital-Gesellschaften auch das Ziel eine Rolle, der Muttergesellschaft ein „window on technology" zu bieten (Börner 2005). Wesentlich für die Investitionsentscheidung beider VC-Organisationstypen sind jedoch die prognostizierten Wachstums- und Ertragschancen des Unternehmens (Chancenkapital), was eine Erklärungsursache für die **vorwiegende Investition in technologieorientierte Unternehmen** ist.

5.3.3.1 Corporate Venture Capital

Corporate Venture Capital Mit dem Begriff **„Corporate Venture Capital"** bzw. „Corporate Venturing" bezeichnet man die Finanzierung von Gründungsunternehmen durch Großunternehmen bzw. durch Tochtergesellschaften von Großunternehmen, die für den Mutterkonzern strategische Investments tätigen – meist in Anlehnung an dessen Kerngeschäft. Im Gegensatz zu anderen VC-Gesellschaften zielen sie sowohl auf die Verzinsung der eingesetzten Mittel als auch auf den Mehrwert, der sich aus Synergien zwischen dem Mutterkonzern und dem finanzierten Partner-Unternehmen generieren lässt. Organisatorisch kann Corporate Venture Capital verschiedene Formen annehmen. Die direkteste Form sind Eigenkapitalanteile an einem Gründungsunternehmen, die das Großunternehmen selber hält. Eine sehr indirekte Form des Corporate Venturing sind Investitionen des Großunternehmens in Venture-Capital-Fonds. Zwischen diesen beiden Extremen liegt das Corporate-Venture-Capital im engeren Sinne, d.h. die Schaffung einer rechtlich selbständigen Corporate-Venture-Capital-Gesellschaft (CVCG), die mehrheitlich oder ganz dem Großunternehmen gehört und ihrerseits Beteiligungen an Gründungsunternehmen eingeht.

5.3.3.2 Venture-Capital-Fonds

Aus organisatorischer Sicht sind die wesentlichen Akteure im Rahmen eines VC-Fonds die Investoren, das Fondsmanagement sowie die Fondsinitiatoren. Neben Kapital werden dem Beteiligungsunternehmen weitere Leistungen, wie etwa technologisches Know-how, Branchenkenntnisse, Kontakte u.Ä. geboten.

- **Fondsinitiatoren**

  Die Fondsinitiatoren sind natürliche oder juristische Personen, die selbst in den Fonds investiert haben und gleich wie Investoren im Ausmaß ihrer Investments Fondsanteile halten. Aufgrund ihrer Branchenerfahrung, ihrer Reputation und vor allem ihres besonderen Einsatzes leisten sie aber einen überproportionalen Beitrag für das Zustandekommen sowie für den Erfolg eines Fonds. Ähnlich wie das Fondsmanagement erhalten sie dafür oft auch eine monetäre Vergütung.

● **Investoren**

Die Investoren bringen den Hauptteil der Mittel in den Fonds ein, beteiligen sich jedoch nicht aktiv am Management. Als Gegenleistung erhalten sie laufende Informationen über die Entwicklung ihrer Investments und ab dem Zeitpunkt der ersten Beteiligungsveräußerungen finanzielle Rückflüsse. Die Investoren erhalten in Abhängigkeit von der tatsächlichen wirtschaftlichen Entwicklung des Fonds typischerweise folgende Rückflüsse:

1. Rückführung der ursprünglich in den Fonds investierten Mittel
2. Verzinsung für die ursprünglichen Investitionen
3. Anteil an den Fondserlösen

● **Fondsmanagement**

Das Fondsmanagement ist für die Verwaltung der Fonds, die Abwicklung des Beteiligungsgeschäfts und die Betreuung der Investoren verantwortlich. Es wird entweder direkt vom Fonds beschäftigt oder ist in einer eigenen davon getrennten Managementgesellschaft organisiert.

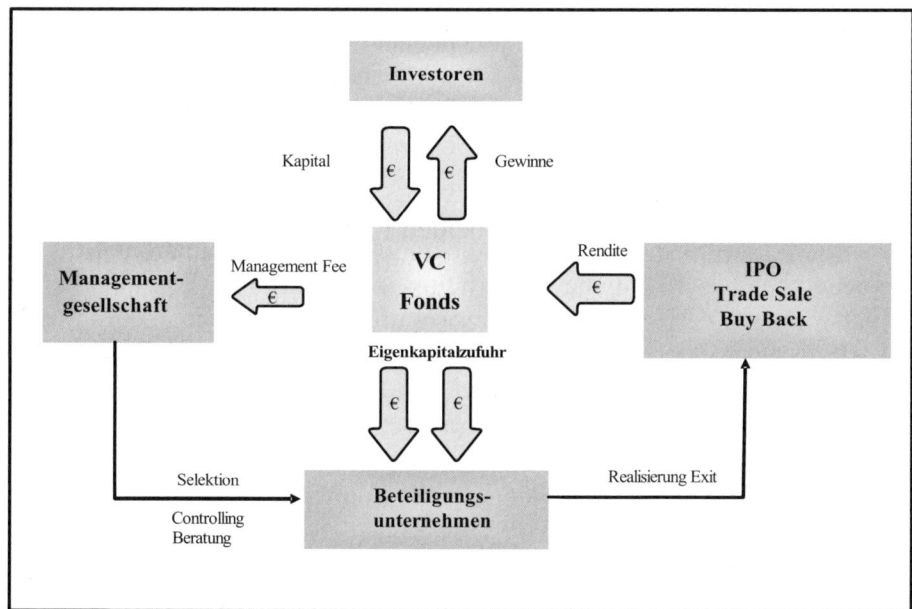

Abb. 5.1: Mechanismen eines Venture-Capital-Fonds

Venture-Capital-Fonds verfolgen ausschließlich das Ziel der **Renditemaximie-** **Exit** **rung** und unterscheiden sich wesentlich von informellen Kapitalgebern. Dabei ist das primäre Ziel der Risikokapitalgeber der **Exit**, denn der Kapitalgeber partizipiert an der Substanzvermehrung des Unternehmens, die sich in einer gewinnbringenden **Veräußerung am Ende der Beteiligung** manifestiert.

Die Vor- und Nachteile von VC-Fonds aus KMU- und Investorensicht verdeutlicht Tab. 5.2:

Vorteile	Nachteile
• für KMU: Eine Risikokapitalquelle zur Verbesserung der Bilanzstruktur kann den Zugang des Unternehmens zu weiteren Finanzierungen über Darlehen usw. ermöglichen. • für den Investitionsfonds: Eine Investition mit hohem Risiko kann hohe Ertragschancen bieten.	• für KMU: Der Verkauf eines Teils des Unternehmens, der sowohl die Beteiligung des Eigentümers verwässert als auch einen Besitzer mit Minderheitsbeteiligung mit sich bringt, dessen Interessen zu wahren sind. • für den Investitionsfonds: Eine Minderheitsbeteiligung könnte schwierig zu verkaufen sein, wenn der Fonds nach einer Ausstiegsroute für die Investition sucht.

Tab. 5.2: Vor- und Nachteile von Venture-Capital-Fonds

5.3.4 Mezzaninkapital

Mezzaninkapital

Der Begriff Mezzanine stammt aus der italienischen Architektur und bezeichnet das Zwischengeschoss zwischen zwei Stockwerken. Als Synonym steht es in der Unternehmensfinanzierung für einen Zwischenbereich: es füllt die Lücke zwischen Eigen- und Fremdkapital in der Kapitalstruktur. Aus rechtlicher Sicht gilt Mezzaninkapital als steuerlich abzugsfähiges Fremdkapital, das gegenüber Eigenkapital vorrangig ist und meist reguläre Zinszahlungen zur Folge hat. Die Freiheiten in der Gestaltungsform (z.B. Gewinnbeteiligung oder diverse Bezugsrechte) verleihen dem Mezzaninkapital jedoch eigenkapitalähnlichen Charakter. In der Praxis wird Mezzaninkapital als Überbrückung finanzieller Situationen angewendet, in denen kaum bankübliche Sicherheiten existieren bzw. Eigenkapitalfinanzierungen nicht möglich sind (MBO-Transaktionen, Bridge-Finanzierungen, Gesellschafterwechsel, Akqusitionsfinanzierungen). Zu den potenziellen Mezzaninkapital-Gebern zählen Beteiligungsgesellschaften, VC-Gesellschaften, Banken, Versicherungsunternehmen, private Investoren und spezielle Mezzanin-Fonds. Der Mezzanin-Investor gibt sein Kapital üblicherweise in Form nachrangiger Darlehen mit einem **Equity-Kicker**. Dies bedeutet, dass einerseits eine laufende Verzinsung und Tilgung und andererseits eine Abgeltung der Eigenkapitalprämie im Erfolgsfall gewährleistet ist.

Investitionskriterien sind vor allem ein Management mit ausgeprägten Kompetenzen, hohe Profitabilität und Stabilität, eine hohe finanzielle Beteiligung des Managements sowie eine zuverlässige und transparente Zusammenarbeit zwischen Kapitalgeber und Kapitalnehmer.

5.4 Innenfinanzierung

Bei der Innenfinanzierung wird bisher gebundenes Kapital in frei verfügbare Zahlungsmittel umgewandelt. Diese sog. **Desinvestitionen** können entweder über den normalen Umsatzprozess oder durch sonstige Geldfreisetzungen (Rationalis**ierung, Sale-and-Lease-Back-Transaktionen etc.) erfolgen.**

Innenfinanzierung

- **Cashflow-Finanzierung**

  Soweit die Aufwendungen unbar (= nicht auszahlungswirksam) sind bzw. Teile der Gewinne einbehalten (= thesauriert) werden, stehen die liquiden Umsatzerlöse für Finanzierungszwecke zur Verfügung.

  Cashflow-Finanzierung

- **Finanzierung aus einbehaltenen Gewinnen (Selbstfinanzierung)**

  Die offene Selbstfinanzierung erfolgt durch die Zurückbehaltung von baren Gewinnkomponenten im Unternehmen. Die Höhe ergibt sich durch die Differenz zwischen dem Gewinn nach Steuern und der Ausschüttung an die Gesellschafter.

  Offene Selbstfinanzierung

  Die stille Selbstfinanzierung erfolgt durch die Bildung von stillen Reserven im Rahmen der Freiräume des Bilanzrechts.

  Stille Selbstfinanzierung

- **Finanzierung aus Abschreibungen**

  Das Unternehmen kalkuliert Abschreibungen von Anlagegütern in die Angebotspreise seiner Leistungen ein. Sofern diesen Abschreibungen (unbarer Aufwand) in gleicher Höhe bare Umsatzerlöse gegenüberstehen, stehen diese baren Mittel während der Nutzungsdauer der Anlagegüter für Finanzierungszwecke zur Verfügung.

  Finanzierung aus Abschreibung

- **Finanzierung aus Rückstellungen**

  Die Bildung einer Rückstellung stellt, wie die Abschreibung, einen unbaren Aufwand dar und wirkt Gewinn mindernd, ohne dafür liquide Mittel einsetzen zu müssen. Die Auszahlungen erfolgen erst in späteren Perioden. Sofern dem Unternehmen über den Umsatzprozess die Erlöse in barer Form zufließen, stehen während dieses Zeitraumes die Mittel aus der Rückstellung für Finanzierungszwecke zur Verfügung.

  Finanzierung aus Rückstellung

- **Finanzierung durch Vermögensumschichtung**

  Das Unternehmen kann finanzielle Mittel durch die Veräußerung von nicht betriebsnotwendigen oder nicht mehr benötigten Vermögensteilen (Grundstücke, Wertpapiere etc.) lukrieren (Desinvestition).

  Finanzierung aus Vermögensumschichtung

5.5 Lebenszyklusorientierte Finanzierung

Lebenszyklusorientierte Finanzierung

Grundsätzlich lässt sich die Gründung eines Unternehmens aus zwei Perspektiven betrachten: einerseits als zeitpunktbezogenes Ereignis (z.B. Errichtung einer Gesellschaft als Rechtsform), andererseits als zeitraumbezogenes Ereignis. Dieser Zeitraum wird in der betriebswirtschaftlichen Literatur untergliedert in verschiedene idealtypische Phasen der Unternehmensgründung, die am **Lebenszykluskonzept** des Unternehmens anknüpfen. Korrespondierend zu diesen Phasen lassen sich einerseits Investitionsanlässe sowie andererseits Kategorien von Kapitalgebern bzw. Investorentypen identifizieren. Die nachfolgende Abbildung verdeutlicht die verschiedenen Phasen der Unternehmensentwicklung. In Anlehnung an die Form der Gewinnkurve wird auch vom **„Hockey-Stick-Effekt"** gesprochen, da die Form der Entwicklung aus der anfänglichen Phase des Verlusts (Schlägerkopf) in die dynamische Wachstumsphase (Schlägerschaft) verläuft (Nathusius 2001).

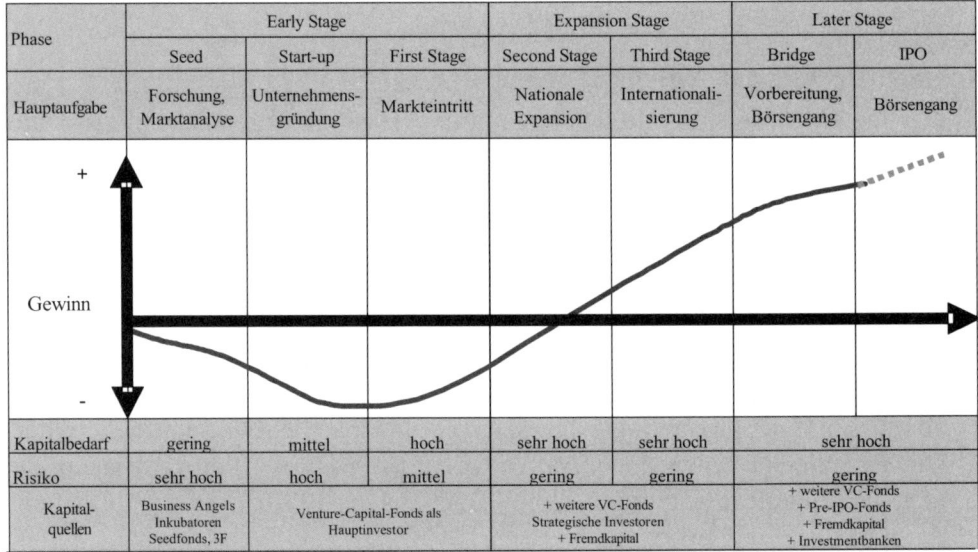

Abb. 5.2: Unternehmensentwicklungsphasen
(Qu: Eigene Darstellung in Anlehnung an Nathusius 2001)

- **Seed-Phase**

Seed-Phase

In der Seed-Phase werden die **Unternehmensidee** entwickelt, deren Markttauglichkeit sowie die technische und wirtschaftliche Realisierbarkeit überprüft sowie der **Businessplan** erstellt. Typischerweise wird in dieser Phase bei technologieorientierten Gründungen ein **Prototyp** entwickelt. Dabei entstehen in der Seed-Phase sehr hohe Forschungs- und Entwicklungskosten, denen jedoch noch keine Umsätze gegenüberstehen. Daher ist das **Risiko** aufgrund des noch nicht erfolgten Markteintrittes sehr hoch. Die Dauer dieser Phase variiert nach Branche zwischen mehreren Wochen etwa bei Internet-Start-ups bis zu mehreren Jahren bei Unternehmen (z.B. im Nano- oder Biotechnologiebereich).

Die finanziellen Ressourcen kommen bei imitierenden Gründungen typischerweise aus folgenden **Quellen**: eigene Mittel, Family, Friends and Fools, Förderungen, Bankkredite. Bei innovativen bzw. technologieorientierten Gründungen und daraus resultierenden gründungsnotwendigen Investitionen und insgesamt höherem Kapitalbedarf kommen als Investoren Business Angels, Seed-Capital-Fonds und Inkubatoren in Frage.

- **Start-up-Phase**

In der Start-up-Phase befindet sich das Unternehmen in **Gründung** oder wurde vor kurzem gegründet. In dieser Phase wird das Produkt bis zur **Marktreife** entwickelt und einem Markttest unterzogen. Der **Marketingplan** wird entwickelt, **Personal** aufgenommen und erste **Vertriebsnetze** aufgebaut. Erste Umsätze werden erzielt. Gewinne werden wegen der hohen Forschungs- und Entwicklungskosten sowie hoher Markteinführungskosten (inbesondere bei technologieorientierten Gründungen) noch nicht realisiert. Die Dauer der Start-up-Phase erstreckt sich bis zur tatsächlichen Markteinführung des Produktes. Das erforderliche Kapital wird v.a. bezogen von Business Angels, Venture Capitalists, Inkubatoren und teilweise noch von Family, Friends and Fools. Bei imitativen Gründungen spielt in dieser Phase typischerweise die Hausbank eine wichtige Rolle (Hausbankenprinzip). Die **Seed-, Start up- und First-Stage-Phase** werden gemeinsam auch als **Early Stage** bezeichnet.

Start-up-Phase

- **Expansionsphase**

Die Expansionsphase wird in der Praxis in die Second-, Third- und Fourth Stage-Phase eingeteilt (siehe dazu im Detail die in Abschnitt 5.7 angegebene Fachliteratur). Das Unternehmen tritt in die Expansionsphase nach erfolgreicher Markteinführung des Produktes ein. Sie erstreckt sich in der Regel vom Ende der Produktentwicklung bis hin zum **Pre-IPO** (Phase kurz vor dem Börsegang des Unternehmens). Die Expansionsphase ist gekennzeichnet durch die Verbesserung der angebotenen Produkte, der Erweiterung der Produktpalette sowie dem Ausbau der Vertriebskanäle.

Expansionsphase

- **Bridge-Phase**

In der Bridge-Phase ist das Unternehmen bereits am Markt etabliert. Die **Organisationsstruktur** ist aufgebaut und ein **funktionierendes Management** implementiert. Die Bridge-Phase ist gekennzeichnet durch den **Ausbau der Marktführerschaft,** der **Erschließung neuer Märkte** und der **Produktdiversifizierung**. Der Börsegang wird angestrebt (Bridge-Financing als Überbrückungsfinanzierung). Wesentlich ist, dass in der Bridge-Phase oft über den künftigen Erfolg oder Nicht-Erfolg an der Börse entschieden wird.

Bridge-Phase

- **IPO**

Der Börsegang (IPO) ist ein wichtiges Ziel und gleichzeitig das erfolgreiche **Ende der Beteiligung** eines Investors (zwischen dem 5. und dem 7. Jahr der Beteiligung). Üblicherweise existieren **drei Arten** des Exits:

a) Verkauf der Unternehmensanteile über die Börse (IPO)

b) Verkauf der Anteile an einen strategischen Investor (Trade Sale) oder

c) Rückkauf der Anteile durch das Beteiligungsunternehmen (Buy-Back)

5.6 Finanzierungsanlass Unternehmenskauf

Möchte man als Unternehmer auf eine bereits bestehende rechtliche und betriebswirtschaftliche Einheit zurückgreifen, so besteht die Möglichkeit eines **Unternehmenskaufs**, bei dem entweder alle oder zumindest wesentliche Anteile eines Unternehmens erworben werden. Kauft ein bisher angestellter Manager bzw. das bisher angestellte Managementteam sein Unternehmen und wird zum Eigentümer, spricht man in Anlehnung an die anglo-amerikanische Begrifflichkeit von einem **Management Buy-Out (MBO)**. Beim MBO übernehmen die angestellten Manager das Unternehmen oder den Unternehmensteil und führen es unter Beendigung des bisherigen Beschäftigungsverhältnisses und Wechsel in die Eigentümerposition weiter. Management wird dabei im institutionellen Sinn verstanden. Die in Frage kommenden Personengruppen sind das Top-Management und die leitenden Angestellten eines Unternehmens bzw. eines Teils von einem Großunternehmen.

Eine andere Möglichkeit ist die Durchführung eines **Management Buy-Ins (MBI)**. Bei diesem stellt eine Gruppe von potenziellen Käufern vorab ein Managementteam zusammen, das dann nach dem Kauf sowohl die Eigentümer- als auch die Geschäftsführungsposition übernimmt. Das neue Management ersetzt dabei ganz oder teilweise die alte Geschäftsführung. Eine Mischform aus MBO und MBI ist der **Buy-In Management Buy-Out (BIMBO)**. Beim BIMBO übernimmt das bisher angestellte Management zusammen mit externen Managern das Unternehmen. Dabei wird die interne Kenntnis der bisherigen Manager ergänzt durch neue Elemente, die die externen Manager einbringen. Aus den geschilderten Gründungsformen wird deutlich, dass sich aus der jeweiligen Lebenszyklusphase des Unternehmens bestimmte Managementprobleme und daraus resultierende Finanzierungsbedarfe ergeben.

5.7 Weiterführende Literatur

Kompakte Einführung in das Thema Finanzierung: *Pernsteiner/Andeßner* (2007); in das Thema Gründungsfinanzierung: *Pernsteiner* (2000).

Standardwerk zur Gründungsfinanzierung: *Nathusius* (2001).

Entrepreneurship-Lehrbuch mit Fokus auf Gründungsfinanzierung: *Hisrich* u.a. (2006), insb. Kap. 11 und 12.

Business Angels: *Klandt* et al. (2001), *Mugler/Fath* (2005).

Venture Capital und Private Equity: *Kofler/Polster-Grüll* (2003), *Janeba-Hirtl/ Höbart* (2002); Studie: *Gruber* et al. (2007).

Umfassende Handbücher: zum Thema Finanzierung: *Perridon/Steiner* (2002), *Guserl/Pernsteiner* (2004), *Pernsteiner* (2008); zum Thema Private Equity & Venture Capital: *Schefczyk* (2000), *Stadler* (2001), *Kofler/Polster-Grüll* (2002), *Pearce/Bar*nes (2006).

Forschungsergebnisse zum Thema Entrepreneurial Finance: *Börne/Grichnik* (2005), *Schwarz C.* (2006); zum Thema Private Equity: *Peneder* et al. (2006); Gründungsfinanzierung in OÖ: *Weiß/Kailer* (2008).

Praxishandbuch: *Eckstaller/Huber-Jahn* (2006); zur Beteiligungsfinanzierung: Wiener Börse (2004).

5.8 Blick in die Praxis von P. Angermayer: Venture-Capital-Finanzierung

DI Peter Angermayer
Geschäftsführer Danube Equity Linz
www.danubeequity.at

Die Venture-Capital-Branche weist in den letzten 10 Jahren in Europa ein überdurchschnittliches Wachstum auf. Spitzenreiter ist Großbritannien mit Private-Equity-Investitionen von 1,33% des Bruttoinlandsproduktes. Der europäische Durchschnitt beträgt 0,42% des BIP. Österreich liegt mit 0,09% des BIP darunter. Aufgrund der stetig steigenden Anforderungen seitens der Banken nach ausreichender Eigenkapitalquote der zu finanzierenden Unternehmen ist ein weiteres Wachstum von Eigen- und Mezzaninfinanzierungen auch in Österreich zu erwarten.

Warum Eigenkapital?

Eigenkapital ist die Basis für eine geeignete Finanzierung in der Gründungs- und Wachstumsphase. Im Falle von Buy Outs wird mit der Eigenkapitalbasis weiteres Fremdkapital oder Mezzaninkapital gehebelt. Im Falle von Frühphasenfinanzierungen mit Technologiebezug werden sowohl Fremdkapital als auch Förderungen durch Eigenkapital gehebelt („Leverage"-Effekt). Es ist also üblich, dass eine **Gesamtfinanzierung unterschiedliche Arten von Finanzierungen beinhaltet.**

Wie suche ich einen geeigneten VC?

VC-Fonds sind auf unterschiedliche Unternehmensphasen und -branchen, Finanzierungs-anlässe und -höhen spezialisiert. Sie unterscheiden sich durch verschiedene **Beteiligungskriterien.**

VC-Fonds spezialisieren sich generell auf bestimmte **Unternehmensentwick-lungsphasen**. Beispiele sind Frühphasenfonds, Buy-Out-Fonds, Sanierungs-fonds, etc. Eine weitere Unterscheidung findet hinsichtlich der jeweiligen **Bran-che** statt. Frühphasenfonds können sich auf IT & Kommunikation, Green Tech, Werkstoffe, Biotech, Energie etc. spezialisieren. Buy-Out-Fonds und Sanierungs-fonds finanzieren im Allgemeinen in sehr viele Branchen, schließen jedoch man-che Branchen explizit aus. Fondsabhängig sind auch die **Finanzierungshöhe** so-wie der **Finanzierungsanlass** der einzelnen Projekte. Letztlich sind auch Krite-rien bezüglich der **Region** fondsabhängig. Manche agieren international, manche nur national und wieder andere spezialisieren sich auf bestimmte Länder oder Re-gionen.

Üblich sind gerade bei jungen Technologieunternehmen **Syndizierungen**, d.h. mehrere Fonds investieren in ein Unternehmen, um eine Risikostreuung zu errei-chen.

Was kann ich einem Investor bieten?

- Zu Beginn sollte sich ein Unternehmer die Frage stellen, was er dem Investor bieten kann, damit dieser sein Geld zur Verfügung stellt.

- Kann der Investor mit einer risikoadäquaten Rendite (Frühphase > 25 % p.a., etablierte Unternehmen > 15 % p.a.) wieder aussteigen?

- Habe ich bereits etwas erreicht?

Folgende Punkte sollten dabei besonders beachtet werden:

In der Frühphase

- Erste Referenzkunden sollten bereits existieren.

- Erste Umsätze sollten verzeichnet werden.

- Das Management (integer, wachstumsorientiert, exitorientiert) muss bereits ei-nige Erfahrung und ein klares Ziel vor Augen haben. Je qualifizierter und di-versifizierter das Team ist, desto höher die Chance, eine Finanzierung zu luk-rieren.

- Der Kundennutzen / USP muss klar ersichtlich sein – ohne klar erkenntlichen Nutzen wird keine Finanzierung zu Stande kommen.

- Ein Ausblick für die nächsten Jahre – sowohl finanziell als auch strategisch – sollte gegeben werden.

- Das Unternehmen, die Idee und das Management müssen ein signifikantes Wachstumspotenzial aufweisen, damit das „Risiko" der Finanzierung einge-gangen wird.

Bei etablierten Unternehmen

- Das Management muss integer, wachstumsorientiert und exitorientiert han-deln. Teams, die sich ergänzen, erreichen am meisten.

- Die Position am Markt / der USP muss gefestigt sein.

- Bei etablierten Unternehmen muss der Cashflow positiv sein.

- Der Ausblick soll sehr detailliert sein – eine Mittelfristplanung ist nötig. Folgende Fragen müssen beantwortet werden: Wie soll das Wachstum / der Ausbau erfolgen? Wann möchte ich dies erreichen (Meilensteine)? Wie sehr möchte die Firma wachsen? Wohin möchte sich die Firma sowohl regional als auch strategisch und finanziell entwickeln?

Das Erreichen einer Finanzierung durch einen VC-Fonds ist zu vergleichen mit der Gewinnung eines Kunden. Erst wenn ich die Anforderungen und Wünsche des Kunden kenne, kann ich mein Produkt/mein Unternehmen ins richtige Licht stellen! VC-Fonds müssen durch den Verkauf des Beteiligungsunternehmens eine Rendite nach einer Behaltefrist von 3 bis 6 Jahren erwirtschaften, die deutlich über einer Fremdkapitalverzinsung liegt.

5.9 Blick in die Praxis von B. Kronfuß: Gründungen und Banken

Mag. Bettina Kronfuß
Gründercenter der Allgemeinen Sparkasse Oberösterreich
www.go-gruendercenter.net

Es gibt viele gute Gründe, sich beruflich selbständig zu machen – eigenverantwortlich entscheiden zu können, seine eigenen Ideen umzusetzen, Erfolg zu haben und darüber hinaus seine Arbeitszeit frei einteilen zu können. Dem gegenüber stehen aber auch Gründe, sich zuerst einmal Gedanken darüber zu machen, ob man für die berufliche Selbständigkeit auch tatsächlich geeignet ist. Neben dem fachlichen und kaufmännischen Know-how ist zur Unternehmensführung ein hohes Maß an Selbstdisziplin, Zielstrebigkeit, sozialkommunikativer Kompetenz, Kreativität und nicht zuletzt Risikobewusstsein gefragt.

Zur Realisierung einer innovativen Geschäftsidee sind finanzielle Mittel notwendig. Kaum ein Jungunternehmer sieht sich in der glücklichen Situation, seinen Kapitalbedarf zur Gänze aus Eigenmitteln zu decken. Nichtsdestotrotz erfordert jede Unternehmensgründung etwa ein Drittel an frei verfügbarem Eigenkapital. Die Ausfinanzierung mithilfe eines Bankkredites sollte demnach keine große Hürde mehr darstellen.

Die Bank und der Jungunternehmer sind gleichberechtigte Partner mit dem gemeinsamen Ziel, ein florierendes Unternehmen zu schaffen. Ebenso ist es die Aufgabe der Bank, die bestehenden Fördermöglichkeiten aufzuzeigen und bei der Antragstellung behilflich zu sein. Schließlich müssen Förderungen immer vor Projektbeginn bei den entsprechenden Förderstellen beantragt werden. Daher ist es notwendig, bereits vor der Realisierung des Vorhabens gegenseitiges Vertrauen aufzubauen und gleichzeitig Chancen und Risiken angemessen zu verteilen.

Üblicherweise ist jede Bank bereit, Risiko zu übernehmen, wenn sie einerseits von der Nachhaltigkeit des Projekts (Kreditfähigkeit = wirtschaftliche Faktoren) und andererseits vom Jungunternehmer selbst (Kreditfähigkeit = persönliche Faktoren) überzeugt ist. Im Gegenzug bringt der Jungunternehmer Eigenmittel ein und wird auch bereit sein, mit seinem Privatvermögen – zumindest teilweise – für die aufgenommenen Kredite zu haften.

Ob auch andere Sicherstellungen, wie Hypotheken, Eigentumsvorbehalte oder Bürgschaften von nicht im Unternehmen tätigen Personen und Bürgschaftsgesellschaften sowie die Abtretung von Forderungen vereinbart werden, kann nur im Einzelfall beurteilt werden. Selbstverständlich sind Sicherstellungen nicht Hobby der Banken, da eine Bank weder Immobilienmakler noch Versteigerungshaus sein will. Es ist jedoch immer – alleine aus Rücksicht auf die Familie des Jungunternehmers – sinnvoll, eine Versicherung abzuschließen, die im Todesfall den Hinterbliebenen die weitere Erhaltung des Lebensstandards ermöglicht und die offenen Schulden bezahlt.

Sind Sicherheiten nicht im ausreichenden Maße vorhanden, so besteht immer noch die Möglichkeit, externe Ausfallshaftungen bei den Förderstellen zu beantragen. Die Beantragung erfolgt dabei immer über das finanzierende Institut, zugunsten diesem die Bürgschaft – bei positiver Entscheidung – übernommen wird!

Tipps aus der Praxis:

- Bereiten Sie sich gut vor, überlegen Sie vorher genau, was Sie eigentlich wollen! Eine Unternehmerpersönlichkeit weiß genau, wie sich das eigene Unternehmen in Zukunft entwickeln, also wohin der Weg führen soll. Abweichungen sind immer möglich, die grundsätzlichen Ziele sollten jedoch in jedem Fall bereits vor der tatsächlichen Unternehmensgründung feststehen!

- Führen Sie das Finanzierungsgespräch (mit der Bank) so früh wie möglich, um sämtliche Finanzierungsalternativen aufzeigen und bewerten zu können! Eine gesicherte und durchdachte Finanzierung stellt das Fundament einer jeden Gründung dar.

- Bringen Sie Ihr Unternehmenskonzept zum Erstgespräch mit der Bank mit! Wichtig: Grundsätzlich sollte der Businessplan vom Jungunternehmer selbst erstellt werden, schließlich handelt es sich um sein Unternehmen bzw. um seinen Geschäftsplan, welchen er auch vertreten muss! Umgekehrt kann und soll der Verfasser auf professionelle Unterstützung zurückgreifen und jene Bereiche, in denen er nicht so versiert ist, gemeinsam zu Papier bringen.

  Eine der wichtigsten Funktionen des Businessplans ist die Kontrolle der Realisierung der darin aufgezeigten Unternehmensziele. Seinen Nutzen kann der Businessplan jedoch nur dann entfalten, wenn er nach seiner Erstellung gelebt wird und nicht in der Schublade verschwindet!

- Überlegen Sie auch, welche Sicherheiten Sie Ihrer Bank bieten können! Sicherheiten erleichtern die Gewährung eines Kredites bzw. verbessern die Bonität, welche unter Umständen förderlich für zukünftige Investitionen sein wird. Darüber hinaus ist es angesichts Basel II äußerst unwahrscheinlich, einen Bankkredit zu erhalten, dem kein „Gegenwert" gegenübersteht!

Bei fehlenden oder nicht ausreichenden Sicherheiten besteht die Möglichkeit, eine externe Ausfallsbürgschaft bei einer Förderstelle zu beantragen. Damit verbunden ist jedoch in jedem Fall die persönliche Haftung bzw. auch die Offenlegung von vorhandenem Privatvermögen – schließlich sollte eine ausgewogene Risikoteilung zwischen dem Jungunternehmer selbst, der Bank und potentiellen Förderstellen angestrebt werden.

- Eigenmittel sollen unangetastet bleiben, bis die Finanzierung geklärt ist und ein Finanzierungskonzept ausgearbeitet wurde!

- Sehen Sie Ihre Bank als Partner, der an Ihrem Geschäftserfolg ebenso interessiert ist, wie Sie selbst! Informieren Sie daher Ihre Bank laufend und vor allem rechtzeitig über wichtige geschäftliche Ereignisse sowie über Ihren Geschäftserfolg! So können zeitgerecht adäquate Maßnahmen ergriffen werden – beispielsweise bei Liquiditätsengpässen!

- Jungunternehmerförderungen auf Bundes- oder Landesebene (z.B. Austria Wirtschaftsservice GmbH) sind lediglich als Unterstützung Ihres Vorhabens zu sehen, sollen jedoch nie ausschlaggebend dafür sein, ob Sie Ihre Geschäftsidee verwirklichen oder nicht!

6. Gründungsinfrastruktur

Dieses Kapitel gibt eine Einführung in die in den Prozess der Gründung eingebundenen Institutionen (Gründungsinfrastruktur) in Österreich. Ein wesentlicher Fokus wird dabei auf die Vorgründungs- und Gründungsphase gelegt. Hinsichtlich der Frühentwicklungsphase werden im Kap. 5 Business Angels und Venture Capitalists ausführlich behandelt.

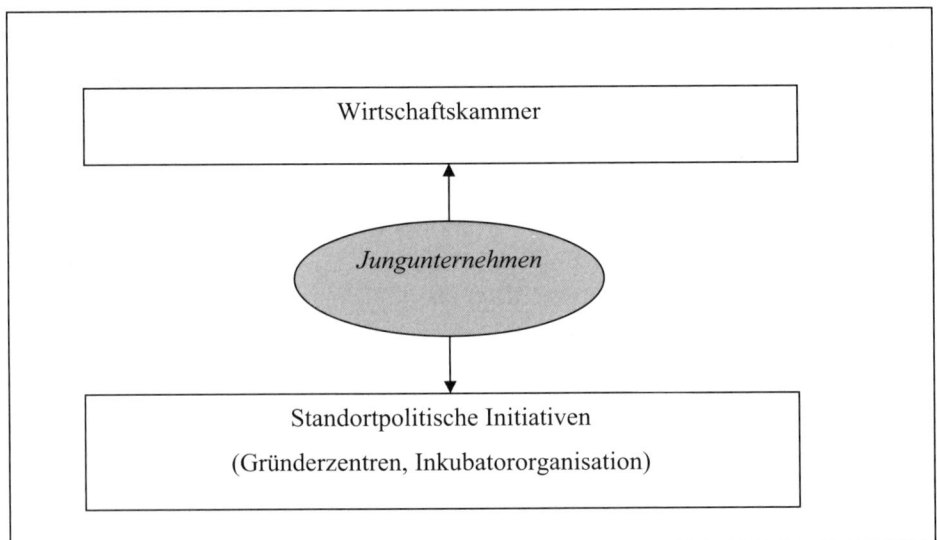

Abb. 6.1: Überblick Kapitel Gründungsinfrastruktur

6.1 Wirtschaftskammer

Wirtschaftskammer Die Wirtschaftskammer ist die gesetzlich eingerichtete **Interessenvertretung** für alle selbständig tätigen Unternehmerinnen und Unternehmer. Mitglieder der Wirtschaftskammer sind alle natürlichen und juristischen Personen, die zum selbständigen Betrieb von Unternehmen berechtigt sind, d.h. jedes Unternehmen gehört aufgrund seiner **Gewerbeberechtigung** der örtlich zuständigen Landeskammer, zugleich aber auch der Bundeskammer an. Im Mittelpunkt der Aufgaben steht die Mitgestaltung der wirtschaftlichen Rahmenbedingungen in der staatlichen Rechtsordnung. Daneben gibt es eine Reihe von **Serviceleistungen** zu allen Themengebieten des Wirtschaftslebens, wie z.B. telefonische Auskünfte, persönliche Beratungen, Broschüren, Merkblätter sowie Informations- und Weiterbildungsveranstaltungen. Neben den vielfältigen Aufgaben, welche die Wirtschaftskammer im selbständigen (eigenen) Wirkungsbereich erfüllt, nimmt sie im übertragenen Wirkungsbereich (Hoheitsverwaltung) auch Aufgaben staatlicher Behörden wahr, wie z.B. jene des Lehrlingswesens, der (Meister)Prüfungen oder der Ursprungszeugnisse.

6.1.1 Angebote des Gründerservice

Das Gründerservice ist die erste Adresse auf dem Weg in die unternehmerische Selbständigkeit (**NeuFöG-Beratung**) und bietet ein Angebot für Gründer, Nachfolger und Franchise-Interessierte. Neben den Mitarbeitern in der Wirtschaftskammer-Zentrale betreuen **Experten** in allen Wirtschaftskammer-Landes- und Bezirksstellen. Jährlich verzeichnet das Gründer-Service österreichweit etwa 160.000 Kundenkontakte und 42.000 Beratungen. Davon entfallen auf OÖ etwa 32.000 Kontakte und 3.300 Beratungen.

Gründerservice

Aufbauend auf eine **Erstinformation** durch das Gründerservice können Gründer und Nachfolger weitere **Beratungen** zu betriebswirtschaftlichen und rechtlichen Themen in Anspruch nehmen. Die Wirtschaftskammer ermöglicht gemeinsam mit dem Land Oberösterreich Beratungen durch selbständige Unternehmensberater zu definierten Themen wie Businessplan-Erstellung, Coaching, Unternehmens-Bewertung usw. Weiters werden Gründungs-Leitfäden, -Merkblätter und Businessplan-Software kostenlos zur Verfügung gestellt (Download: www.gruenderservice.net). Diese Nachfolgeberatung wird vom Land Oberösterreich gefördert.

6.1.2 Angebote der Jungen Wirtschaft

Die Junge Wirtschaft (JW) ist eine überparteiliche **Interessenvertretung** für Jungunternehmer in Österreich mit über 22.000 Mitgliedern und 500 Funktionären. Die JW ist eine Teilorganisation der Wirtschaftskammer. Die Mitgliedschaft in der JW ist jedoch freiwillig und kostenlos. Die JW ist in allen Bundesländern mit Landesorganisationen vertreten, die wiederum in Bezirks- und Gebietsgruppen gegliedert sind. Die JW Österreich ist Teil des weltweiten Verbandes der Jungunternehmer, der Junior Chamber International (JCI). So umfasst z.B. die JW OÖ dzt. etwa 12.000 Mitglieder und 100 Orts- und Gebietsgruppen, die von rund 230 ehrenamtlichen Funktionären, die selbst Jungunternehmer sind, geführt und von den Bezirksstellen der WK unterstützt werden.

Junge Wirtschaft

Zum **Leistungsangebot** zählen u.a.

- Veranstaltungen (z.B. Vortragsreihen, Kursprogramme für Gründer und Nachfolger, Business-Partner-Treffs, Stammtische und Erfahrungsaustauschrunden)

- Service (z.B. Gründungsinformation und -beratung, Gründungskonzept-Check, Gründungscoaching, Übernahmeberatung, Broschüren, Checklisten und Merkblätter)

- Öffentlichkeitsarbeit (Kampagnen, Best-Practice-Beispiele, Jungunternehmerpreis, Musterverträge)

- Ideenplattform (www.jungewirtschaft.at/innovationsmonitor): Berichte über geschäftliche Entwicklungen aus aller Welt als Anregung für eigene Geschäftstätigkeit

- Kooperationsplattform (www.jungewirtschaft.at/businessportal) zum Finden von Geschäfts- und Kooperationspartnern

Zu den aktuellen Arbeitsschwerpunkten zählen z.B. die Erleichterung von Unternehmensgründungen durch verbesserte Rahmenbedingungen durch Bürokratieabbau und Initiierung von Finanzierungsinstrumenten insbesondere für innovative Projekte, die Förderung von Unternehmensnachfolgen, Mitarbeiterbeteiligung und Mitunternehmertum.

6.2 Standortpolitische Initiativen

6.2.1 Gründerzentren

Gründerzentren Gründer- und Technologiezentren (GTZ), Business- und Innovationszentren (BIZ) sowie Gewerbe- und Forschungsparks sind **physische Einrichtungen**, in denen insbesondere Jungunternehmer hauptsächlich von einer gemeinsamen Infrastruktur sowie von Dienstleistungen profitieren können.

● **Gemeinsame Infrastruktur**

Infrastruktur Das Infrastrukturangebot umfasst etwa Seminar- und Besprechungsräume, Präsentationsinfrastruktur, Telefonanlagen, Kopierer, Büroservice und Postdienste sowie Veranstaltungs- und Aufenthaltsräume. Zudem können in den ersten Jahren Mietförderungen vom jeweiligen Bundesland in Anspruch genommen werden.

● **Gemeinsame Dienstleistungen**

Dienstleistungen Über die Nutzung der vorhandenen Infrastruktur hinausgehend können Leistungen wie Management-Beratung, regionale Kontaktvermittlung, gemeinsame Seminare, gemeinsames Marketing, Information über Förderungen sowie Rechts- und Finanzierungsfragen bezogen werden. Ansprechpartner in den Zentren erleichtern das Knüpfen von Kontakten zu Behörden, zur Wirtschaftskammer, zum Magistrat, zum Land OÖ, zur Forschungsförderungsgesellschaft, zum Austria Wirtschaftsservice sowie die Erschließung neuer Kundenkreise.

● **Gemeinsamer Nutzen**

Nutzen Die Hauptinteressen jener Unternehmensgründer, welche sich in einem Gründer- und Technologiezentrum niederlassen, liegen in der Nutzung von **Synergieeffekten**, dem positiven **Image** und dem gemeinsamen **Informationsaustausch** bzw. den damit verbundenen **Kooperationsmöglichkeiten**. So wird den Jungunternehmern ein optimales Arbeitsumfeld sowie Hilfe und Chancen in der Startup-Phase geboten. Synergien ergeben sich ebenfalls durch das gemeinsame Auftreten am Markt im Falle einer komplementären Produktpalette der Unternehmen im GTZ.

6.2.1.1 Typen von Gründer- und Technologiezentren

Es gibt zurzeit in Österreich 110 Technologie- und Gründerzentren. Diese Zentren sind wichtige Einrichtungen sowohl für die Unterstützung bei der Gründung neuer und technologieorientierter Unternehmen als auch als innovative, regionale Impulsgeber. Aufgrund der angebotenen unterschiedlichen Hilfestellungen und Beratungsleistungen unterscheiden sich einzelne Gründer- und Technologiezentren hinsichtlich Ziel und Zweck der Unterstützungsleistungen.

Arten

- **Innovationszentren**

  Der Zweck eines Innovationszentrums liegt in der Förderung der Gründung von **Hochtechnologieunternehmen**, wobei der Fokus auf der Förderung von KMU liegt. Je nach Intensität der Technologieorientierung gibt es einfache Gründer- und Technologiezentren, Technologieparks, High-Tech-Center bis hin zu Research-Parks und Innovationsparks.

  Innovationszentren

- **Gründerzentren**

  Ein Gründerzentrum ist eine **Standortgemeinschaft** neu gegründeter Unternehmen, deren Wachstumschance in der Gründungs- und Startphase durch Bereitstellung eines variablen Raumangebotes sowie gemeinsame Büro- und Verwaltungseinrichtungen, Management-, Beratungs- und Betreuungsleistungen erhöht werden soll. Das Ziel von Gründerzentren ist die Neuansiedlung von KMU zur Verbesserung der örtlichen **Wirtschaftsentwicklung** und zur Schaffung neuer **Arbeitsplätze**. Kennzeichnend für Gründerzentren ist die Beschränkung der Aufenthaltsdauer der angesiedelten neu gegründeten Unternehmen im Gründerzentrum (ca. 3–5 Jahre) und dass – entgegen der herrschenden öffentlichen Meinung – eine technologische Orientierung des gegründeten Unternehmens nicht unbedingt notwendig ist.

  Gründerzentrum

- **Technologiezentren**

  Als Technologiezentrum wird eine **Standortgemeinschaft** von überwiegend jungen, neu gegründeten Unternehmen, welche technologisch neue Produkte und Verfahren entwickeln und vermarkten, verstanden. Die **F&E-Komponente** steht im Vordergrund. Das Technologiezentrum grenzt sich zum reinen Gründerzentrum durch die bewusste Förderung von Innovationen, die starke Technologieorientierung der Unternehmen, das höher qualifizierte Personal und die stärkere Bindung zu universitären und außeruniversitären Institutionen ab. Gründer- und Technologiezentren sind in der Regel in den Bezirkshauptstädten und anderen wirtschaftlich relevanten oder noch zu unterstützenden Regionen zu finden. Um als Jungunternehmer in den Genuss eines Standortes in einem oberösterreichischen Gründer- und Technologiezentrum zu kommen, müssen folgende **Kriterien** erfüllt sein:
  - bestimmte Branche des Unternehmens – je nach gewähltem Standort
  - innovative Geschäftsidee
  - bestehende Finanzierung (Bonitätsprüfung)
  - Businessplan bzw. ein schriftliches Unternehmenskonzept

  Technologiezentrum

- **Technologietransferzentren**

Technologietransferzentrum

Grundsätzlich dient ein Technologietransferzentrum nicht der Betriebsansiedelung, sondern stellt ausschließlich eine **Plattform** für die Beratung und die Kontaktvermittlung für Gründer, Investoren oder Förderer dar.

- **Gewerbeparks**

Gewerbepark

Das Leistungsangebot von Gewerbeparks umfasst hauptsächlich die **Bereitstellung** von gut erschlossenem Gelände bzw. von bezugsfertigen Büros oder anderen Räumlichkeiten. Meist sind Unternehmen angesiedelt, die ein großes Raumangebot benötigen. Durch die räumliche Konzentration der Betriebe können Gemeinschaftseinrichtungen, wie z.B. eine Kantine, in Anspruch genommen werden.

- **Forschungsparks**

Forschungspark

Ein Forschungspark, auch Science Park oder Wissenschaftspark genannt, ist ein **Gewerbegebiet**, in dem forschungsorientierte junge Unternehmen oder F&E-Abteilungen größerer Unternehmen attraktive Arbeitsbedingungen vorfinden. Oftmals befinden sie sich in der Nähe einer Universität oder einer ähnlichen akademischen Forschungsinstitution. Wesentliches Element eines Forschungsparks ist die Verbindung zwischen Wissenschaft und Forschung auf dem allerneuesten Stand der Technologie.

6.2.2 Inkubatormodelle

Inkubator

Der Begriff Inkubator stammt aus dem Englischen: to incubate heißt ausbrüten, züchten. Die amerikanische „National Business Incubation Association (NBIA)" beschreibt Inkubatoren wie folgt:

"Business incubation is a business support process that accelerates the successful development of start-up and fledgling companies by providing entrepreneurs with an array of targeted resources and services. These services are usually developed or orchestrated by incubator management and offered both in the business incubator and through its network of contacts. A business incubator's main goal is to produce successful firms that will leave the program financially viable and freestanding. These incubator graduates have the potential to create jobs, revitalize neighborhoods, commercialize new technologies, and strengthen local and national economies" (NBIA 2007)

Historische Entwicklung

Die Entwicklung des Inkubatormodells lässt sich wie folgt zusammenfassen:

- Inkubatoren sind als standort- und wirtschaftspolitisches Instrument mit Unterstützung und Engagement der öffentlichen Hand entstanden. Pionierland sind die USA, wo sich seit den 70er Jahren eine ausdifferenzierte Inkubatorenlandschaft etabliert hat.

- Als Politikinstrument waren Inkubatoren eine Innovation der direkten Unterstützung von Gründungsaktivitäten. Als solches ist dieser Ansatz – wenn auch in unterschiedlichen Ausformungen – von zahlreichen europäischen Ländern übernommen worden. Insbesondere in strukturschwachen Regionen findet der Inkubatorenansatz große Akzeptanz.

- Neben der wirtschaftspolitisch induzierten Inkubatorenszene hat sich in den 90er Jahren eine ganze Bandbreite privater Inkubatoren etabliert. Insbesondere für die Gründungsaktivitäten rund um den New-Economy-Boom spielten und spielen private Inkubatoren eine wichtige Katalysatorfunktion. Allerdings hat die Ernüchterung auf den internationalen Finanzmärkten die Erwartungen an private Inkubatoren deutlich abgeschwächt.

Inkubatoren sollen Jungunternehmer bei der Gründung eines eigenen Unternehmens unterstützen, indem sie Dienstleistungen für junge Unternehmen bieten, die hauptsächlich in zukunftsorientierten, know-how-intensiven Branchen tätig sind. Das Grundmodell sieht wie folgt aus: Inkubatoren stellen für Unternehmensgründer und junge Unternehmen **physische Infrastruktur** und eine Palette an **Beratungsdienstleistungen** zur Verfügung, die ihnen helfen sollen, die ersten Phasen der Unternehmensentwicklung erfolgreich zu überstehen. Ziel ist es, die Überlebenschancen von Jungunternehmen und deren Entwicklungspotenziale zu verbessern. Dabei bietet der Inkubator ein **kontrolliertes Umfeld**, das dem Management eines Start-ups die Konzentration auf seine **Kernkompetenzen** ermöglicht, indem dem Management Organisationsleistungen abgenommen werden.

Aufgabe Inkubator

6.2.2.1 Staatlich geförderte Inkubatormodelle

Academia plus Business (*AplusB*) ist ein Programm, das bei Unternehmensgründungen aus dem akademischen Sektor entsprechende Unterstützung anbietet (akademische Spinoffs). Die AplusB-Zentren bieten dabei die Möglichkeit, konkrete Beratung über den gesamten Gründungsprozess, d.h. von der guten Idee bis zur Unternehmensgründung, in Anspruch zu nehmen und professionell begleiten zu lassen sowie akademisches Denken und Handeln im Unternehmertum zu stärken und zu verankern. Das AplusB-Programm legt die Aufgabengebiete der staatlich geförderten Inkubatororganisationen in Österreich wie folgt fest (siehe www.ffg.at/content):

A*plus*B

- *Mobilisierung und Stimulierung von Gründungen*, Interesse wecken (Veranstaltungen, Informationsarbeit, Lehrstühle für Entrepreneurship etc).

- *Beratung, Qualifikation und Betreuung* für 1,5 Jahre (wissenschaftlich-fachliche Betreuung und Coaching, Management-Beratung, Weiterbildung)

- *Optimierung der Startbedingungen* für die jungen Unternehmen durch entsprechende Kooperationen mit Financiers und mit anderen Programmen.

Aktuell (Stand: Juni 2008) sind in Österreich neun Inkubatororganisationen tätig, die in der folgenden Tabelle aufgelistet sind, wobei sich die AplusB-Zentren nicht gleichmäßig auf alle neun Bundesländer verteilen. Der Grund hierfür liegt in standortspezifischen Merkmalen wie Partner-Universitäten oder der bereits bestehenden Infrastruktur.

Kurzbezeichnung, Ort	Internetadresse
Accent, Wiener Neustadt	http://www.accent.at/
BCCS, Salzburg	http://www.bccs.at/
BUILD!, Klagenfurt	http://www.build.or.at/
CAST, Innsbruck	http://www.cast-tyrol.com/
IniTS, Wien	http://www.inits.at/
Science Park Graz, Graz	http://www.sciencepark.tugraz.at/
tech2B, Linz	http://www.tech2b.at/
v-start, Lustenau	http://www.v-start.at/
ZAT Leoben, Leoben	http://www.unternehmerwerden.at/

Tab. 6.1: Inkubatororganisationen in Österreich (Qu.: www.tech2b.at, 29.6.2008)

Alle oben genannten Unternehmen sind Mitglied im österreichischen Förderungsprogramm AplusB, das vom Bundesministerium für Verkehr, Innovation und Technologie (BMVIT) ins Leben gerufen wurde, um Unternehmensgründer in der Start-up-Phase zu unterstützen (siehe dazu www.ffg.at). Bisher (Stand: April 2008) wurden 236 Technologieprojekte in den AplusB-Zentren betreut, daraus sind 171 Gründungen von Technologieunternehmen hervorgegangen und davon sind mittlerweile 144 Unternehmen am freien Markt tätig.

6.2.2.2 Private Inkubatormodelle

Private Inkubatoren In Österreich gab es komplementär zum New-Economy-Boom auch Ansätze private Inkubatoren zu etablieren, wobei davon nur wenige tatsächlich Fuß fassen konnten. Hinter den derzeit aktiven privaten Inkubatoren stehen vorwiegend **Venture-Capital-Gesellschaften**. Darüber hinaus haben auch Technologiekonzerne Aktivitäten in Richtung Aufbau eigener Incubatorfacilities gesetzt. Alle derzeit aktiven Inkubatoren sind mit ihren Aktivitäten vornehmlich auf den IT-Bereich fokussiert, wobei aktuell eine Umorientierung in Richtung Biotechnologie zu verzeichnen ist.

6.2.2.3 Fokussierung der Inkubatororganisation

Fokussierung Bei den Inkubatoren können verschiedene **Formen der Fokussierung** einer Inkubatororganisation unterschieden werden.

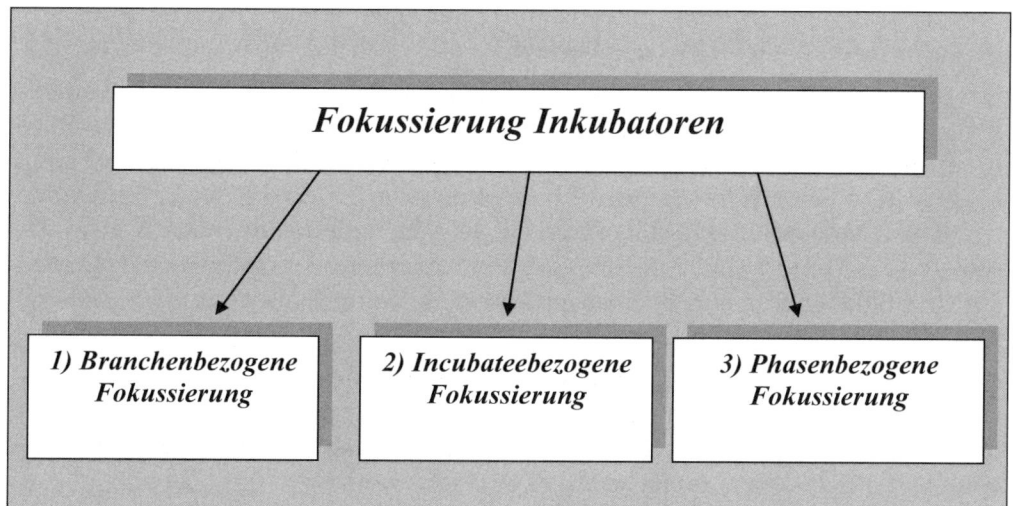

Abb. 6.2: Fokussierung von Inkubatoren (in Anlehnung an Achleitner/Engel 2001, S. 4)

- **Branchenbezogene Fokussierung**

Seed-Phasen-Geschäftsmodelle und -teams sind insbesondere bei technologieorientierten Gründungen schwer bewertbar, daher dient ein ausgeprägter Branchenfokus (z.B. Biotechnologie) zur Verminderung des jeweiligen **Investiti-
onsrisikos** für den Inkubator. Durch das Vorhandensein entsprechenden Ex-
pertenwissens auf Seiten des Inkubators verringern sich Informationsvor-
sprünge der Incubatees.

Branchenfokus

Bei **Corporate Incubators** dient die Branchenfokussierung dem Aufbau neuer strategischer Partner (gegebenenfalls Kunden oder Zulieferer) und der Stärkung des Geschäfts des Mutterunternehmens. Es werden daher in der Regel
nur Unternehmen finanziert, die aus dem Geschäftsmodell Synergien zum
Mutterunternehmen bieten. Zudem versucht man durch die Betreuung **zusätzliches fachliches Wissen** zu akkumulieren. Somit ergibt sich bei zunehmender
Konzentrierung der Inkubatoren auf einzelne Sektoren auch die Möglichkeit
für diese, die hierbei auftretenden systematischen Risiken aufgrund verbesser-
ter Informationsflüsse zu **minimieren.**

Corporate Incubators

- **Incubateebezogene Fokussierung**

Eine weitere Möglichkeit der Fokussierung von Inkubatororganisationen besteht in der Wahl eines bestimmten Typus von Incubatee, wobei man folgende
Kategorien von Projektanten unterscheiden kann:

Incubateefokus

- Externe Gründerteams

- Incumbents

- Eigene Mitarbeiter

Externe Gründerteams stellen die am meisten verbreitete Kategorie dar. Zu diesen
Projektanten gehören sowohl Berufsanfänger, die sich teilweise bereits während
ihres Studiums oder ihrer Ausbildung mit ihrer Idee selbständig machen wollen,

Externe Gründerteams

aber auch erfahrene Arbeitskräfte, die ihre derzeitige Tätigkeit zugunsten der Verwirklichung einer Geschäftsidee beenden.

Incumbents   Das Ziel von Incumbents (i.d.R. bereits bestehende Unternehmen) ist die Verwirklichung von Ideen aus den Reihen ihrer Mitarbeiter unter Inanspruchnahme eines Inkubators, da die Entwicklung eigener Ideen entweder nicht möglich oder nicht erwünscht ist. Es erfolgt eine zeitlich begrenzte Ausgründung der Unternehmen durch ihre Mitarbeiter. Das hierdurch entstehende Unternehmen kann entweder später in das Mutterunternehmen eingegliedert werden oder als Spin-Off selbständig am Markt agieren oder (bei entsprechendem Kaufinteresse) an einen anderen Marktteilnehmer veräußert werden.

Eigene Mitarbeiter   Eigene Mitarbeiter als Zielgruppe hat insbesondere der Typus des Corporate Incubators (beispielsweise von Industrieunternehmen), wobei auf diesem Wege unternehmensintern generierte Ideen und Geschäftsmodelle durch eigene Mitarbeiter außerhalb des operativen Geschäfts realisiert werden.

Zusammenfassend lässt sich festhalten, dass die externen Existenzgründer die mit deutlichem Abstand größte Gruppe bilden. Incumbents sind als Zielgruppe in aller Regel nur für solche Inkubatoren interessant, die selbst oder über ihren Träger bereits in Kontakt oder Geschäftsverhältnissen zu diesen Kunden stehen. Hingegen sind Inkubatoren, die sich auf eigene Mitarbeiter fokussieren, noch stark unterrepräsentiert. Hier ist jedoch zu erwarten, dass sich ihr Anteil mit dem stärkeren Aufkommen der Corporate Incubators erhöhen wird.

● **Phasenbezogene Fokussierung**

Phasenfokus   Analysiert man die Inkubatororganisation im Hinblick auf deren Fokussierung auf eine spezifische **Entwicklungsphase** eines Unternehmens, so sind hier die Pre-Seed und Seed-Phase dominierend. Gerade in Österreich wurden mit den staatlich geförderten AplusB-Zentren während der letzten Jahre Initiativen gesetzt, da strukturelle Schwächen vor allem in den frühen und ganz frühen Phasen (Seed- und Pre-Seed-Phase) der Unternehmensentwicklung bestanden, die noch unzureichend von privaten Investoren auf der einen und öffentlichen Maßnahmen auf der anderen Seite abgedeckt wurden.

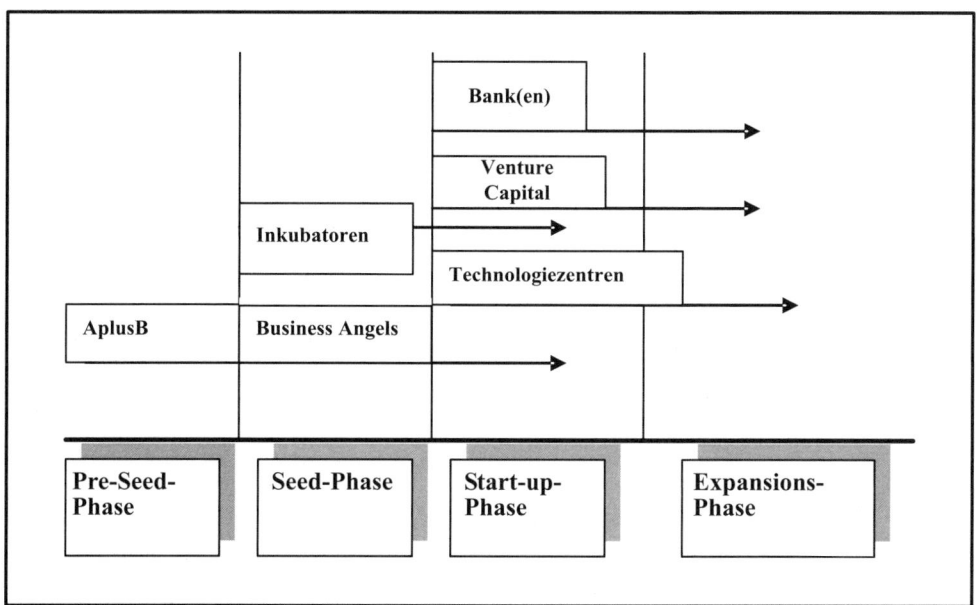

Abb. 6.3: Unterstützungsangebot in Österreich nach Phasen (Qu.: Mücke 2003, S. 78)

6.2.2.4 *Wertschöpfungsprozess eines Inkubators*

Der Wertschöpfungsprozess eines Inkubators kann in fünf Phasen abgegrenzt werden. Er beginnt mit der Identifikation möglicher Beteiligungsunternehmen durch das Management des Inkubators. Anschließend wird auf der Basis einer sorgfältigen Prüfung (Due Diligence) des vorgelegten Businessplans eine Auswahlentscheidung getroffen. Mit dem Vertragsabschluss zwischen Inkubator und Gründungsunternehmen beginnt die Phase der Inkubation, in der die Start-ups über einen gewissen Zeitraum in den Räumlichkeiten des Inkubators betreut, beraten und in der Unternehmensentwicklung gefördert werden. In der Exit-Phase trennt sich der Inkubator vom inkubierten Unternehmen, wobei es in manchen Fällen auch nach dem Exit noch zu einer weitergehenden Kooperation des Inkubators kommen kann.

Wertschöpfungsprozess

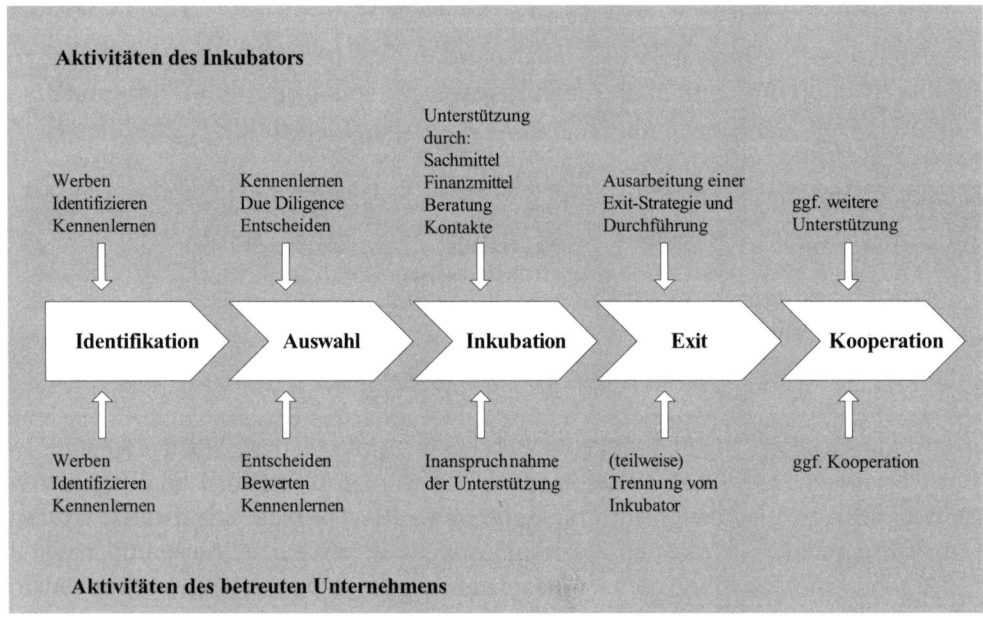

Abb. 6.4: Wertschöpfungsprozess eines Inkubators (Qu.: Mücke 2003, S. 80)

6.3 Weiterführende Literatur

Zum Thema Inkubatoren: *Barrow* (2001), *Achleitner/Engel* (2001), *Mücke* (2003).

Entwicklungsphasenspezifische Unterstützung: *Grabherr O.* (2001, 2002), *Grabherr R.* (2001).

Zum Thema Business Angels: *Klandt* et al. (2001), *Mugler/Fath* (2005).

Zum Thema Gründungsberatung: *Bremberger/Klimitsch* (2000), *Kailer* (2001), *Kailer/Walger* (2000).

Zum Thema Netzwerke: *Reiß* (2000), *Mücke/Rami* (2007) (siehe auch Kap. 7).

Unterstützung durch die Wirtschaftskammer: *Bremberger* (2005).

Internetquellen mit Praxistipps

www.ffg.at

www.tech2b.at

www.nbia.org/resource_center/what_is/index.php

www.accent.at/

www.bccs.at/

www.build.or.at/

www.cast-tyrol.com/

www.inits.at/

www.sciencepark.tugraz.at/

www.tech2b.at/

www.v-start.at/

www.unternehmerwerden.at/

7. Instrumente der Gründungsförderung

Einführung

Dieses Kapitel gibt eine Einführung in die Möglichkeiten der Förderung der Gründung von Unternehmen. Neben den in der Literatur üblicherweise beschriebenen monetären Instrumenten wird die Bedeutung nicht-monetärer Instrumente der Gründungsförderung (z.B. Netzwerke) hervorgehoben. Die Förderinstrumente werden nach der Gründungsphase, in der sie zum Einsatz kommen, nach Inhalt und verfolgten Zielen sowie nach Fördergebern abgegrenzt.

Gründungsförderung

Unter dem Begriff **Gründungsförderung** wird die Gesamtheit aller finanziellen und nicht-finanziellen Hilfen verstanden, die angehenden Unternehmern helfen und den Schritt in eine selbständige Tätigkeit erleichtern sollen.

Es existieren zahlreiche Fördermodelle für Gründer und bestehende Unternehmen auf Bundes-, Landes-, teilweise auch auf Gemeindeebene. Es gilt deshalb, auf den Einzelfall bezogen aus der Fülle der verschiedenen Instrumente ein optimales Förderpaket zu schnüren.

7.1 Abgrenzung nach der Gründungsphase

Systematisierung

Betrachtet man die einzelnen Phasen von der Gründungsvorbereitung bis hin zur tatsächlichen Gründungsentscheidung, wird deutlich, dass der Gründungsförderung phasenspezifisch unterschiedliche Förderungsziele zukommen. Vereinfacht sollen hier folgende drei Phasen anhand der generellen Förderzielsetzung abgegrenzt werden:

- **Sensibilisierungsphase:** Die Förderung zielt darauf ab, für mehr Unternehmertum zu werben.

- **Entscheidungsphase:** Die Förderung zielt darauf ab, potenzielle Gründer bei der Entscheidungsfindung und Vorbereitung zu unterstützen.

- **Umsetzungsphase:** Die Förderung zielt darauf ab, den Aufbau konkreter Unternehmen zu erleichtern

7.2 Abgrenzung nach dem Förderinhalt

Man kann zwischen monetären und nicht-monetären Förderinstrumenten unterscheiden, wobei Förderungen **monetärer Art** vorwiegend auf die Umsetzungsphase abstellen, Förderungen **nicht-finanzieller Art** hingegen alle drei Phasen betreffen können.

Monetäre Förderinstrumente	Nicht-monetäre Förderinstrumente
Nicht rückzahlbare Investitions- und Zinsenzuschüsse	Netzwerke
Direktdarlehen	Beratung bzw. Coaching
Beteiligungen durch Förderstellen	Aus- und Weiterbildung
Haftungsförderungen bzw. Risikoübernahmen für Eigen- und Fremdfinanzierungen	
Steuerbegünstigungen	

Tab. 7.1: Überblick über Ansätze der Gründungsförderung

7.2.1 Monetäre Förderinstrumente

Analysiert man das Förderinstrument nach der **Zweckbestimmung**, so stehen bei der Schaffung monetärer Anreize folgende **Ziele** im Vordergrund:

Zweckbestimmung

- Reduzierung der Liquiditätsbelastung bei Investitionen und Kreditfinanzierungen bei gleichzeitiger Verbesserung der Ertragsstruktur durch Erhöhung der Investitionsrentabilität für den Unternehmer (z.B. AWS-Zuschuss)

- Initiierung von bestimmten materiellen Investitionen (z.B. Zuschüsse im Umweltschutzbereich, um gesamtwirtschaftliche Umweltschutzziele zu erreichen

- Zuschüsse zu Aus- und Weiterbildungsmaßnahmen, um Wissensdefiziten entgegenzuwirken und/oder Informationsbedarf abzudecken

- Entwicklungssteuerung bestimmter Branchen (z.B. Branchen mit Unterkapazitäten wie etwa die OÖ Nahversorgungsaktion zur Erhaltung von Nahversorgern in den Gemeinden)

- Haftungsübernahmen eröffnen der Unternehmerperson, die keine entsprechenden Sicherheiten beibringen kann, die Möglichkeit für eine Bankfinanzierung oder den Erhalt von Beteiligungskapital.

Aus Sicht der Unternehmerperson ist eine wesentliche Frage nach der Art und Weise (z.B. Dauer der Überlassung, Verwendungsmöglichkeit), wie das Unternehmen monetäre Mittel erhält. Dabei lassen sich folgende Typen monetärer Instrumente der Gründungsförderung unterscheiden:

7.2.2 Investitions- und Zinsenzuschüsse

Zuschüsse, Zuwendungen und Prämien oder Subventionen stehen dem Unternehmen dauerhaft, also zeitlich unbegrenzt, zur Verfügung. Langfristige nachrangige Darlehen haben zwar in der tilgungsfreien Zeit den Charakter eines Zuschusses, müssen jedoch bei Eintritt der vereinbarten Konditionen zurückbezahlt werden und sind im Rahmen dieser Systematisierung demnach unter Kredite und Darlehen (siehe Kap. 5.2.2.2) einzuordnen.

Zuschüsse

Beim **Investitionszuschuss** erhält der Förderungswerber ausgehend von einer Bemessungsgrundlage, die sich aus dem Investitionsvolumen errechnet, einen bestimmten Prozentsatz als nicht-rückzahlbaren Zuschuss. Der Wert entspricht bei Einmalauszahlung zum Investitionszeitpunkt dem Nominalbetrag. Zu berücksichtigen ist, inwieweit dieser Zuschussertrag steuerpflichtig ist und somit zum Teil in Form von Ertragsteuerzahlungen wieder an den Staat zurückfließt.

Bei **Zinsenzuschüssen** erhält der Förderungswerber über eine definierte Laufzeit hinweg – zumeist die Kreditlaufzeit – Zuschüsse zu den an die Bank zu leistenden Zinszahlungen. Um den Wert von Zinsenzuschüssen mit Investitionszuschüssen vergleichen zu können, ist die Abzinsung der einzelnen Zahlungen auf den Kreditauszahlungszeitpunkt erforderlich.

7.2.3 Direktdarlehen

Direktdarlehen Direktdarlehen sind Finanzierungen, die der Förderwerber direkt von der Förderstelle oder einer anderen abwickelnden Stelle erhält. Die Darlehen werden mit **Sonderzinssätzen** ausgestaltet. Weitaus üblicher als am freien Finanzierungsmarkt sind bei Direktdarlehen langfristige Fixzinsvereinbarungen, die eine Planung von Casflows durch fixen Zinsaufwand erleichtern. Ist das Darlehen unverzinst, so kann auch von einem **rückzahlbaren Zuschuss** gesprochen werden.

Die Maßstäbe der Fördergeber hinsichtlich der **Sicherstellung** des Darlehens sind unterschiedlich. In der Regel ist eine bankmäßige Sicherstellung, die allenfalls als Zusatzförderung über Behaftung durch Bundesstellen erreicht wird, erforderlich. Solche Direktdarlehen werden beispielsweise vom Forschungsförderungsfonds für die gewerbliche Wirtschaft vergeben. Direktdarlehen können aber auch ohne Sicherstellungserfordernis oder eventuell als nachrangig gestellte Darlehen begeben werden. Dadurch entlasten sie das Unternehmen zur Gänze vom Haftungserfordernis, was den Zugang zu zusätzlichen Bankfinanzierungen gegen Einräumung der freien Sicherheiten ermöglicht.[4]

7.2.4 Kapitalgarantien durch Förderstellen

Haftungsübernahmen Eine wichtige Unterstützungsmöglichkeit besteht in der **Übernahme von Haftungen** durch Förderstellen zur Abfederung des Risikos für Kreditgeber oder Beteiligungskapitalgeber. Durch die Haftungszusage wird die **Suche nach Kapitalgebern** erleichtert. Die Förderzusage unterstützt somit bereits in der Phase der Beteiligungspartnersuche. Potenzielle Beteiligungspartner (z.B. aus dem Familien-, Bekannten- oder Verwandtenkreis oder aus dem Kreis der zukünftigen Mitarbeiter) sind durch die Absicherung der Ausfallsrisiken für den Insolvenzfall eher bereit, eine kapitalmäßige Verflechtung mit dem Unternehmen einzugehen.[5] Be-

---

4   Ein Beispiel im Existenzgründungsbereich sind die ERP-Eigenkapitalhilfe-Darlehen der Deutschen Ausgleichsbank; in Österreich steht kein derartiges Instrumentarium zur Verfügung.
5   Derartige Absicherungen bietet die AWS oder in ähnlicher Form auch die OÖ KGG. Der Haftungsgeber übernimmt hier die Aufgabe der Prüfung des Beteiligungsrisikos, die dem potenziellen Beteiligungspartner aus dem mikrosozialen Umfeld des Unternehmers aufgrund fehlender Fachkompetenz oder wegen des psychologischen Naheverhältnisses zum Gründer sehr viel schwerer möglich wäre.

haftet die Förderstelle eine **Bankfinanzierung**, so kann sie damit den Förderungs-werber bis zu einem gewissen Grad vom Haftungserfordernis entlasten.

7.2.5 Steuerbegünstigungen

Ein wesentliches Ziel der Republik Österreich in den vergangenen Jahren bestand in der Reduktion von Gründungskosten (z.B. Gebühren und Abgaben) sowie generell in der Vereinfachung der Gründungsbürokratie (z.B. durch Einrichtung von One-Stop-Shops).

Begünstigungen

Das **Neugründungs-Förderungsgesetz (NeuFöG) ermöglicht** bereits seit 1999 gebührenfreie Unternehmensneugründungen. Seit 1.1.2002 ist das Gesetz auch auf **Betriebsübernahmen** anwendbar. Aus Sicht der Unternehmerperson ist es als Voraussetzung für die Gebührenbefreiung erforderlich, sich zuerst bei der örtlich zuständigen Wirtschaftskammer beraten zu lassen (Beratungsbestätigung für das NeuFÖG). Nur dann werden die Fördervoraussetzungen des NeuFÖG erfüllt, die im Detail wie folgt aussehen:

NeuFöG

- **Beratung** durch die zuständige Wirtschaftskammer

- **Neueröffnung** eines gewerblichen, land- und forstwirtschaftlichen oder dem selbständigen (freiberuflichen) Erwerb dienenden Betriebes durch Schaffung einer bisher nicht vorhandenen betrieblichen Struktur

- Erzielung **betrieblicher Einkünfte** gem. EStG (Land- und Forstwirtschaft, Gewerbebetrieb, selbständige Tätigkeit)

- Der oder die Betriebsinhaber – die Betriebsführung beherrschende(n) Person(en) – haben sich innerhalb der letzten **15 Jahre** nicht in vergleichbarer Art (in einer vergleichbaren Branche) im Inland oder im Ausland betrieblich betätigt

- Es liegt **keine bloße Änderung der Rechtsform** vor

- Es liegt **kein bloßer Wechsel in der Person des Betriebsinhabers** vor, unabhängig davon, ob es sich dabei um eine entgeltliche oder unentgeltliche Betriebsübertragung handelt

- Es wird im **Kalendermonat der Neugründung und den folgenden elf Kalendermonaten** die geschaffene betriebliche Struktur nicht um bereits bestehende andere Betriebe oder Teilbetriebe erweitert

Im Zuge einer Betriebsgründung erhält die Gründerperson bei Einhaltung der Voraussetzungen folgende **Begünstigungen**:

- **Kostenerlass** für Stempelgebühren und Bundesverwaltungsabgaben

- **Befreiung von der Grunderwerbsteuer**, sofern eine Gründungseinlage von Grundstücken in neu gegründete Gesellschaften erfolgt (Höchstwert 75.000 Euro)

- **Gerichtsgebühren** für die Eintragung in das Firmenbuch unmittelbar im Zusammenhang mit der Neugründung/Übertragung des Betriebes

- **Gerichtsgebühren** für die Eintragung in das Grundbuch (1%) zum Erwerb des Eigentums für die Einbringung von Grundstücken

- **Gesellschaftsteuer** für den Erwerb von Gesellschaftsrechten unmittelbar im Zusammenhang mit der Neugründung/Übertragung von Kapitalgesellschaften (AG, GmbH, GmbH & Co KG/KEG)

- Entfall bestimmter **Lohnabgaben**, die im Kalendermonat der Neugründung sowie in den darauf folgenden elf Kalendermonaten anfallen:

  - Dienstgeberbeiträge zum Familienlastenausgleichsfonds
  - Dienstgeberzuschlag zum DB
  - Wohnbauförderungsbeiträge des Dienstgebers
  - Beiträge zur gesetzlichen Unfallversicherung

KMU-Förderungsgesetz

Das **KMU-Förderungsgesetz 2006** (KMU-FG 2006) wurde im Mai 2006 im Nationalrat beschlossen und trat mit 1. Jänner 2007 in Kraft. Damit werden das Einkommensteuergesetz (EStG) und das Umsatzsteuergesetz (UStG) abgeändert. Das Ziel dieser Maßnahme ist es, steuerliche Begünstigungen für Einnahmen-Ausgaben-Rechner (einschließlich Freiberufler) zu schaffen. Bei gewerblichen Unternehmen darf der Jahresumsatz den Betrag von 400.000 Euro nicht überschreiten. Eine der wichtigsten Neuerungen dieses Gesetzes betrifft den Freibetrag für investierte Gewinne:

Natürliche Personen, die ihren betrieblichen Gewinn durch eine Einnahmen-Ausgaben-Rechnung ermitteln, können ab dem Jahr 2007 bis zu 10% des ermittelten Gewinnes steuerfrei belassen. Bedingung für die Geltendmachung ist, dass in dieser Höhe begünstigtes Anlagevermögen mit einer betriebsgewöhnlichen Nutzungsdauer von mindestens 4 Jahren oder bestimmte Wertpapiere, die zur Deckung der Abfertigungs- und Pensionsrückstellung herangezogen werden können, hergestellt bzw. angeschafft werden. Der maximal ausnützbare Freibetrag ist mit 100.000 Euro je Steuerpflichtigem und Jahr begrenzt.

7.2.6 Nicht-monetäre Förderinstrumente

Nicht-monetäre Anreize

Während monetäre Förderinstrumente sich i.d.R. bilanziell auswirken und somit quantifizierbar sind, stellen nicht-monetäre Förderinstrumente stark auf die Unternehmerperson ab, welcher der Aufbau des Unternehmens durch gezielte Angebote erleichtert werden soll.

Netzwerke

- **Netzwerke**

  Netzwerke begleiten die Unternehmerperson mit unterschiedlichen **Anreizen** und **Instrumenten** den gesamten Weg von der Ideengenerierung über die Ausarbeitung des Konzepts und die Erstellung eines Unternehmensplanes bis hin zur erfolgreichen Markteinführung. Dabei entwickelt ein Netzwerk günstige Umfeldbedingungen, schafft ein innovatives Klima mit den entsprechenden personellen bzw. institutionellen Strukturen und fungiert als Auffangbecken für Problemsituationen. Netzwerke sind Pools zum Informations- und Erfahrungsaustausch, zum Betreiben von Öffentlichkeitsarbeit, zur Geschäftsanbahnung oder Ideengenerierung.

Die Untersuchung von Netzwerkbeziehungen von Unternehmerpersonen war in den letzten Jahren verstärkt Gegenstand empirischer Studien im Bereich Entrepreneurship. Nicht nur die Anzahl der Netzwerkkontakte, sondern auch die Zusammensetzung des Netzwerks einer Unternehmerperson zeigte dabei Auswirkungen auf die Entwicklung des Unternehmens sowie den Unternehmenserfolg. So erbringen Netzwerkpartner gerade in der Startphase wesentliche Beiträge, indem sie das Unternehmen weiterempfehlen oder direkt neue Kunden vermitteln, was auch als „Referenzfunktion" bezeichnet wird. Unterschiedliche Netzwerke spielen im Lauf der Unternehmensentwicklung für ein Unternehmen eine Rolle, um erfolgreich am Markt auftreten zu können. So betrachten Birley/Stockley (2000) das soziale Netzwerk in der Vorgründungsphase als unterstützenden Motor zur Ideengenerierung. Dagegen beginnt in der Start-up-Phase der Entrepreneur zunehmend seine sozialen Kontakte auf jene Personen bzw. Organisationen zu fokussieren, welche der Entwicklung des Unternehmens dienen. Geschäftliche Interessen und der Aufbau eines Businessnetzwerkes sind der Schwerpunkt, wodurch in der dritten Phase idealerweise ein strategisches Netzwerk entsteht.

Funktionale Netzwerkbeziehungen

Generell betrachtet bieten Unternehmensnetzwerke folgende **Potenziale**:

Potenziale

- **Flexibilität**

    Unternehmensnetzwerke bieten die **Möglichkeit**, rasch auf Nachfrageänderungen zu reagieren oder innovative Produkte in entsprechender Qualität kostengünstig und zeitnah auf den Markt zu bringen.

Flexibilität

- **Marktchancen**

    Durch Unternehmensnetzwerke können neue Märkte und Marktpotenziale erschlossen werden. Die kooperierenden Unternehmen nutzen dazu **zeitlich begrenzte Marktchancen**, indem sie durch gemeinsame **Projektarbeit** Produkte oder Dienstleistungen erstellen und vermarkten. Oft gelingt dies nur durch den bereits erfolgten Marktzugang eines der Partnerunternehmen, welches die Netzwerkpartner an seinen Kontakten partizipieren lässt.

Marktchancen

- **Offenheit**

    Unternehmen haben Zugang zu einem bestehenden Unternehmensnetzwerk, soweit sie die entsprechenden Voraussetzungen erfüllen. Meist ist jedoch eine Neuaufnahme von den bereits etablierten Netzwerkpartnern zu beschließen, um die vorhandene **Vertrauensbasis** nicht zu gefährden.

Offenheit

- **Kostensenkung**

    Unternehmensnetzwerke bieten **Kostensenkungspotenziale**. So bringt die Konzentration auf **Kernkompetenzen** signifikante Kostenvorteile mit sich. Durch eine Zusammenarbeit ohne feste Strukturen ergeben sich nur geringe zusätzliche Verwaltungskosten. Aufgrund der Möglichkeit, Mitarbeiter entsprechend ihren Kernkompetenzen einzusetzen und auch gegenseitig auszutauschen, kann ggf. eine Personalreduktion erfolgen. Die Markterschließungs-

Kostensenkung

und Transaktionskosten (Kosten des Informations- und Kommunikationsaustausches) können reduziert werden. Durch den Verzicht auf zentrale Managementfunktionen kommt ein Unternehmensnetzwerk mit einem geringen Verwaltungsoverhead innerhalb der Partnerorganisationen aus.

- **Ressourcenzugang und Ressourcennutzung**

Ressourcen Unternehmensnetzwerke sollen allen Mitgliedsunternehmen einen einfacheren Zugang zu fremden bzw. schwer transferierbaren Ressourcen ermöglichen und deren effiziente Nutzung bewirken. Die Ressourcen Entwicklungskapazität, Produktionskapazität und Zugang zu den Distributionskanälen werden zusammengeführt, um Entwicklungs- und Lieferzeiten sowie Markteintrittsbarrieren zu senken um so schnell wie möglich auf technologischen Wandel oder sich ändernde Kundenbedürfnisse reagieren zu können.

- **Transfer**

Transfer Sämtliche Mitglieder innerhalb eines Unternehmensnetzwerkes können voneinander profitieren, wenn ein aktiver **Know-how-Transfer** gepflegt wird. Weiters besteht die Möglichkeit des **inter-organisationalen Lernens** (intercompany learning). Das unternehmerische Denken und Handeln wird gefördert, da sich die Mitarbeiter durch den ständigen Erfahrungsaustausch mit anderen Unternehmen in einem kontinuierlichen Lernprozess befinden. Lernkurven können so drastisch verkürzt werden.

- **Größe**

Größe Die Aufteilung von Markterschließungskosten auf die Mitgliedsunternehmen der Unternehmensnetzwerke senkt die **Markeintrittsbarrieren** für die Mitglieder. Auch kleineren Unternehmen wird durch den Verbund oftmals erst der Markteintritt ermöglicht. Ein Unternehmen kann so, obwohl es relativ klein bleibt, eine erhebliche virtuelle Größe erreichen.

- **Unternehmenscluster**

Cluster Regionale Cluster lassen sich in Anlehnung an Porter (1998) als geografische/regionale Konzentrationen miteinander verbundener Unternehmen, spezialisierter Zulieferer, Dienstleistungsanbieter sowie Unternehmen verwandter Branchen und Institutionen charakterisieren. Ein wesentliches Definitionsmerkmal besteht im hohen Ausmaß zwischenbetrieblicher **Interaktion,** ein weiteres Merkmal besteht in der regionalen **Konzentration** der miteinander verbundenen Unternehmen und Institutionen in einem bestimmten Wirtschaftszweig.

Entwicklung Bei der Suche nach Synergiemöglichkeiten werden zunächst **Leitbetriebe** identifiziert, mit deren Vertretern Stärken und Schwächen sowie Chancen und Risiken des Cluster-Bereichs erarbeitet werden. Parallel dazu werden andere relevante Unternehmen und Forschungseinrichtungen kontaktiert, um die Zukunftsaussichten, Ziele, Potenziale und Verbesserungsansätze zu diskutieren. Folgende zentrale Synergie-Ideen von Clustern können identifiziert werden:

- **Information und Kommunikation:** Verbesserung der Datenbasis, laufendes Update mit Hilfe moderner Informationstechnologien
- **Kooperation:** beispielsweise gemeinsame strategische Investitionen, gemeinsame Forschungs- und Logistikprojekte, gemeinsame Vertriebsgesellschaften
- **Inter-Company-Learning:** hierfür existiert eine breite Palette von Möglichkeiten – vom Erfahrungsaustausch bis zur Bildung von Lieferanten-Clubs
- **Öffentlichkeitsarbeit und Lobbying:** Bedeutung und Vorteile des Clusters soll durch gezielte PR und gezieltes Lobbying kommuniziert werden

- **Beratung und Coaching**

Im Zusammenhang mit **Gründungsberatung** ist auf der (halb)öffentlichen Angebotsseite insbesondere das Leistungsangebot der **Wirtschaftskammer Österreich** zu nennen. Mit dem Gründercorner und der Erstberatung stehen kostenlose Angebote zur Verfügung. Vertiefende Beratungsmaßnahmen für Gründer und Übernehmer werden in kostenpflichtiger – aber mit Zuschüssen gestützter – Form angeboten. Die Angebote der WIFI-Jungunternehmer-Akademien richten sich an bereits existierende Unternehmen. Auch das Unternehmensgründungsprogramm des AMS ist ein typisches mehrmonatiges Beratungs- und Trainingsprogramm. Beratung i.w.S. bieten auch Behördenstellen wie Finanzamt und Gebietskrankenkassen durch Auskünfte, Folder und Informationsmaterialien an.

Beratung

Coaching ist eine qualitativ hochwertige Form von Beratung, weil sie individueller auf den Begünstigten zugeschnitten ist und Begleitung in der Praxis bietet. Je intensiver und fortgeschrittener die Gründungsüberlegungen, desto häufiger werden individuelle Coachingleistungen nachgefragt. Coaching kann einerseits auf persönliche Fragestellungen fokussieren (z.B. Klärung der Entscheidung zum Selbständigwerden), andererseits auch auf Probleme wie Zielklärung und Konfliktbehandlung im Gründungsteam oder im Zuge eines Übergabe-Übernahme-Prozesses, Führungsprobleme im Unternehmen etc.

Coaching

- **Aus- und Weiterbildung**

Die Kompetenzen der Unternehmer und ihrer Teams stellen einen Schlüsselfaktor für unternehmerischen Erfolg dar. So wird z.B. von über 90% befragter o.ö. Jungunternehmer Weiterbildung als (sehr) wichtig für die Erreichung ihrer geschäftlichen Ziele angesehen (Kailer/Stockinger 2007b). Ausbildungs- und Weiterbildungsmaßnahmen sind oft mit Zuschussförderungen der öffentlichen Hand kombiniert. Klassische Aus- und Weiterbildungsmaßnahmen, die direkt von einer Förderstelle angeboten werden, sind eher selten (wobei sich hier die Problematik der Grenzziehung zur Beratung stellt und in gewisser Weise die Gründungs- und Übernahmeberatungsmodule der WKO durchaus Aus- und Weiterbildungscharakter aufweisen). Die **Förderung von Angeboten** des freien Marktes bietet den Vorteil, dass sich staatliche Institutionen nicht um die

Weiterbildung

Organisation und Abhaltung von Aus- und Weiterbildungsmaßnahmen kümmern müssen.

7.3 Abgrenzung nach Förderungsgeber

7.3.1 Nationale Förderungen

Nationale Förderungen

In Österreich hat sich um die frühen Phasen der Unternehmensentwicklung ein umfassendes Förderangebot entwickelt. Auf nationaler Ebene können verschiedene Kategorien von Förderungen in Anspruch genommen werden.

Förderungsrichtlinien

Nach dem KMU-Förderungsgesetz 2006 wurden mit Wirkung 1.1.2007 zwei neue Förderungsrichtlinien in Kraft gesetzt: die **„Jungunternehmer- und Innovationsförderung für KMU – Prämienförderung"** und die **„Jungunternehmer- und Innovationsförderung für KMU – Haftungsübernahmen"**. Diese neuen Richtlinien bildeten die Basis für folgende KMU-Förderungsprogramme:

a) **Förderungsprogramme speziell für Jungunternehmer, Gründer, Übernehmer und Unternehmen in der Startphase:**

– Jungunternehmerförderung
– Gründungs-/Nachfolgebonus
– Eigenkapitalgarantien
– Double-Equity-Garantiefonds
– Seedfinancing für High-Tech-Unternehmen

b) **Förderungsprogramme für KMU:**

– KMU-Innovationsförderung „Unternehmensdynamik"
– Mikrokredite für kleine Unternehmen
– KMU-Stabilisierung (zuvor KMU-Restrukturierung)
– KMU-Haftungen
– KMU-Innovationsschutzprogramm
– ERP-KMU-Kredit

Als wesentliche Ergänzung zu den bisher angebotenen Förderungsprogrammen wurde zusätzlich zur „KMU-Innovationsförderung Unternehmensdynamik", die sich an KMU mit innovativen Projekten (= Investitionen, die einen wirtschaftspolitischen Schwerpunkt erfüllen) richtet, das neue Programm **„KMU-Haftungen"** geschaffen. Mit diesem Programm werden Haftungsübernahmen für Kredite zur Finanzierung von Wachstumsinvestitionen und Unternehmensübernahmen/-nachfolgen sowie für Betriebsmittelkredite angeboten.

Antrag auf Förderung

Bei der Beantragung von Förderungen ist zu beachten:

● Bei den meisten Förderaktionen handelt es sich um reine Investitionsförderungen

● Die Vergabe erfolgt in der Regel nach banküblichen Sicherungen

- Es besteht kein Rechtsanspruch auf geförderte Kredite

- Förderanträge sind unter Berücksichtigung der Bearbeitungsdauer rechtzeitig vorher bei der Hausbank einzureichen (Antragsstichtag)

- Anträge für Förderungen müssen vor Durchführung der Investitionen gestellt werden. Nach Zusage der Förderung ist ein Verwendungsnachweis zu erstellen (Rechnungen, Zahlungsbelege), um die Förderung ausbezahlt zu bekommen.

7.3.2 Leistungen der Austria Wirtschaftsservice GmbH (AWS)

Die AWS befindet sich als Spezialbank des Bundes für unternehmensbezogene Wirtschaftsförderung zu 100% im Besitz der Republik Österreich. Das Bundesministerium für Finanzen agiert als Eigentümervertreter und stellt, gemeinsam mit dem Bundesministerium für Wirtschaft und Arbeit, den wichtigsten Auftraggeber dar. **Spezialbank**

Das Austria Wirtschaftsservice (AWS) ist ein wichtiger Ansprechpartner für Unternehmer. Das AWS vergibt nicht nur Zuschüsse und zinsgünstige Kredite (ERP-Fonds), sondern übernimmt darüber hinaus auch die Haftungen für Kredite bei Projekten im In- und Ausland. 2006 wurden Förderungen mit einer Gesamtsumme von € 1,3 Mrd. vergeben. Auch für 2007 zeichnete sich eine anhaltende Nachfrage nach den Förderungen der AWS ab.[6] **Bundesförderungen**

7.3.2.1 AWS-Jungunternehmer/innen-Förderungsaktion (2007–2013)

Als **Förderungswerber** kommen Jungunternehmer (JU) in Betracht, die folgende Kriterien erfüllen:

- JU gründen oder übernehmen erstmals ein kleines Unternehmen (bei Übernahmen muss die Mehrheit, d.h. mehr als 50% übergeben werden) und führen das Unternehmen tatsächlich bzw. bei Gesellschaften sind sie mit mind. 25% beteiligt und üben die Funktion des/der handelsrechtlichen Geschäftsführers/in/aus; die Unternehmensgründung/-übernahme kann längstens 3 Jahre vor Einreichung des Förderansuchens liegen.

- JU geben eine eventuelle bisherige unselbständige Tätigkeit auf (gänzlich, d.h. kein Beruf nebenbei).

Förderungszweck: Förderung der Gründung (= Neugründung bzw. Übernahme) von wettbewerbsfähigen, wirtschaftlich selbständigen kleinen Unternehmen (mit Ausnahme von Unternehmen der Tourismus- und Freizeitwirtschaft).

Förderungsgegenstand: Materielle Investitionen (z.B. Maschinen, Werkzeuge, IT-Hardware, Betriebsgebäude, Büroeinrichtung), immaterielle Investitionen (z.B. Rechte, Lizenzen, Marketing), Übernahmekosten (= Übernahme von bestehenden Investitionen und Unternehmenskäufe), Betriebsmittel (laufender projektnotwendiger Aufwand). Es können sowohl eigenfinanzierte als auch fremdfinanzierte (inkl. leasingfinanzierte) Investitionen gefördert werden.

---

6   Stand 2006, Quelle: www.awsg.at [2008].

Ausgeschlossen sind Vorhaben, mit deren Durchführung *vor* Einbringung des Förderansuchens begonnen wurde, Vorhaben von Unternehmen, die unter geschützten Konkurrenzbedingungen tätig sind, sowie Vorhaben in Bereichen mit Überkapazitäten (soweit dadurch nicht Überkapazitäten nachhaltig verringert werden). Keine Zuschüsse (**nur Haftungen**) gibt es für den Ankauf von unbebauten Grundstücken (anteilige Grundstückskosten gibt es beim Ankauf bebauter Liegenschaften), Finanzierung von Betriebsmitteln, Fahrzeuge, die überwiegend Transportzwecken dienen, Übernahmekosten, weiters für Projekte, deren Förderungshöhe weniger als 4% der förderbaren Gesamtkosten ergibt.

7.3.2.2 AWS-Gründungsbonus (2007–2013)

Für eine Förderung kommen JU in Betracht, die folgende **Voraussetzungen** erfüllen:

- Sie sind erstmals wirtschaftlich selbständig tätig („erstmals" ist auch dann erfüllt, wenn eine selbständige Tätigkeit länger als 5 Jahre vor der Unternehmensgründung zurückliegt), d.h. sie gründen ein Unternehmen,

- sie führen das Unternehmen tatsächlich (keine „Arbeitsgesellschafter"),

- bei Gesellschaften sind sie mit mind. 25% beteiligt,

- sie üben die Funktion des/der handelsrechtlichen Geschäftsführers/in aus,

- sie geben eine eventuelle bisherige unselbständige Tätigkeit auf (gänzlich, d.h. kein Beruf nebenbei),

- sie gründen ein gewerbliches Unternehmen mit weniger als 50 MA und max. € 10 Mio. Umsatz.

Die förderbare Sparleistung kann innerhalb eines Ansparzeitraumes von mindestens einem und höchstens 6 Jahren vor der Gründung eines Unternehmens erbracht werden.

Förderungszweck: Förderung der Neugründung von wettbewerbsfähigen, wirtschaftlich selbständigen kleinen Unternehmen durch Jungunternehmer.

Förderungsgegenstand: Ansparen von Eigenkapital, wenn dieses bei Gründung in das Unternehmen eingebracht und für betriebliche Aufwendungen verwendet wird.

Dauer der Ansparphase

Mindestanspardauer ist ein Jahr (ab Anmeldung, diese erfolgt üblicherweise über das Kreditinstitut, bei dem gespart wird). Es gibt keine Mindestansparsumme, die Höchstansparsumme pro Jahr liegt bei 25.000 Euro bzw insgesamt 60.000 Euro (Kapital + Zinsen), wobei der Bonus hier bei € 8.400 liegt. Die Sparform kann frei gewählt werden (Ausnahme: geförderte Sparformen, z.B. Bausparen), wobei Änderungen der Sparform während der Ansparphase möglich sind.

Ausgeschlossen sind Vorhaben

- mit deren Durchführung vor Anmeldung zum Gründungssparen begonnen wurde,

- von Unternehmen, soweit diese unter geschützten Konkurrenzbedingungen tätig sind,

- in Bereichen mit Überkapazitäten, soweit diese nicht nachhaltig zur Verringerung der Überkapazitäten beitragen.

Die Unternehmensgründung darf nicht länger als 3 Jahre vor Einreichung des Förderansuchens zurückliegen.

Art und Ausmaß der Förderung: Gründungsbonus von 14%

Anmerkung: Nähere Informationen www.gruendungsbonus.at

Einreichung: Austria Wirtschaftsservice GmbH

7.3.2.3 AWS-Eigenkapitalgarantien (2007–2013)

Zielsetzung ist die langfristige Verbesserung der Finanzierungsstruktur kleiner und mittlerer Unternehmen. **Förderungszweck**

Antragsberechtigt sind KMU aller Branchen außer Unternehmen der Tourismus- und Freizeitwirtschaft. **Förderungswerber**

Gefördert werden Beteiligungen an jungen KMU, die vor maximal 5 Jahren gegründet bzw. übernommen wurden, in Form von GmbH-Anteilen, Aktien, Kommanditeinlagen oder sonstigen Einlagen mit Eigenkapitalcharakter, die folgende Voraussetzungen erfüllen: **Förderungsgegenstand**

- Die Beteiligungen erfolgen in Form zusätzlicher Barmittel

- Die Beteiligungen am Gesellschaftskapital betragen max. 50% (Minderheitsbeteiligung)

- Die Beteiligungen haben eine Laufzeit von max. 10 Jahren, werden ertragsabhängig verzinst und sind im Insolvenzverfahren nachrangig

- Bei Beteiligungen in Form von Kommanditeinlagen oder atypisch stillen Einlagen ist eine Verlustzuweisung ausgeschlossen

Ausgeschlossen sind Beteiligungen von Geschäftsführern, Vorstandsmitgliedern sowie deren nahen Verwandten. Der Förderantrag muss vor Abschluss des Beteiligungsvertrages gestellt werden **Ausschlussgründe**

Gedeckt wird das Risiko des Beteiligungsgebers bei Insolvenz des KMU **Art und Ausmaß der Förderung**

- bei Beteiligungen natürlicher Personen (einschließlich Mitarbeitern) bis zu 100% für Beteiligungsbeträge bis 20.000 Euro pro Kapitalgeber (sofern ein gleich hoher ungarantierter Betrag eingebracht wird), bis zu 50% für darüber hinausgehende Beteiligungsbeträge,

- bei Beteiligungen aller übrigen Kapitalgeber bis zu 50% des Beteiligungsbetrages.

Der garantierte Beteiligungsbetrag beträgt max. 1 Mio. Euro pro KMU mit einer Garantielaufzeit von bis zu 10 Jahren. Das Haftungsentgelt (mind. 0,6% p.a) wird berechnet vom Beteiligungsbetrag, im Ausmaß der Garantiequote (bei institutionellen Kapitalgebern wie z.B. Beteiligungsfonds zusätzlich erfolgsabhängiges Garantieentgelt). Ein Bearbeitungsentgelt fällt an i.H.v. 0,5 % des Beteiligungsbetrages, mindestens 75 Euro pro KMU. Weiters ist ein Promessenentgelt i.H.v. 0,2 % (bei Projektprüfung vor Bekanntsein der Kapitalgeber) des Beteiligungsbetrages im Ausmaß der Garantiequote zu entrichten.

7.3.2.4 AWS Double Equity Garantiefonds (2007–2013)

Förderungsgegenstand

Finanzierung der Gründungs- bzw. Frühphase von kleinen und mittleren Unternehmen in allen Branchen (Ausnahme Tourismus- und Freizeitwirtschaft). Um die Eigenkapitalausstattung zu fördern, verdoppelt die AWS das eingebrachte Kapital im Rahmen des Double-Equity-Programms durch Übernahme einer Haftung für einen Bankkredit in Höhe des eingebrachten Eigenkapitals.

Art und Ausmaß der Förderung

Übernommen wird eine **Kreditbürgschaft** für bis zu 80 % des Kreditbetrages und bis zu einem Kreditbetrag von 1,875 Mio. Euro pro KMU. Die Höhe des Kredites ist mit dem Betrag des projektbezogenen einbezahlten Eigenkapitals begrenzt. Die Laufzeit kann bis zu 10 Jahre betragen, längere tilgungsfreie Zeiträume sind möglich, Sicherheiten sind seitens des Unternehmens nicht nötig (keine persönliche Haftung).

Bürgschaftsentgelt mind. 1 % p.a. des verbürgten Kreditbetrages fix. Bearbeitungsentgelt einmalig 0,5 % des Kreditbetrages. Erfolgsabhängig zusätzlich mind. 1 % p.a. des verbürgten Kreditbetrages ab etwa der Mitte der Laufzeit und soweit im Jahresgewinn des Unternehmens gedeckt.

Ausschlussgrund

Die Einreichung muss *vor* Beginn des Vorhabens über das finanzierende Kreditinstitut (Hausbank) erfolgen. Die Gründung bzw. Übernahme des Unternehmens darf nicht länger als 5 Jahre zurückliegen.

7.3.2.5 AWS Seedfinancing

Mit dem AWS „Seedfinancing" Darlehen wird die Gründung von Unternehmen mit außerordentlich innovativen Vorhaben gefördert (patentfähige Neuheit, Umsetzung forschungsintensiver Projekte).

Förderungswerber

Physische und natürliche Personen, die ein Unternehmen im Bereich der gewerblichen Wirtschaft gründen bzw. aufbauen, können diese Unterstützung in Anspruch nehmen. Ausgeschlossen sind Unternehmen mit mehr als 25 Beschäftigten sowie Unternehmen, an denen größere Unternehmen mit über 25 % beteiligt sind.

Förderungszweck

Förderung von Unternehmensgründungen im Bereich neuer Technologien mit herausragendem Produkt-, Dienstleistungs- und Verfahrens-Know-how.

Förderungsgegenstand

Kosten, die im Rahmen der Gründung und des Unternehmensaufbaues eines bis zu 6 Jahren bestehenden Unternehmens entstehen (Markterschließungs-, Gründungs-, Personalkosten, Beratungskosten, Konzept- und Studienkosten, Betriebsmittel, Sachinvestitionen).

Art und Ausmaß der Förderung

Kostenlose Beratung und Betreuung durch einen AWS Investment-Manager (nur in der Detailprüfungsphase kostenpflichtig, wenn kein Finanzierungsvertrag zustande kommt). Dem Unternehmen wird ein langfristiges, nachrangiges Darlehen zur Verfügung gestellt. Tilgung und Zinszahlung erfolgen gewinnabhängig; d.h. solange kein Gewinn entsteht, gibt es auch keine Rückzahlung. Das Seedfinancing-Darlehen verbrieft keine Anteile am Vermögen des Unternehmens. Die Laufzeit ist zeitlich begrenzt, weiters sind keine üblichen Sicherheiten erforderlich. Insgesamt können maximal 1,0 Mio. Euro gefördert werden, weiters profitieren Interessenten von den Beratungs- und Betreuungsleistungen.

Ein allfälliger Gewinn wird für die Rückführung des Seedfinancing-Darlehens verwendet. Seedfinancing sieht im Idealfall eine halbjährliche Rückzahlung innerhalb der planmäßigen Laufzeit von 10 Jahren vor, ein tilgungsfreier Zeitraum ist nach Vereinbarung möglich.   **Rückzahlungsmodalitäten**

Vorteile für das Unternehmen sind:

- Liquiditätsentlastung durch verzögerte Rückzahlung des Darlehens

- Keine zusätzlichen dinglichen Sicherheiten

- Steuerlicher Vorteil: Die gewinnabhängige Tilgung des Darlehens ist wie Kreditzinsen als Betriebsausgabe absetzbar

Einreichung: direkt bei der Austria Wirtschaftsservice GmbH

7.3.2.6 AWS-KMU-Innovationsförderung Unternehmensdynamik (2007–2013)

Bestehende und neugegründete KMU aller Branchen (Ausnahme: Tourismus- und Freizeitwirtschaft).   **Förderungswerber**

Förderungszweck ist die Stärkung des Wachstums- und Innovationspotenzials von bestehenden und neu gegründeten kleinen und mittleren Unternehmen aller Branchen (außer Tourismus- und Freizeitwirtschaft).

Förderungsgegenstand sind materielle (Maschinen, Werkzeuge, Bau, Büromöbel etc.) und immaterielle Investitionen (z.B. Rechte, Lizenzen, Marketing) sowie Betriebsmittel.

Ausgeschlossen sind Vorhaben

- mit deren Durchführung vor Einbringung des Förderungsansuchens begonnen wurde,

- deren förderbare Kosten den Betrag von 25.000 Euro unterschreiten (diese können in der Aktion „Mikrokredite" mit Haftungen gefördert werden),

- von Unternehmen, soweit diese unter geschützten Konkurrenzbedingungen tätig sind,

- in Bereichen mit Überkapazitäten, soweit diese nicht nachhaltig zur Verringerung der Überkapazitäten beitragen,

- die keine plausiblen Erfolgschancen haben und/oder eine nachhaltige positive Unternehmensentwicklung nicht erwarten lassen.

Ausschließlich durch Haftungen (somit nicht mit Zuschüssen/Prämien) förderbar sind

- der Ankauf von Grundstücken und Bauten,

- der Ankauf gebrauchter Investitionsgüter (inkl. Betriebsmittel, die bei einer Unternehmensübernahme miterworben werden),

- Ersatzinvestitionen (Ersatz bereits abgeschriebener Anlagen),

- Fahrzeuge (inkl. Zubehör), die auch Transportzwecken dienen,

- Projekte, deren Förderhöhe weniger als 4% der förderbaren Gesamtkosten ergibt.

Förderkriterien für Zuschüsse

- Erzeugung/Erbringung neuer innovativer bzw. qualitativ höherwertiger Produkte/Dienstleistungen

- Anwendung/Einsatz neuer Technologien

- Aufbau von Kooperationen, Cluster- u. Netzwerkbildungen

- Erhaltung bzw. Stärkung der Nahversorgung unter besonderer Berücksichtigung der regionalen Wirtschaftsstruktur des ländlichen Raumes

Basisprämie: Zuschuss 5%

Plusprämie: Zuschuss bis zu 10%, insgesamt somit 15% (bei nur teilweiser Erfüllung der Kriterien erfolgt eine Abstufung der Förderhöhe):

- Bei Vorhaben mit außergewöhnlich hohem Innovations- sowie Wachstumspotenzial.

- Die mit Prämie geförderte Investition beträgt max. 750.000 Euro pro KMU und Jahr.

- Die Auszahlung der Zuschüsse erfolgt in 2 gleich hohen Teilbeträgen.

Bürgschaften/Garantien

- für **Investitionskredite** – max. 2,5 Mio. Euro, Haftungsquote 80%

- für **Betriebsmittelkredite** im Zusammenhang mit Investitionen: max. 1 Mio. Euro, Haftungsquote 80%

- Bürgschafts-/Garantielaufzeit: für Investitionskredite bis 10 Jahre, für Betriebsmittelkredite 5 Jahre

- Bürgschafts-/Garantieentgelt: ab 0,6% p.a. (Betriebsmittelkredite: 2%); Bearbeitungsentgelt: 0,5% vom Finanzierungsbetrag

- für Kredite bis zu 75.000 Euro verzichtet die AWS auf dingliche Sicherheiten (Ausnahme: persönliche Haftung)

7.3.2.7 AWS-Mikrokredite für kleine Unternehmen (2007–2013)

Eine Förderung für kleine Unternehmen ist der Mikrokredit (mit Ausnahme von Unternehmen in der Tourismus-und Freizeitwirtschaft). Die förderbaren Kosten für Betriebsmittel und/oder Investitionen dürfen maximal 25.000 Euro betragen.

Mikrokredit

Förderungszweck: Erleichterung des Zugangs von Kleinbetrieben zu Fremdmitteln.

Förderungsgegenstand: Investitionen, Betriebsmittel.

Ausschlussgrund: Der Antrag muss vor Durchführungsbeginn des Vorhabens eingereicht werden.

Art und Ausmaß der Förderung: Bürgschaftsübernahme durch die AWS, Bürgschaftsquote: 80%, Laufzeit: 10 Jahre (max. 20 Jahre) für Investitionen und bis zu 5 Jahre für Betriebsmittel. Durch Inanspruchnahme der Förderung werden die Zinssätze für das finanzierende Kreditinstitut begrenzt.[7]

7.3.2.8 AWS-Programm Stabilisierung von KMU (2007–2013)

Förderungswerber: Gefährdete, aber nicht zahlungsunfähige KMU.

Förderungszweck: Unterstützung von Maßnahmen im Zusammenhang mit Unternehmensstabilisierungen, welche langfristige Erfolgschancen für das Unternehmen sichern, der Erhaltung von Arbeitsplätzen dienen und unter Mitwirkung des Unternehmens und der involvierten Gläubiger erfolgen.

Förderungsgegenstand: Stabilisierungsmaßnahmen

Ausgeschlossen sind Vorhaben

- deren Durchführung vor Förderantrag begonnen wurde,
- deren förderbare Kosten 100.000 Euro unterschreiten,
- von Unternehmen mit weniger als 20 Mitarbeitern,
- von Unternehmen in „geschützten Konkurrenzbedingungen",
- in Bereichen mit Überkapazitäten.

Art und Ausmaß der Förderung: Übernahme von Garantien/Bürgschaften bis zu einem AWS-Obligo von 1 Mio. Euro (Bürgschaftsquote: bis 80% des Kreditbetrages).

Voraussetzung ist die aktive Mitwirkung des Unternehmens und der wesentlichen Kapitalgeber zur Restrukturierung des Unternehmens. Garantieentgelt und Bearbeitungsentgelt werden verrechnet.

---

7   Die jeweils aktuellen Zinssätze sind über die Homepage des AWS (www.awsg.at) abrufbar.

7.3.2.9 Technologietransfer Pro Trans

Förderungszweck: Forschungs-, Entwicklungs- und Technologietransferprojekte mit stark ausgeprägter Kooperationskomponente, die

- zur Verbesserung von Unternehmensstrategien und der Optimierung der Produktportfolios dienen,
- zur Einführung von Methoden zur Produktfindung dienen und
- Produkt- und Verfahrensinnovationen (Neuheiten) auslösen.

Förderungsgegenstand:

- Personalkosten der Forscher/Techniker, soweit diese mit dem Projekt beschäftigt sind, wobei bis zu 20% Gemeinkostenaufschlag anerkannt werden können. Für Geschäftsführer, deren Personalkosten nicht direkt nachweisbar sind (Entnahmen), wird ein Satz von € 30,– pro Stunde zur Berechnung herangezogen.
- Kosten für Beratung, die ausschließlich der Entwicklungs- oder Transfertätigkeit dienen (Drittleistungen) mit einem förderbaren Stundensatz bis zu € 100,– exklusive USt.
- Kosten für technische Durchführbarkeitsstudien zur Vorbereitung der industriellen Forschung oder der experimentellen Entwicklung.
- Sonstige Betriebskosten (Sachkosten): Verbrauchsmaterialien für F&E-Aktivitäten, Reisekosten, die unmittelbar durch die Forschungs-, Entwicklungs- oder Transfertätigkeiten entstehen.

Art und Ausmaß der Förderung:

Definitionsphase: maximale Förderung € 50.000,–; Förderintensität: maximal 50% der förderbaren Kosten; Dauer der Definitionsphase: maximal 8 Monate.

Umsetzungsphase: Förderintensität maximal 35% der förderbaren Kosten; gesamt (Definitions- und Umsetzungsphase): minimale förderbare Kosten: € 40.000,–; maximale Förderung: € 300.000,–.

7.3.3 Tourismus – Unternehmensneugründungen und -übernahmen

Gefördert werden Jungunternehmer, also physische Personen,

- die (a) ein kleines Unternehmen der gewerblichen Wirtschaft oder (b) ein kleines Unternehmen, das technische Dienstleistungen oder Infrastrukturdienstleistungen für Unternehmen gemäß Punkt a) erbringt, gründen oder übernehmen,
- dieses in der Folge zu einem wesentlichen Teil leiten,
- die während der letzten fünf Jahre vor der Gründung bzw. Übernahme des Unternehmens nicht wirtschaftlich selbständig waren
- und die eine bisherige unselbständige Tätigkeit aufgeben.

Bei juristischen Personen sowie sonstigen Gesellschaften des Handelsrechts kann als Förderungswerber auftreten, wer mit mindestens 25% direkt beteiligt und zur Geschäftsführung und Vertretung berechtigt und verpflichtet ist. Bei Übernahme einer juristischen Person oder sonstigen Gesellschaft des Handelsrechts muss der Jungunternehmer zumindest mit 50% beteiligt und zur Geschäftsführung berechtigt sein. JungunternehmerInnen müssen über ausreichende persönliche **Qualifikationen** (z.B. entsprechende Ausbildung, berufliche Erfahrung) verfügen, die eine auch längerfristige erfolgreiche Unternehmensführung erwarten lassen.

Förderbar sind immaterielle und materielle Kosten, die im Zusammenhang mit einer Unternehmensgründung oder -übernahme entstehen. Sachliche Voraussetzung ist neben der Erfüllung der persönlichen Voraussetzungen die Mitgliedschaft zur Sektion Tourismus- und Freizeitwirtschaft der Wirtschaftskammer. Bemessungsgrundlage sind die förderbaren Investitionskosten, die durch Rechnungen und Zahlungsbelege nachzuweisen sind. Die Höhe des Zuschusses beträgt bei immateriellen Kosten 25% (Einmalzuschuss), bei materiellen Kosten 5% (Einmalzuschuss) oder ein Startkapital i.H.v. 25% der förderbaren Kosten. Das Eigenkapital hat 25% der Gesamtkosten zu betragen. Das Startkapital kann bis zu 3 Jahre nach der Gründung/Übernahme beantragt werden. Das Ansuchen muss jedoch immer vor Projektbeginn bei der ÖHT (Österreichische Hotel- und Tourismusbank Ges.m.b.H.) einlangen. Auf Bundeslandebene kann eine Anschlussförderung erfolgen. Sachliche Voraussetzung dafür ist eine positive Förderungsentscheidung der AWS im Rahmen der JungunternehmerInnen Förderungsaktion.

7.3.4 Unternehmensgründung aus der Arbeitslosigkeit

Das Arbeitsmarktservice (AMS) unterstützt **arbeitslose Personen** bei der Neugründung existenzfähiger Betriebe und der Schaffung von Arbeitsplätzen. Der Weg zur Selbständigkeit wird in **vier Phasen** unterteilt:

Arbeitsmarktservice

1. **Klärungsphase:** Abklärung der Realisierbarkeit der Unternehmensidee und Prüfung der persönlichen Voraussetzungen

2. **Vorbereitungsphase:** Einstieg in das Gründungsprogramm – begleitende Unternehmensberatung und Qualifizierung

3. **Realisierungsphase:** Aufnahme der selbständigen Erwerbstätigkeit

4. **Nachbetreuungsphase:** Unternehmens-Check-up des neu gegründeten Unternehmens durch einen Unternehmensberater

Die Teilnahme am Unternehmensgründungsprogramm ist an folgende **Voraussetzungen** gebunden:

● Arbeitslosigkeit muss gegeben sein (unabhängig von einem Leistungsbezug)

● Es besteht die Absicht, sich selbständig zu machen

● Eine konkrete Projektidee liegt vor

● Eine für die Unternehmensgründung entsprechende berufliche Eignung ist gegeben

Anspruchsberechtigt sind auch jene Personen, die im Rahmen einer **Arbeitsstiftungsmaßnahme** ein eigenes Unternehmen gründen.

Förderungsgegenstand: Die Gründungsinteressierten können eine Gründungsberatung bei einem Beratungsunternehmen, das mit dem AMS kooperiert, in Anspruch nehmen. Darüber hinaus besteht die Möglichkeit, erforderliche Qualifikationen zu erwerben. Die Kosten für die Unternehmensberatung und die Weiterqualifizierung trägt das AMS. Darüber hinaus wird unter gewissen Voraussetzungen für die Dauer der Teilnahme am Programm die finanzielle Absicherung gewährleistet.

Art und Ausmaß der Förderung: Das Unternehmensgründungsprogramm erstreckt sich in der Regel über einen Zeitraum von 6 bis maximal 9 Monaten.

7.3.5 Regionale Fördermodelle (Beispiel Oberösterreich)

Entsprechend der Zielsetzung des vorliegenden Buches sollen nachfolgend Gründungsförderungen mit speziellem Oberösterreich-Bezug kurz dargestellt werden.

7.3.5.1 OÖ Unternehmensbeteiligungsgesellschaft (UBG)

UBG   Der **Gründerfonds** in OÖ wurde auf Initiative der JW OÖ im Jahr 1996 durch das Land OÖ ins Leben gerufen. Es handelt sich um eine **Förderaktion des Landes Oberösterreich**, die durch die OÖ Unternehmensbeteiligungsgesellschaft mbH (UBG) treuhändig abgewickelt wird. Die Geldmittel für Beteiligungen stammen ausschließlich vom Land Oberösterreich. Die an der OÖ UBG beteiligten Kreditinstitute gewähren darüber hinaus einen zinsbegünstigten, mindestens zwei Jahre tilgungsfreien Anschlusskredit in Höhe des gewährten Beteiligungsvolumens. Die OÖ Unternehmensbeteiligungsgesellschaft stellt Unternehmen **Beteiligungskapital** zur Verfügung, um deren Eigenkapitalausstattung zu verbessern. Als Beteiligungsnehmer kommen kleine Unternehmen im Sinne der EU-Definition in Betracht, die Mitglieder der WK OÖ sind bzw. werden. Das von der UBG zur Verfügung gestellte Beteiligungskapital ist für die Finanzierung von Betriebsneugründungen bzw. -übernahmen und bei bestehenden Unternehmen für die Finanzierung von innovativen bzw. technologischen Entwicklungen und Investitionen, Betriebsmitteln sowie wesentlichen Strukturverbesserungen zweckgewidmet.

Förderungszweck: Das Beteiligungskapital soll Unternehmen, welche eine Erweiterung ihrer Eigenkapitalbasis aus betriebswirtschaftlichen Gründen benötigen, längerfristig Hilfestellung gewähren.

Förderungsgegenstand: Finanzierung von Strukturänderungen, innovative Entwicklungen, Betriebsgründungen und -übernahmen, Marktwachstumsprojekte und -phasen

Ausschlussgrund: Sanierungsfinanzierungen, ungünstige Kapitalstruktur durch ungerechtfertigte Kapitalentnahmen oder Kapitalausschüttungen

Art der Beteiligung: Es handelt sich um eine echte stille Beteiligung, jedoch ist in Ausnahmefällen auch eine unechte stille Beteiligung möglich, z.B. Kommandit-Anteile, GmbH- und AG-Anteile – nur Minderheitsbeteiligung

Höhe der Beteiligung: 7.200 Euro bis 36.000 Euro

Dauer der Beteiligung: Laufzeit individuell zu vereinbaren, mindestens 5 Jahre, höchstens 10 Jahre, möglich ist eine stufenweise Abschichtung spätestens in der zweiten Laufzeithälfte

Kosten und Gebühren: Einmalige Kosten – pauschale Bearbeitungsgebühr an die UBG in Höhe von 360,– Euro

Kreditbearbeitungsgebühr von 0,5 % an das Kreditinstitut. Laufende Kosten: jährlicher Verwaltungskostenbeitrag von 75 Euro, Gewinnanteil ab dem 4. Jahr: entsprechend der Relation des Beteiligungskapitals zum urspr. Eigenkapital, max. jedoch 20 % des Gewinnes bzw. SMR + 5 Prozentpunkte der aushaftenden Beteiligung

Anmerkung: Antragstellung innerhalb von 2 Jahren ab Gründung bzw. Übernahme

Einreichung: über die Hausbank bei der Oberösterreichischen Unternehmens-BeteiligungsGesellschaft m.b.H

7.3.5.2 Jungunternehmerförderungsaktion (einschließlich Gründungssparen)

Die Förderung erfolgt bei der der Gründung bzw. Übernahme von wettbewerbsfähigen, wirtschaftlich selbständigen, kleinen Unternehmen der gewerblichen Wirtschaft.

Das Land OÖ beteiligt sich im Falle einer positiven Förderungsentscheidung der AWS (Austria Wirtschaftsservice) bei der Gründungssparförderung sowie bei der Zuschussförderung. Anträge können im Wege der Hausbank bzw. direkt bei der AWS eingebracht werden. Die Antragstellung muss zwingend vor Projektdurchführung erfolgen.

7.3.5.3 Start-up-Förderung mit FFG

Technologie und Innovation sind die entscheidenden Schlüsselfaktoren, um auf internationalen Märkten mit Produkten und Dienstleistungen zu punkten.

Die **Forschungsförderungs-Gesellschaft (FFG)** unterstützt finanziell verwertbare Forschungsprojekte von Unternehmen, Forschungsinstituten, Einzelforschern und Erfindern mit dem Ziel, innovative Ideen und Forschungsinitiativen aufzugreifen und in konkrete Projekte überzuführen.

Die **Anschlussförderung des Landes OÖ** erfolgt an Unternehmen, die folgende Kriterien erfüllen:

- Es handelt sich um oberösterreichische Unternehmen, die eine bereits bestehende FFG-Förderung durch ein „Übereinkommen" zwischen FFG und Antragsteller nachweisen können.

- Es handelt sich um junge Unternehmungen, deren Betriebsgründung maximal 24 Monate vor Antragstellung erfolgte.

- Die Unternehmen müssen nach den Größenkriterien des EU-Beihilfenrechtes inklusive allfälliger Beteiligungen als Kleinunternehmen einzustufen sein. Ebenfalls inkludiert sind hier junge Kleinunternehmen, die zu mehr als 25 % des Kapitals oder der Stimmrechte im Eigentum von Mittelbetrieben stehen.

Gefördert werden innerhalb der Wettbewerbsgrenzen des EU-Beihilfenreches maximal 25 % jener Fördersumme, die durch die FFG zur Bewilligung freigegeben wird. Diese Landesförderung wird in Form von Einmalzuschüssen zusätzlich zur FFG-Förderung ausbezahlt. Um die Förderung kann mittels Antragsformular bei der FFG angesucht werden.

7.3.5.4 Jungunternehmer-Bildungskonto

Bildungskonto Gefördert werden natürliche und juristische Personen, die einen gewerblichen Betrieb in Oberösterreich **gründen oder übernehmen** und Weiterbildungsmaßnahmen absolvieren. Die Jungunternehmereigenschaft ist gegeben bei physischen Personen, die ein kleines Unternehmen der gewerblichen Wirtschaft (d.h. Mitglied der Wirtschaftskammer OÖ) gründen oder übernehmen, dieses in der Folge zu einem wesentlichen Teil leiten, während der letzten fünf Jahre vor Gründung bzw. Übernahme des Unternehmens nicht wirtschaftlich selbständig waren und eine bisherige unselbständige Tätigkeit aufgegeben haben. Bei juristischen Personen sowie sonstigen Gesellschaften des Handelsrechts kann als Förderungswerber auftreten, wer mit mindestens 25 % direkt daran beteiligt ist.

Im Rahmen dieser Richtlinien sind nur noch **Mehr-Personen-Unternehmen** förderbar. Gefördert werden **betrieblich relevante Bildungsmaßnahmen**, die in einem Zeitraum von einem halben Jahr vor bis zu drei Jahren nach dem Entstehungsdatum der Gewerbeberechtigung stattgefunden haben und mindestens Kurskosten von 150 Euro verursacht haben. Gefördert werden maximal 50 % der Kurskosten, maximal pro Person 1.500 Euro.

7.4 Weiterführende Literatur

Übersichten über Gründungsinfrastruktur und Förderungen: *Dorn* et al. (2003), *Atzlesberger* (2004), *Kailer* et al. (2000), *Leitl* (2005), *Fritz/Stefan* (2007).

Aktuelle Detailinformationen über Förderprogramme siehe Förderdatenbanken: Austria Wirtschaftsservice: *www.awsg.at*; Wirtschaftskammern: *wko.at/foerderungen*; siehe auch die Ämter der jeweiligen Landesregierungen (z.B. OÖ: *www.land-oberösterreich.gv.at*)

Gründungsberatung: *Bremberger/Klimitsch* (2000), *Kailer* (2001, 2002), *Neubauer* (2002).

Netzwerke: *Porter* (1998), *Reiß/Rudorf* (1999), *Corsten* (2000), *Birley/Stockley* (2000), *Lechner* (2003), *Brunnthaller/Wührer* (2005), *Walter/Walter* (2005/2006), *Mücke/Rami* (2007); Lernende Region: *Scheff* (1999). Fallstudien von KMU-Netzwerken: *Reiß* (2000); Unternehmenskooperationen: *Rössl* (2006).

7.5 Blick in die Praxis von P. Takacs: Förderung von innovativen Gründungen

Dr. Peter Takacs
Geschäftsführer, austria wirtschaftsservice | erp-fonds Wien
www.aws.at

In der Gründungsszene ist ein deutlicher Trend zur Entwicklung und Kommerzialisierung von Innovationen erkennbar. Dieser Trend wird durch gezielte Gründungsförderungen der aws für innovative Start Ups unterstützt. Innovation wird zwar allseits angepriesen und über innovative Gründer wird viel gesprochen, doch ist Innovation für ein Start Up überhaupt ein gangbarer Weg zum wirtschaftlichen Erfolg?

Aus der Sicht des Projekt-Analysten von Start Ups im Zuge der Prüfung der Förderbarkeit kann eine provokante Behauptung aufgestellt werden. Es gibt eine „Innovationsfalle", die zuschnappt, wenn sich Gründer nicht bereits im Planungsprozess auf diesen unbequemen Effekt einstellen.

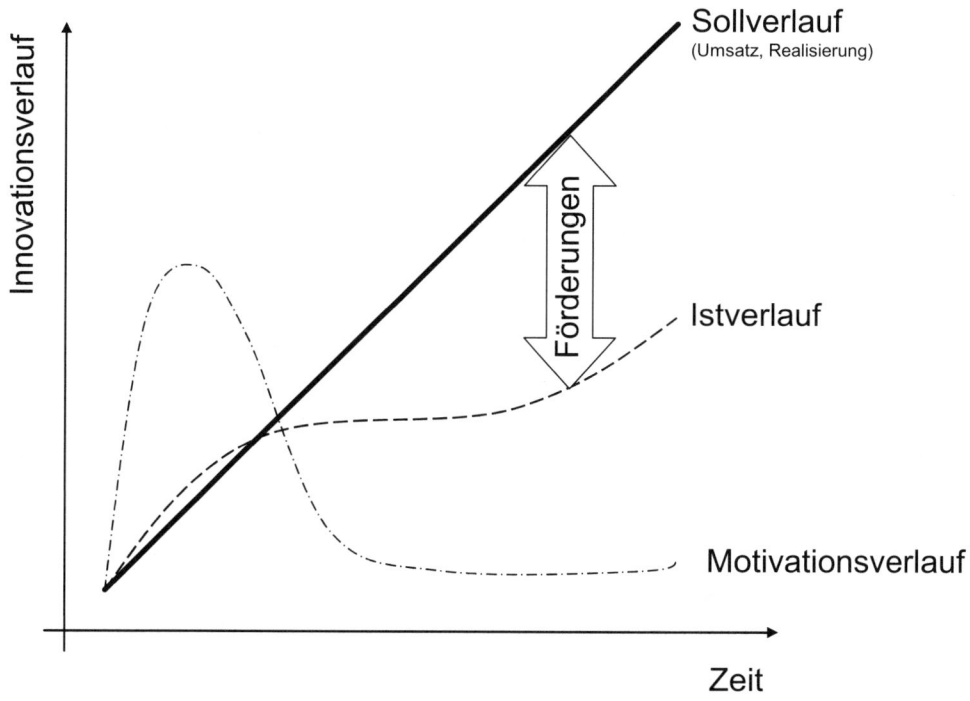

Abb. 7.1: Innovationsfalle (Qu.: Fueglistaller/Litzka, 2006, S. 57)

Gut vorbereitet kommt der Gründer mit einem Businessplan zum Investor (privater Business Angel, VC oder öffentliche Förderstelle). Der Sollverlauf wird durch Planrechnungen, Annahmen und Prognosen dargelegt, im besten Fall wird der Investor auch tatsächlich überzeugt. Doch in der Realität zeigt sich, der Plan war zu optimistisch, die Annahmen stimmen nicht. Spätestens zum Zeitpunkt des ersten Meilenstein-Berichtes tritt die Enttäuschung ein, der Plan war falsch, das Produkt oder die Dienstleistung ist noch nicht verkaufsfähig und Erlöse somit in weiter Ferne. Diese auseinanderklaffende Schere zwischen Soll- und Istverlauf der Umsetzung resultiert schließlich im Verlust des Vertrauens in die eigene Idee und die Motivation, am eigenen Vorhaben weiterzuarbeiten, sinkt deutlich.

Doch genau in dieser Phase entscheidet sich regelmäßig, wer von Erfolg gekrönt wird und wer auf der Strecke bleibt!

Besonders technisch innovative Gründungen hängen vom persönlichen Engagement der angestellten Experten, mitwirkenden Forscher und dem Gründer selbst ab. Verliert dieser selbst die Freude am eigenen Handeln oder wartet der angestellte forschende Experte zu lange auf sein Gehalt, ist das Gründungsprojekt oft schon lange bevor es der Investor merkt, zum Scheitern verurteilt. Besonders störend für den Gründer ist hier die Neigung von beteiligten Wissenschaftern und Forschern, bei vermeintlich erfolglosen Gründungsprojekten rechtzeitig Sicherheitsabstand zu schaffen. Bevor der wirtschaftliche Zusammenbruch des Start Up erfolgt, und der eigene Ruf und die Reputation Schaden nimmt, wird erst die persönliche Mitarbeit reduziert, später eine allfällige firmenmäßige Beteiligung eilig gelöscht und schließlich jede Nennung der eigenen Person mit dem erfolglosen Projekt vermieden.

Ist der mögliche „worst case"jedoch eingeplant und sind dafür Gegenmaßnahmen vorbereitet, bleibt die Motivation weiterzukämpfen doch aufrecht. Diese Lücke zwischen Soll- und Istverlauf kann gerade bei technisch innovativen Start Ups wesentlich durch öffentliche Mittel geschlossen werden. Neben dem eigenen Engagement der Gründer wird somit die unternehmerische Entscheidung und weitere Vorgehensweise ganz entscheidend durch Förderungen beeinflusst, um in der harten, verlustreichen Anlaufphase des Projektes doch die Motivation aufrechtzuhalten und weiterzumachen. Zuschüsse und Haftungen der aws dienen genau in dieser Phase dazu, innovativen Gründern etwas mehr Durchhaltevermögen zu geben und den angestellten Forscher bei der Stange zu halten.

Ein praktischer Nebeneffekt für Gründer ergibt sich aus der Beobachtung des eigenen Handelns durch einen außenstehenden Dritten, den Investor. Erfahrene Investoren kennen im Normalfall die gefährliche Situation des Motivationssturzes im Gründungsteam und können genau dann, neben weiterem Kapital, wichtige unbare Hilfestellungen einbringen. Die Konzentration des Gründungsteams auf die richtigen Schwerpunkte, ein essentieller Vertriebskontakt oder im besten Fall gleich die Vermittlung eines ersten Kunden, ist oft mehr wert als zusätzliches Geld. Aber letztlich entscheidet der Markt, ob sich tatsächlich die Schere zwischen Soll- und Istverlauf schließt und sich ein überlebensfähiger Erfolg realisieren lässt.

8. Gewerberecht

Dieses Kapitel gibt eine kurze Einführung in die rechtlichen Möglichkeiten und Beschränkungen der Ausübung einer selbständigen Tätigkeit in Österreich. Der inhaltliche Schwerpunkt wird dabei auf Gründungen der gewerblichen Wirtschaft gelegt.

8.1 Rechtliche Abgrenzung selbständiger Tätigkeit

Bei der Überlegung einer Neugründung stellt sich zunächst die Frage, unter welchen rechtlichen Rahmenbedingungen die Ausübung der selbständigen Tätigkeit in Österreich möglich ist. Grundsätzlich lässt sich festhalten, dass der Gesetzgeber nicht jede Form selbständiger Tätigkeit zwingend mit der Erlangung einer Gewerbeberechtigung verbindet. Jedoch gilt es, bei diesen Tätigkeiten „außerhalb des Gewerberechts" in der Regel auch eine Rechtsform zu wählen (meist Einzelunternehmer) und die selbständige Arbeit beim Finanzamt und der zuständigen Sozialversicherung anzumelden. Spezielle Vorschriften können sich in diesem **Spezialvorschriften** Zusammenhang aus den Berufsgesetzen (z.B. Ärztegesetz, Notariatsordnung etc.) ergeben.

Beispiele für Tätigkeiten „außerhalb" der Gewerbeordnung (GewO) sind etwa:

- Freiberufliche Tätigkeiten: wissenschaftliche (z.B. Gutachter), künstlerische, schriftstellerische, unterrichtende (z.B. Vortragende = „neue Selbständige", da nicht in der GewO geregelt) oder erziehende Tätigkeiten (Privatschulen, Nachhilfeunterricht)
- Ziviltechniker, Ärzte, Tierärzte, Dentisten, Rechtsanwälte, Notare, Psychologen, Psychotherapeuten, Hebammen, Journalisten, Apotheken, sonstige Gesundheitsberufe (z.B. Heilmassage)
- Eisenbahnen, Luftfahrtunternehmen, Schifffahrt
- Geschäftsführende GmbH-Geschäftsführer mit einer Beteiligung von mehr als 25%

Für eine Unternehmerperson gilt es somit vor der Aufnahme der selbständigen Tätigkeit abzuklären, ob die selbständige Arbeit der Gewerbeordnung (GewO) unterliegt oder nicht. Die dafür wesentlichen gewerberechtlichen Vorschriften werden im folgenden Abschnitt näher erläutert.

8.2 Gewerberechtliche Grundlagen

Die österreichische Bundesverfassung statuiert auf Verfassungsebene das Prinzip **Gewerbe** der Erwerbsfreiheit. Das Gewerberecht stellt auf Bundesgesetzesebene den für das Wirtschaftsgeschehen zentralen Regelungskomplex dar, dessen Beachtung insbesondere für Unternehmensgründer vor Beginn der Aufnahme der wirtschaftlichen Tätigkeit relevant ist. Die Bestimmungen der Gewerbeordnung (GewO) gelten für alle gewerbsmäßig ausgeübten und nicht gesetzlich verbotenen Tätigkeiten, woraus sich die Frage ergibt, wann eine Tätigkeit gewerbsmäßig ausgeübt wird.

Gewerbsmäßigkeit
Eine **gewerbsmäßige Tätigkeit** liegt im Sinne der GewO vor, wenn drei Voraussetzungen erfüllt sind: 1) Selbständigkeit, 2) Regelmäßigkeit sowie 3) Ertragserzielungsabsicht.

Selbständigkeit bedeutet, dass die Tätigkeit auf eigene Rechnung und Gefahr ausgeübt wird und ein Unternehmerrisiko getragen wird. Somit ist das Tragen von Gewinn und Verlust und die Übernahme des geschäftlichen Risikos das entscheidende Unternehmenskennzeichen. Eine gewisse wirtschaftliche Abhängigkeit, wie diese etwa bei einem Handelsreisenden gegeben ist, tut dabei der Selbständigkeit noch keinen Abbruch.

Regelmäßigkeit geht grundsätzlich von einer wiederholenden oder einer länger andauernden Tätigkeit aus. Auch gilt eine einmalige Handlung als regelmäßig, wenn auf eine Wiederholungsabsicht geschlossen werden kann oder wenn sie längere Zeit erfordert.

Als **Ertragserzielungsabsicht** wird die Absicht, einen Ertrag oder sonstigen wirtschaftlichen Vorteil zu erzielen, und zwar gleichgültig, für welche Zwecke dieser bestimmt ist. Der Ertrag muss nicht unbedingt in Geld bewertet werden können. Ob tatsächlich ein Gewinn (d.h. mehr als nur Selbstkostendeckung) erzielt wurde, ist dabei unerheblich.

8.3 Einteilung der Gewerbearten

Einteilung
In den vergangenen Jahren gab es zahlreiche Novellen des Gewerberechts, die den Zweck der Vereinfachung der rechtlichen Vorschriften hatten. Aus Sicht der Unternehmerperson sind folgende zwei Fragen zu klären:

Verfüge ich über die entsprechende Befähigung (z.B. Ausbildung), um ein Gewerbe ausüben zu dürfen?

Bedarf die angestrebte gewerbliche Tätigkeit (z.B. aufgrund der Gefährlichkeit) einer besonderen Prüfung und Genehmigung durch die Gewerbebehörde?

Aus gewerberechtlicher Sicht ist zu klären, ob für eine gewerbliche Tätigkeit ein Befähigungsnachweis erbracht werden muss oder nicht. Demnach kann zwischen reglementierten, Teilgewerben und freien Gewerben unterschieden werden.

Reglementierte Gewerbe
Bei **reglementierten Gewerben** muss ein entsprechender Nachweis der Befähigung erbracht werden (v.a. durch Zeugnisse abgelegter fachlicher Prüfungen, wie etwa die Meisterprüfung oder durch Nachweis, dass eine Tätigkeit eine bestimmte

Zeit lang ausgeübt wurde). Die Liste der reglementierten Gewerbe umfasst 82 Tätigkeiten, wobei einige davon als Handwerk gekennzeichnet sind.

Teilgewerbe

Dabei handelt es sich um einen Teil eines reglementierten Gewerbes (§ 31 Abs. 2 und 4 GewO) und gewerbliche Tätigkeiten, bei denen die Befähigung auf vereinfachte Art (z.B. Lehrabschluss) nachgewiesen werden kann. Im Gegensatz zu den einfachen Teiltätigkeiten (§ 31 Abs. 1) umfassen Teilgewerbe auch typische Kernbereiche eines Gewerbes. Im Detail wurden die Teilgewerbe durch eine Verordnung des Bundesministers für wirtschaftliche Angelegenheiten festgelegt (1. TeilgewerbeV).

Freie Gewerbe

Alle Tätigkeiten, die nicht unter die reglementierten oder die Teilgewerbe fallen, sind **freie Gewerbe**, für die kein besonderer Befähigungsnachweis erforderlich ist. Bei **freien Gewerben** müssen für den Gewerbeantritt lediglich die allgemeinen persönlichen Voraussetzungen erbracht werden. Eine **Anmeldung** bei der Gewerbebehörde ist allerdings trotzdem notwendig.

Im Hinblick auf die zweite Fragestellung und den tatsächlichen Gründungsprozess kann zwischen Anmeldungsgewerben, bescheidbedürftigen Gewerben und bewilligungspflichtigen („sensiblen") Gewerben unterschieden werden.

Anmeldungsgewerbe

Erstere dürfen bereits aufgrund der Anmeldung des betreffenden Gewerbes ausgeübt werden, wobei die Behörde die gesetzlichen Voraussetzungen aufgrund der (auch elektronisch möglichen) Anmeldung überprüft. Liegen diese vor, so wird der Anmelder im Gewerberegister eingetragen und wird durch Übermittlung eines Gewerberegisterauszugs von der Eintragung verständigt. Die Gewerbeanmeldung wird bei der Gewerbebehörde des Betriebsstandortes vorgenommen.

Bescheidbedürftige Gewerbe

Bei diesen Gewerben erlässt die Behörde einen Feststellungsbescheid über das Ergebnis der Überprüfung der Voraussetzungen. Sobald dieser Rechtskraft erlangt hat, hat die Behörde die Unternehmerperson in das Gewerberegister einzutragen. Liegen hingegen die Voraussetzungen nicht vor, so wird von der Behörde die Ausübung des Gewerbes untersagt.

Bewilligungspflichtiges Gewerbe

Zur Erteilung der Gewerbeberechtigung für das Waffengewerbe betreffend militärische Waffen ist der BMWA im Einvernehmen mit dem BMI zuständig (§ 148 GewO).

8.4 Persönliche Ausübungsvoraussetzungen

Die Ausübung der gewerblichen Tätigkeit ist nur bei Erfüllung der allgemeinen Voraussetzungen (§§ 8 ff. GewO) zulässig. Für einige Gewerbe können noch besondere Voraussetzungen der Unternehmerperson hinzutreten (§§ 16 ff. GewO).

8.4.1 Voraussetzungen – Unternehmerperson

Zugang

Der Zugang zu einem bestimmten Gewerbe ist zum einen an allgemeine und zum anderen an besondere Voraussetzungen geknüpft.

8.4.1.1 Allgemeine Voraussetzungen

Gewerbeausschlussgründe

Persönliche Eigenschaften: Zu den allgemeinen Voraussetzungen zählt zunächst die österreichische (oder eine gleichgestellte) Staatsbürgerschaft oder die Staatsbürgerschaft eines EU-Landes. Staatsbürger eines EWR-Landes benötigen einen Aufenthaltstitel (Näheres dazu vgl. § 14 GewO). Eine weitere Voraussetzung ist die gewerberechtliche Handlungsfähigkeit, wobei bei natürlichen Personen die Eigenberechtigung mit Vollendung des 18. Lebensjahres eintritt. Juristische Personen müssen zur Gewerbeausübung einen Geschäftsführer bestellen (§ 9 Abs. 1 GewO). Als allgemeine Voraussetzung normiert die GewO auch das Fehlen von Gewerbeausschlussgründen (§ 13 GewO), um potenzielle Geschäftspartner des Betriebsinhabers zu schützen. Mögliche Gewerbeausschlussgründe wären entweder einschlägige Vorstrafen oder Einträge in der Insolvenzdatei. Die Bezirksverwaltungsbehörde kann jedoch auch von diesen Gewerbeausschlussgründen eine Nachsicht erteilen.

- **Gewerbeausschlussgründe wegen Vorstrafen (§ 26 Abs 1 GewO):**

  - **gerichtliche Vorstrafe** unabhängig vom Strafausmaß für folgende Delikte: betrügerische Krida, Schädigung fremder Gläubiger, Begünstigung eines Gläubigers, grob fahrlässige Beeinträchtigung von Gläubigerinteressen oder

  - **gerichtliche Verurteilung** zu einer Freiheitsstrafe über 3 Monate oder Geldstrafe von mehr als 180 Tagsätzen bei sonstigen strafbaren Handlungen

  - **Finanzvergehen:** Geldstrafe von mehr als 726 Euro oder Verhängung einer

  - Freiheitsstrafe neben einer Geldstrafe wegen Schmuggel, Abgabenhehlerei, Hinterziehung von Eingangs-/Ausgangsabgaben u.Ä., sofern die Bestrafung noch nicht mindestens 5 Jahre zurückliegt.

Nachsicht

Die Behörde hat im Falle des Ausschlusses von der Gewerbeausübung in jenen Fällen die Nachsicht von diesem Ausschluss zu erteilen, wenn nach der Eigenart der strafbaren Handlung und nach der Persönlichkeit des Verurteilten die Begehung der gleichen oder eine ähnlichen Straftat bei Ausübung des Gewerbes nicht zu befürchten ist. Dies gilt auch, wenn ein mit dem angeführten Ausschlussgrund vergleichbarer Tatbestand im Ausland verwirklicht wurde.

- **Gewerbeausschlussgrund Insolvenz:**

Grundsätzlich sind Rechtsträger von der Gewerbeausübung als Gewerbetreibende (§ 38 Abs. 2) ausgeschlossen, wenn 1. der Konkurs mangels eines zur Deckung der Kosten des Konkursverfahrens voraussichtlich hinreichenden Vermögens rechtskräftig nicht eröffnet wurde und 2. der Zeitraum, in dem in der Insolvenzdatei Einsicht in den genannten Insolvenzfall gewährt wird, noch nicht abgelaufen ist (= 3 Jahre). Dies gilt auch, wenn ein mit dem angeführten Ausschlussgrund vergleichbarer Tatbestand im Ausland verwirklicht wurde.

Nachsicht

Die Behörde hat im Falle des Ausschlusses von der Gewerbeausübung die Nachsicht von diesem Ausschluss zu erteilen (§ 26 Abs. 2 GewO), wenn aufgrund der nunmehrigen wirtschaftlichen Lage des Rechtsträgers erwartet werden kann, dass er den mit der Gewerbeausübung verbundenen Zahlungspflichten nachkommen wird.

8.4.1.2 Besondere Voraussetzungen

Der Zugang zum Gewerbe ist neben den allgemeinen Voraussetzungen noch an weitere **besondere Voraussetzungen**, vor allem in Form des **Befähigungsnachweises**, gebunden.

Bei reglementierten Gewerben müssen die fachlichen und kaufmännischen (= betriebswirtschaftlichen und rechtlichen) Kenntnisse, Fähigkeiten und Erfahrungen nachgewiesen werden. Dies erfolgt durch den Befähigungsnachweis.

Genereller Befähigungsnachweis

Das BMWA legt mittels Verordnung für jedes reglementierte Gewerbe bestimmte Zugangswege fest, bei deren Nachweis die fachliche Qualifikation als erbracht anzusehen ist, z.B. Zeugnis über Meisterprüfung, Zeugnis über erfolgreich abgeschlossene LAP, Zeugnis über den Besuch einer Schule, Jahrgang etc.

Individueller Befähigungsnachweis

Wer den regulären Befähigungsnachweis nicht erbringen kann und sich die für die jeweilige Gewerbeausübung **erforderlichen Kenntnisse, Fähigkeiten und Erfahrungen** auf andere Weise angeeignet hat, kann bei der Bezirksverwaltungsbehörde um die **Feststellung der individuellen Befähigung** ansuchen. Diesem Ansuchen sind die notwendigen Nachweise anzuschließen (z.B. Arbeitszeugnisse, Kursbesuchsbestätigungen etc.). Die Feststellung der individuellen Befähigung wurde mit der GewO-Novelle 2002 eingeführt und ersetzt die bis dahin geltende Möglichkeit der Nachsicht vom Befähigungsnachweis. Im Gegensatz zur früheren Rechtslage ist nunmehr aber eine **Befristung**, etwa bis zum nächsten Prüfungstermin, **nicht mehr zulässig**. Weiterhin ist es aber möglich, das Vorliegen der individuellen Befähigung nur für einen Teilbereich eines Gewerbes auszusprechen, wenn die Befähigung nur in diesem Umfang nachgewiesen werden kann.

8.4.2 Beginn der Tätigkeit

Beginn

Ein Unternehmen darf grundsätzlich eröffnet werden, sobald das Gewerbe bei der zuständigen Behörde angemeldet wurde. Bei Gewerben mit besonderer Gefahr für Kunden und Umwelt ist von der Behörde zu prüfen, ob Geschäftsführer oder Vorstand in jenem Maße zuverlässig sind, dieses Gewerbe auch auszüüben. Eine Zuverlässigkeit ist nicht gegeben bei etwaigen Verwaltungsstraftaten oder gerichtlichen Verurteilungen und wenn zu befürchten ist, dass er gleiche oder ähnliche Straftaten wieder begehen könnte. Bei einer etwaigen Zuverlässigkeitsprüfung ist mit der Gewerbeausübung so lange zu warten, bis die Behörde bescheidmäßig der Gewerbeausübung zustimmt.

Anmeldungsgewerbe

Sämtliche freie Gewerbe und ein Großteil der reglementierten Gewerbe sind **Anmeldungsgewerbe**. Die Gewerbetätigkeit darf sofort nach Anmeldung bei der Behörde aufgenommen werden. Bei in der Gewerbeordnung ausdrücklich aufgezählten reglementierten Gewerben wie z.B. chemische Labors, Baumeister usw., darf die Gewerbetätigkeit erst zu jenem Zeitpunkt aufgenommen werden, mit dem die Zuverlässigkeit festgestellt wurde, d.h. mit Zustellung des Bescheides durch die Gewerbebehörde.

8.4.3 Nebenrechte

Nebenrechte

Nebenrechte sind an sich **Kernbereiche anderer Gewerbe**, doch sind sie kraft Gesetzes jene zusätzlichen Rechte, die unmittelbar auf Grund der Gewerbeberechtigung ausgeübt werden dürfen. Diese Nebenrechte sind bestimmte Tätigkeiten, welche vom Gewerbeinhaber ausgeübt werden dürfen, obwohl diese nicht zur eigentlichen Kerntätigkeit des Gewerbes zählen. Sämtliche Gewerbetreibende dürfen Vor- oder Vollendungsarbeiten auf dem Gebiet anderer Gewerbe vornehmen, die dazu dienen, die eigenen Produkte absatzfähig zu gestalten.

8.5 Gewerberechtlicher Geschäftsführer

Bestellung

Kann eine natürliche Person das Gewerbe nicht persönlich ausüben, so besteht die Möglichkeit der Gewerbeausübung mit einem **gewerberechtlichen Geschäftsführer**. Dieser muss die Voraussetzungen für die Gewerbeberechtigung erfüllen und beim Gewerbetreibenden mit **mindestens der Hälfte der wöchentlichen Normalarbeitszeit** angestellt sein. **Juristische Personen** (Kapitalgesellschaften, Vereine) **und eingetragene Personengesellschaften** (OG, KG) **müssen** für die Gewerbeausübung einen **gewerberechtlichen Geschäftsführer** bestellt haben. Bei der Ausübung eines reglementierten Gewerbes muss der gewerberechtliche Geschäftsführer außerdem entweder **Arbeitnehmer sein oder dem vertretungsbefugten Organ** angehören. **Gewerbeinhaber** ist die Gesellschaft und **nicht der gewerberechtliche Geschäftsführer**. Besitzt der gewerberechtliche Geschäftsführer persönlich eine Gewerbeberechtigung als Einzelunternehmer, so muss dennoch die Gesellschaft das Gewerbe anmelden. Der gewerberechtliche Geschäftsführer bringt in das Unternehmen nicht seine Gewerbeberechtigung („Konzession") ein, sondern seine Befähigung. Ist für die Gewerbeausübung

Befähigungsnachweis

ein *Befähigungsnachweis* zu erbringen, so muss der gewerberechtliche Geschäftsführer entweder persönlich haftender Gesellschafter sein oder die Hälfte der wöchentlichen Normalarbeitszeit als Arbeitnehmer beschäftigt und voll versicherungspflichtig sein. Der gewerberechtliche Geschäftsführer ist bei der Gewerbeanmeldung zu nennen. Eine tatsächliche Betätigung des gewerberechtlichen Geschäftsführers im Unternehmen ist vorgeschrieben. Handelt es sich um ein reglementiertes Gewerbe, für welches eine Zuverlässigkeitsprüfung vorgeschrieben ist, muss die Genehmigung des gewerberechtlichen Geschäftsführers durch die Gewerbebehörde abgewartet werden, bevor die Niederlassung bzw. die Tochtergesellschaft zu arbeiten beginnen darf.

Verantwortung

Der gewerberechtliche Geschäftsführer ist den Behörden gegenüber insbesondere für die Einhaltung der gewerberechtlichen Vorschriften verantwortlich. Diese sind vor allem die Gewerbeordnung und ihre Durchführungsverordnungen. Daneben ist er für die Einhaltung des Öffnungszeitengesetzes und des Preisauszeichnungsgesetzes verantwortlich. Er hat sich darum zu kümmern, ob für das Geschäftslokal eine

Betriebsanlagengenehmigung notwendig ist. Der Umfang der Verantwortung des gewerberechtlichen Geschäftsführers richtet sich nach dem konkreten Gewerbe.

8.6 Gewerbliche Betriebsanlage

Gemäß GewO ist eine gewerbliche Betriebsanlage jede örtlich gebundene Einrichtung, die der Entfaltung einer gewerblichen Tätigkeit regelmäßig zu dienen bestimmt ist, regelmäßig genutzt wird (Wiederholungsabsicht) und nicht nur vorübergehend an dem gewählten Standort bleiben soll. Ein Betriebsanlagengenehmigungsverfahren ist vor allem dann notwendig, wenn durch die Betriebsanlage eine Gefährdung des Lebens und der Gesundheit sowie des Eigentums anderer, eine Belästigung der Nachbarn durch Geruch, Lärm, Abgase etc., eine Beeinträchtigung der Religionsausübung in Kirchen, eine wesentliche Beeinträchtigung der Verkehrssicherheit sowie eine Herbeiführung einer Beeinträchtigung für angrenzende Gewässer hervorgerufen werden kann. Für die Genehmigungspflicht der gewerblichen Betriebsanlage genügt die bloße Eignung der Anlage und nicht erst die tatsächliche Beeinträchtigung. Daher ist von der Unternehmerperson vor der Aufnahme der gewerblichen Tätigkeit zu prüfen, ob eine Betriebsanlagengenehmigung erforderlich ist oder nicht.

Betriebsanlage

Hinsichtlich der Genehmigungspflicht kann man unterscheiden zwischen Normalanlagen, Bagatellanlagen (§ 359b GewO, vereinfachtes Verfahren, Anlagen sind in der Bagatellanlagenverordnung aufgelistet), IPPC-Anlagen (Integrated Pollution Prevention and Control-RL 96/61, z.B. Raffinerien, größere Ziegelbrennereien, Asbestverarbeitungsanlagen), Seveso-II-Anlagen (Verhütung bzw. Beherrschung der Gefahren schwerer Unfälle mit gefährlichen Stoffen) sowie nicht genehmigungspflichtige Anlagen (Anlagen, von denen erwartet werden kann, dass die Schutzgüter des § 74 Abs. 2 hinreichend geschützt sind).

Genehmigungspflicht

Ein Genehmigungsverfahren wird nur auf Antrag durchgeführt, wobei in der Folge typischerweise vor Ort eine Augenscheinsverhandlung durchgeführt wird. Bestimmte Vorhaben, bei denen aufgrund der Art und Größe mit erheblichen Auswirkungen zu rechnen ist, sind einer Umweltverträglichkeitsprüfung und einem konzentrierten Genehmigungsverfahren zu unterziehen. Die Eigentümer des Betriebsgrundstücks sowie der an dieses Grundstück unmittelbar angrenzenden Grundstücke sind persönlich zu laden (beachte jedoch: Wegfall der vollen Parteistellung der Nachbarn beim vereinfachten Genehmigungsverfahren – Anhörungsrecht der Nachbarn durch Auflage der Projektunterlagen zur Einsicht und Veröffentlichung dieses Umstands).

Antrag

8.7 Weiterführende Literatur

Standardwerke: *Grabler* et al. (2003), *Filzmoser* (2003), *Feik* (2006).

8.8 Blick in die Praxis von F. Filzmoser: Gewerberecht

Dr. Friedrich Filzmoser
Wirtschaftskammer Oberösterreich, Leiter Rechtsservice
portal.wko.at

Wie sieht es mit Befähigungsnachweisen wirklich aus?

Aus der Sicht eines Unternehmensgründers stellen sich regelmäßig folgende Fragen: Welche Gewerbeberechtigungen brauche ich? Erfülle ich die persönlichen Voraussetzungen dafür oder muss ich mich um geeignete Personen umsehen, die diese erfüllen?

Ist die Sach- und Rechtslage nicht von vornherein klar, empfiehlt sich schon deswegen die Kontaktaufnahme mit dem **Gründerservice der WK**. Dort erfährt man, ob und gegebenenfalls welcher **Befähigungsnachweis** für die Gewerbeausübung erforderlich ist und vor allem auch, ob dieser Nachweis eventuell schon als erbracht anzusehen ist.

Seit diverse **EU-Berufsanerkennungsrichtlinien** auch in Österreich umgesetzt werden mussten, ist es gerade im Handwerk, aber auch bei den meisten anderen reglementierten Gewerben möglich, ohne Prüfung oder einschlägigem Schulnachweis den Befähigungsnachweis zu erbringen. Kann nämlich eine gewisse **Praxis** (bei Handwerkern z.B. 6 Jahre) in leitender Funktion (z.B. als Abteilungsleiter, Filialleiter, Stellvertreter des Unternehmers oder dergleichen) nachgewiesen werden, gilt die Befähigung regelmäßig als erbracht. Gewisse Ausnahmen gibt es nur bei gesundheitsrelevanten Gewerben (z.B. Zahntechniker) sowie beim planenden Baumeister und Rauchfangkehrern. Hat man eine einschlägige Lehre oder eine diese Lehre ersetzende Schule absolviert, reduziert sich das Erfordernis der 6-jährigen leitenden Tätigkeiten meist auf 3 Jahre.

Kann der Befähigungsnachweis so nicht erfüllt werden, kann um so genannte **Feststellung der individuellen Befähigung** bei der Bezirksverwaltungsbehörde angesucht werden. In diesem Fall ist individuell-konkret zu prüfen, ob nicht der Befähigungsnachweis auf andere Art und Weise (z.B. langjährige Erfahrung und Praxis bzw. sonstige Ausbildungen etwa im Ausland) dennoch erbracht wird. Besonders dann, wenn man die beabsichtigte gewerbliche Tätigkeit ohnedies nur in einem speziellen Teilbereich ausüben möchte (z.B. Unternehmensberater eingeschränkt auf Marketingberatung), kann das Ansuchen häufig positiv erledigt werden. Es gibt nämlich einen Rechtsanspruch darauf, dass diese nur teilweise Befähigung dazu berechtigt, das Gewerbe eben in diesem Bereich auszuüben.

Kann der Befähigungsnachweis auch auf diese Weise nicht erfüllt werden, so kann mit Ausnahme des Rauchfangkehrergewerbes jedes Gewerbe erlangt werden, wenn ein sogenannter **gewerberechtlicher Geschäftsführer**, der den Befähigungsnachweis besitzt, bestellt wird. Dieser muss voll sozialversichert, wenigstens halbtags im Betrieb beschäftigt werden.

Nicht empfehlenswert ist es, ein Gewerbe unbefugt auszuüben. Dies nicht nur wegen drohender **Verwaltungsstrafen** bis zu 3.600 Euro, sondern vor allem auch deswegen, weil unbefugte gewerbliche Tätigkeiten im **Haftungsfall** auch trotz bestehender Haftpflichtversicherung nicht versichert sind. Außerdem kann jeder Konkurrent, aber auch so genannte Wettbewerbschutzverbände, „Pfuscher" auf Unterlassung samt Urteilsveröffentlichung klagen, was diese sehr teuer kommen kann. Kaum bekannt ist auch, dass Kunden, sollten sie nach Auftragserteilung erfahren, dass der Unternehmer nicht alle erforderlichen Berechtigungen besitzt, den Vertrag wegen Irrtums drei Jahre lang anfechten können, was bis zur Rückabwicklung der wechselseitigen Leistungen führen kann. Wichtig ist auch zu wissen, dass „Pfuscher" von der Teilnahme an öffentlichen Ausschreibungen ausgeschlossen sind bzw. werden. Sollten Pfuscher gleichzeitig Dienstnehmer sein, riskieren sie eine Entlassung, sollten sie in vorzeitiger Alterspension sein, deren Wegfall.

Betriebsanlagenrecht – Was muss unbedingt beachtet werden?

Bei größeren Anlagen, die erst errichtet und bewilligt werden müssen, ist die Suche nach einem geeigneten Standort für die Gründer eine zentrale Frage. Zum einen muss der Standort schon auf Grund des konkreten **Flächenwidmungsplanes der Standortgemeinde** überhaupt geeignet sein (z.B. ist keine Neuerrichtung von metall- oder holzverarbeitenden Betrieben in Wohn- oder Mischgebieten möglich), zum anderen darf der Betrieb der Anlage insbesondere keine Personen gefährden oder Nachbarn unzumutbar belästigen. Ob dies der Fall ist, muss in einem **Verfahren**, in dem den Nachbarn Parteistellung zukommt, erst einmal geklärt werden.

Wird hingegen ein Untenehmen gekauft oder gepachtet, sollte genau darauf geachtet werden, ob sämtliche **bau- und anlagenrechtlichen Bewilligungen** vorliegen. Die Erfahrung zeigt leider, dass dies häufig nicht der Fall ist.

9. Rechtsformen

Dieses Kapitel gibt einen Überblick über die Einflussfaktoren und Aspekte, die bei der Wahl der geeigneten Rechtsform für die Begründung einer selbständigen Tätigkeit in Österreich maßgeblich sind. Grundsätzlich gibt es dabei keine allgemein gültigen Vorschläge, die optimale Rechtsform zu wählen. Vielmehr sollte eine individuelle, den Voraussetzungen und Gegebenheiten des künftigen Unternehmens angepasste Lösung – unter Einhaltung der gesetzlichen Bestimmungen – gefunden werden. Daher werden in diesem Kapitel die rechtlichen Rahmenbedingungen für Unternehmen aus verschiedenen Blickwinkeln analysiert.

Rechtsform Eine wesentliche Entscheidung bei der Gründung eines Unternehmens ist die **Wahl der Rechtsform** des Unternehmens. Statistiken zeigen, dass die meisten Unternehmensgründer alleine beginnen, d.h. zwischen 75% und 80% der Neugründungen erfolgen in Form von Einzelunternehmen, GmbHs liegen bei etwa 10% bis 15%, der Rest verteilt sich auf Personengesellschaften und übrige Rechtsformen. Die richtige Rechtsform und deren Ausgestaltung hängt von vielen Einflussfaktoren (zivil-, steuer-, sozialversicherungs-, gewerbe-, arbeitsrechtliche etc.) ab.

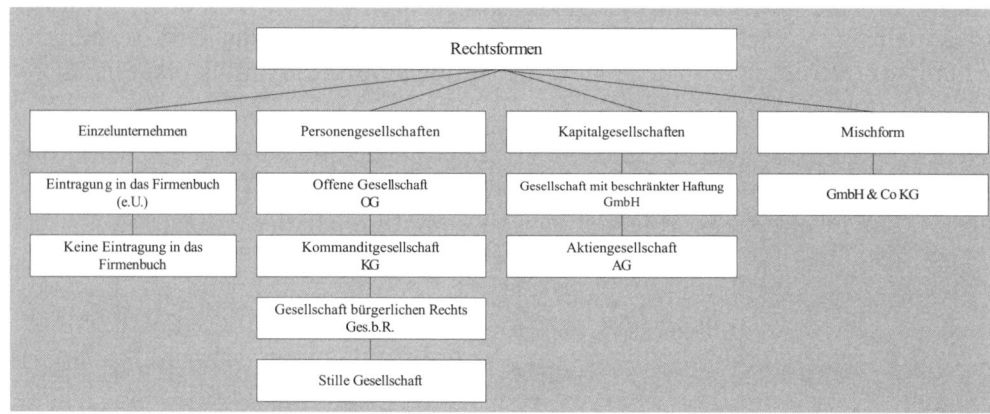

Abb. 9.1.: Rechtsformen im Überblick

9.1 Rechtsgrundlagen in Österreich

Unternehmensgesetzbuch (UGB) Seit 1. Jänner 2007 ist die bisher umfassendste Reform des Unternehmensrechts – das Handelsrechtsänderungsgesetz (HaRÄG) – in Kraft. Das Handelsgesetzbuch (HGB) wurde in Unternehmensgesetzbuch (UGB) umbenannt. Das UGB spricht nicht mehr – wie das HGB – vom Kaufmann, sondern vom **Unternehmer**. Gemäß UGB ist Unternehmer schlicht, wer ein Unternehmen betreibt. Unter einem Unternehmen als solches wird jede auf Dauer angelegte Organisation selbständiger wirtschaftlicher Tätigkeit mit oder ohne Gewinnerzielungsabsicht, bezeichnet.

Der Begriff Organisation wird dabei als **Aktions- oder Handlungssystem** verstanden, welches darauf ausgerichtet ist, ein relativ genau beschriebenes Ziel unter rationellem Einsatz entsprechender Mittel auf Dauer zu verfolgen. Ein Unternehmen unterscheidet sich jedoch von anderen Organisationen dadurch, dass auf dem Markt wirtschaftlich werthaltige Leistungen gegen Entgelt angeboten werden. Im Endergebnis entspricht jede selbständige Erwerbstätigkeit dem Unternehmerbegriff nach UGB. Das Unternehmensgesetzbuch ist grundsätzlich auf alle Unternehmer, unabhängig von deren Größe, anwendbar.

Unternehmer im Sinne des UGB sind jedenfalls sämtliche Kapitalgesellschaften, Erwerbs- und Wirtschaftsgenossenschaften, Versicherungsvereine auf Gegenseitigkeit, Sparkassen, Europäische Wirtschaftsvereinigungen, Europäische Gesellschaften und Europäische Genossenschaften. Für andere Unternehmer besteht die Möglichkeit, sich in das **Firmenbuch** eintragen zu lassen (optionale Eintragung ins Firmenbuch). Dadurch besteht u.a. die Möglichkeit, im Unternehmen Prokuristen zu bestellen. Eine Verpflichtung zur Eintragung ins Firmenbuch besteht jedenfalls dann, wenn nach den Bestimmungen des Dritten Buches (§§ 189 ff.) eine **Rechnungslegungspflicht** aufgrund des Überschreitens eines definierten **Schwellenwertes** (400.000 Euro) besteht. Unternehmerisch tätige Gesellschaften bürgerlichen Rechts sind bei Überschreitung des Schwellenwertes zum Firmenbucheintrag als Offene Gesellschaft oder Kommanditgesellschaft verpflichtet.

9.2 Einzelunternehmen

Als Einzelunternehmer besteht eine enge Verknüpfung zwischen dem Unternehmen und der Unternehmerperson als solcher. Die Rechtsform eignet sich v.a. für jene Unternehmer, die keine Partner im Unternehmen brauchen oder wollen. Die **Haftung** ist aus diesem Grund für sämtliche Schulden des Unternehmens auf das betriebliche und private Vermögen ausgedehnt. Beim Einzelunternehmer unterscheidet man protokollierte und nicht protokollierte Einzelunternehmer.

Einzelunternehmen

Der **nicht protokollierte Einzelunternehmer** (ausgenommen Angehörige freier Berufe sowie Land- und Forstwirte) ist ab Überschreiten des Schwellenwertes zur Rechnungslegung und somit zur Gewinnermittlung nach den Vorschriften des UGB verpflichtet. Eine Eintragung ins Firmenbuch und der Rechtsformzusatz „eingetragener Unternehmer (e.U.)" beim Firmennamen ist in diesem Fall obligatorisch. Lediglich bei Nicht-Erreichen des Schwellenwertes gelten die genannten Buchführungspflichten nicht und die Eintragung ins Firmenbuch wäre fakultativ. Somit entsteht die nach bisherigem Recht undenkbare Variante, dass ein Unternehmer im Firmenbuch eingetragen, jedoch nicht rechnungslegungspflichtig ist.

Nicht protokollierter Einzelunternehmer

Den **Firmennamen** betreffend kann der Unternehmer seine Firma bloß mit seinem Vornamen und seinem Nachnamen ins Firmenbuch eintragen lassen. Das Kürzel „e.U." ist dem Firmennamen jedoch beizufügen. Bei bereits eingetragenen gleich lautenden Firmen muss der Zweitanmelder einen unterscheidungsfähigen

Firmenname

Zusatz beifügen. Bei der Namensgebung sind für alle Unternehmer sowohl Personen- als auch Sach- und Phantasienamen zulässig. Entscheidend ist lediglich, ob die Firma zur Kennzeichnung des Unternehmens geeignet ist, eine gewisse Unterscheidungskraft besitzt und keine irreführenden Angaben beinhaltet. Es besteht keine Verpflichtung, den Namen des Unternehmers in der Firmenbezeichnung anzuführen.

9.3 Gesellschaftsformen

Gesellschaften   Für den Fall einer Teamgründung bzw. wenn mehrere Personen den Entschluss fassen, gemeinsam unternehmerisch tätig zu werden, stehen unterschiedliche Gesellschaftsformen zur Verfügung, die jedoch einem **Typenzwang** unterliegen. Das bedeutet, dass zwingend eine der in Österreich zur Verfügung stehenden und bestehenden Gesellschaftsformen zu wählen ist. Andere dürfen nicht erfunden werden. Unter bestimmten Voraussetzungen ist es auch zulässig, eine Gesellschaft lediglich von einer einzigen Person zu gründen (z.B. Einmann-GmbH).[8]

Das Wichtigste für eine Gesellschaftsgründung wird sein, zu überprüfen, welche Kriterien für eine zufrieden stellende und erfolgreiche Tätigkeit erfüllt werden sollten. Ausgangspunkt dabei ist der Gedanke der Zusammenarbeit und Aufgabenteilung der Gesellschafter (Synergieeffekte, gegenseitige Vertretungsmöglichkeit etc.). Neben dem Vorteil einen Partner zu haben, können mittels einer Gesellschaftsgründung noch weitere **synergiefördernde positive Effekte** erzeugt werden (z.B. Wettbewerbsvorteil durch kompaktes Auftreten der Gesellschaft gegenüber Mitbewerbern). Die Gründe für eine Gesellschaftsgründung können unterschiedlich sein. Die Wahl der Rechtsform wird daher einen Kompromiss darstellen, bei dem sämtliche Vor- und Nachteile hinsichtlich Steuern, Sozialversicherung, Gewerbe- oder Zivilrecht gewissenhaft ausgelotet werden.

9.3.1 Personengesellschaften

Personengesellschaften   Bei den Personengesellschaften steht die persönliche Beteiligung und Mitarbeit und in den meisten Fällen auch die persönliche Haftung im Vordergrund.[9]

Die vormaligen Personengesellschaften des HGB (i.d.R. OHG und KG) wurden im Zuge des Handelsrechtsänderungsgesetzes mit den vormaligen Erwerbsgesellschaften (OEG und KEG) zur **Offenen Gesellschaft** und zur neuen **Kommanditgesellschaft** verschmolzen. Bei den in Österreich gültigen Personengesellschaften unterscheidet man nunmehr zwischen der Offenen Gesellschaft (OG), der Kommanditgesellschaft (KG), der Gesellschaft bürgerlichen Rechts (GesbR) und der stillen Gesellschaft. Das Recht zur Gründung einer eingetragenen Erwerbsgesellschaft ist daher mit Ende des Jahres 2006 erloschen.

---

8   Im Gegensatz zu früheren Regelungen, welche Gesellschaftsgründungen nur für zwei oder mehrere Personen vorsahen.

9   Aufgrund dieser Kriterien steuerrechtlich auch als sog. „Mitunternehmerschaft" bezeichnet.

9.3.1.1 Offene Gesellschaft (OG)

Die OG steht für jede erlaubte Tätigkeit, sowohl für ideelle, freiberufliche, land- und forstwirtschaftliche oder vermögensverwaltende Tätigkeiten, offen. Die OG entsteht ausnahmslos mit der Eintragung im Firmenbuch. Die **Vorgesellschaft** ist in ihrer Rechtsnatur eine GesbR. Die Firma einer Offenen Gesellschaft kann, wie das Einzelunternehmen, eine Personen-, Sach-, Phantasie- oder Mischfirma sein. Der Firmenwortlaut hat jedoch – wie die seinerzeitige OHG – die Bezeichnung „OG" zu enthalten.[10] Die Verwendung des Namens von nicht persönlich haftenden Gesellschaftern ist jedoch untersagt.

Offene Gesellschaft

Die wesentlichsten **Merkmale** einer Offenen Gesellschaft sind v.a. die persönliche Haftung der einzelnen Gesellschafter, das Prinzip der organschaftlichen Vertretung durch die unbeschränkt haftenden Gesellschafter sowie die Unübertragbarkeit der Gesellschaftsanteile, sofern zwischen den Gesellschaftern nichts anderes vereinbart wurde. Steuerlich wird die OG als Mitunternehmerschaft behandelt. Die für jeden Gesellschafter einzurichtenden Kapitalkonten sind **feste (starre) Kapitalkonten**, d.h. der Gesellschaftsanteil verändert sich nicht mit Einzahlungen und Entnahmen. **Kontrollrechte** erlauben einem Gesellschafter, auch wenn dieser von der Geschäftsführung ausgeschlossen ist, sich von den Angelegenheiten der Gesellschaft persönlich zu unterrichten (Einsehen der Handelsbücher und Schriften sowie die Anfertigung eines Jahresabschlusses). Bei der **Gewinn- bzw. Verlustbeteiligung** werden systemkonform zu den festen Kapitalanteilen die Gewinne und Verluste einer OG nach der Höhe der Kapitalbeteiligung der einzelnen Gesellschafter verteilt. Auch im Falle des Stimmrechtes wird bei der Gewichtung von der Höhe der einzelnen Beteiligung ausgegangen (der Gesellschafter ist demnach im Verhältnis seiner Beteiligung stimmberechtigt).

Merkmale

9.3.1.2 Kommanditgesellschaft (KG)

Ebenso wie die OG steht die KG für jede erlaubte Tätigkeit offen (siehe oben) und entsteht ausnahmslos durch die **Eintragung im Firmenbuch.** Auch in diesem Fall ist die Vorgesellschaft eine GesbR, wenn auch die späteren Haftungsstrukturen bereits in der GesbR vorwirken. Die Gründung setzt einen **Gesellschaftsvertrag** zwischen mindestens zwei Gesellschaftern voraus. Der Gesellschaftsvertrag unterliegt keinen Formerfordernissen, sollte jedoch schriftlich abgefasst werden. Die Mitwirkung eines Notars ist nicht erforderlich.

Kommanditgesellschaft

Die KG unterscheidet sich in Haftungsfragen von der OG dadurch, dass die Kommanditgesellschaft eine Gesellschaft darstellt, bei der die Haftung bei einem oder bei einigen Gesellschaftern gegenüber den Gesellschaftsgläubigern auf den Betrag einer bestimmten Vermögenseinlage beschränkt ist **(Kommanditist)**, während beim anderen Teil der Gesellschafter eine beschränkte Haftung nicht statt-

Haftung

---

[10] Bestehende Personengesellschaften des Handelsrechts bzw. eingetragene Erwerbsgesellschaften gelten seit 1. Jänner 2007 entsprechend als Offene Gesellschaften oder Kommanditgesellschaften. Eine am 1. Jänner 2007 bestehende OEG oder KEG wird also automatisch zur OG bzw. KG und muss bis zum 1. Jänner 2010 ihren Rechtsformzusatz im Firmenwortlaut entsprechend abändern. Ab 1. Jänner 2010 dürfen nur mehr die Rechtsformzusätze OG oder KG verwendet werden.

findet **(Komplementär)**. Dieser haftet, wie der Einzelunternehmer oder der Gesellschafter einer OG, auch mit seinem Privatvermögen für die Geschäftsverbindlichkeiten. Die Firma einer KG kann, korrespondierend zu den Bestimmungen bei der OG, eine Personen-, Sach-, Phantasie- oder Mischfirma sein. Der Firmenwortlaut hat den Zusatz „Kommanditgesellschaft" oder abgekürzt KG zu enthalten. Rechtsformneutrale Zusätze wie etwa die Bezeichnung „&Co" sind, wie auch bei der OG, ausgeschlossen.

Merkmale   Ebenso wie bei der OG ist das wesentlichste Merkmal der KG die **Gesamthandschaft**. Dies bedeutet, dass die KG ebenfalls von den Merkmalen der Haftung der Komplementäre mit deren Privatvermögen, der Vertretung der Gesellschaft nach außen sowie der Unübertragbarkeit der Gesellschaftsanteile (sofern nichts anderes vereinbart), geprägt ist. Ebenfalls wie bei der OG liegen bei der KG **starre Kapitalkonten** vor (s. OG). Dadurch wird sowohl auf Ebene des Komplementärs als auch auf Ebene des Kommanditisten verhindert, dass sich Beteiligungsverhältnisse zu Lasten des Gewinn entnehmenden Gesellschafters verändern.

Die **Gewinn- und Verlustzuweisungen** bei den Gesellschaftern erfolgen korrespondierend zur offenen Gesellschaft, d.h. Gewinne und Verluste werden (vereinfacht) den Gesellschaftern entsprechend ihrer Beteiligung zugewiesen. Das unterschiedliche Haftungsrisiko (Vollhaftung/Teilhaftung) wird dadurch ausgeglichen, dass Komplementäre vorweg eine angemessene Haftungsprovision zugesprochen bekommen. Der restliche Jahresgewinn/verlust wird im Verhältnis zur Einlage aufgeteilt. Ebenso wird, wie bei der Gewinn- oder Verlustaufteilung, das Stimmrecht von der Höhe der Beteiligung abhängig sein.

9.3.1.3 Stille Gesellschaft

Stille Gesellschaft   Die stille Gesellschaft ist eine Beteiligung in Form einer **Vermögenseinlage** in ein Handelsgewerbe, das ein anderer betreibt, wobei die Einlage in dessen Vermögen übergeht. Voraussetzung ist, dass der Betreiber des Handelsgewerbes Unternehmer ist. Die Beteiligung an Einzelunternehmen ist ebenso möglich wie eine Beteiligung an juristischen Personen oder Gesamthandschaften (i.d.R. OG oder KG). Stiller Gesellschafter kann grundsätzlich jede natürliche oder juristische Person sein. Eine stille Beteiligung an einer stillen Gesellschaft ist nicht möglich.

Merkmale   Die wesentlichen Merkmale einer stillen Gesellschaft sind vor allem der Gesellschaftsvertrag zwischen dem Geschäftsinhaber und dem Stillen, die (begrenzte) Vermögenseinlage des Stillen sowie die zwingend vorgeschriebene **Gewinnbeteiligung** des stillen Gesellschafters. Die stille Gesellschaft ist darüber hinaus eine reine **Innengesellschaft** und ist zur Offenlegung im Firmenbuch nicht verpflichtet. Es besteht keine unmittelbare Haftung gegenüber den Gläubigern des Unternehmens. Die stille Gesellschaft ist nicht rechtsfähig und hat kein eigenes Gesellschaftsvermögen. Steuerrechtlich unterscheidet man zwischen typischen, also der echten stillen Gesellschaft und der **atypischen**, i.d.R. der unechten stillen Gesellschaft.

Atypische stille Gesellschaft   Bei der atypischen stillen Gesellschaft ist der Stille nicht nur am Gewinn, sondern auch am Gesellschaftsvermögen (Firmenwert und stille Reserven) beteiligt. Steuerrechtlich wird der Stille in diesem Fall als Mitunternehmer behandelt. Geschäftsführungskompetenzen werden ihm übertragen.

Im Falle einer **typischen stillen Gesellschaft** ist der Stille nicht am Gesellschaftsvermögen beteiligt, sondern lediglich am Gewinn. Dem Stillen kommt eine dem Kommanditisten bei einer KG ähnliche Stellung zu. Die Vorteile der stillen Gesellschaft liegen v.a. in der Beteiligung mit begrenztem Kapitaleinsatz, ohne zur Mitarbeit verpflichtet zu sein, ohne schuldrechtliche Haftung gegenüber den Gesellschaftsgläubigern zu sein und ohne im Firmenbuch aufzuscheinen.

Typische stille Gesellschaft

9.3.2 Kapitalgesellschaften

Kapitalgesellschaften sind juristische Personen und besitzen eine eigene Rechtspersönlichkeit. Kapitalgesellschaften sind unabhängig von deren Mitgliedern zu betrachten. Sie sind eigene Rechtspersönlichkeiten, deren Geschäfte durch natürliche Personen (i.d.R. Gesellschafter) geführt werden. Die Gesellschaft haftet für sämtliche Geschäftsverbindlichkeiten, die Gesellschafter in der Regel nicht. In Österreich existieren neben den traditionellen Kapitalgesellschaften der Gesellschaft mit beschränkter Haftung (GmbH) und der Aktiengesellschaft (AG) noch die Europäische Aktiengesellschaft (SE) und als Mischform die GmbH & Co KG.

Kapitalgesellschaften

9.3.2.1 Gesellschaft mit beschränkter Haftung

Die GmbH ist – seit Einführung der Möglichkeit der Einmann-GmbH – mittlerweile die populärste Rechtsform in Österreich. Die GmbH ist eine Kapitalgesellschaft, die in mancher Hinsicht wie eine Personengesellschaft gestaltet ist. Die GmbH ist eine Körperschaft mit eigener Rechtspersönlichkeit, deren Gesellschafter eine Vermögenseinlage (i.d.R. Stammeinlage) an die Gesellschaft erbringen. Diese **Stammeinlagen** stellen die vermögensrechtliche Verpflichtung der Gesellschaft dar und bilden das Stammkapital der Gesellschaft. Weitere vermögensrechtliche Verpflichtungen treffen die Gesellschafter in der Regel nicht. Die **Gesellschafter** haften für die Verbindlichkeiten der GmbH nicht persönlich, sondern es haftet die GmbH als juristische Person allein. Die Gesellschafter haften nicht für die Geschäftsverbindlichkeiten. Die Haftung ist im Normalfall auf deren Einlage beschränkt. Die GmbH ist zudem eine **Außengesellschaft**, da sie als Trägerin von Rechten und Pflichten im rechtsgeschäftlichen Verkehr auftritt. Die GmbH hat keine bestimmte Größe oder Anzahl von Gesellschaftern aufzuweisen und kann auch nur von einer einzigen Person (Ein-Mann-GmbH) gegründet werden. Das gesetzliche **Mindeststammkapital** beträgt 35.000 Euro, mindestens die Hälfte davon, also 17.500 Euro müssen in bar aufgebracht werden. Die Gesellschafter einer GmbH können sowohl natürliche als auch juristische Personen sein. GmbH-Anteile sind keine handelbaren Wertpapiere (die Geschäftsanteile sind im Gegensatz zu Aktien nicht für den freien Handel bestimmt). Sie sind lediglich in Form eines Notariatsaktes übertragbar. Die Stammeinlage der einzelnen Gesellschafter kann unterschiedlich hoch sein, sie beträgt jedoch mindestens 70 Euro.[11]

Gesellschaft mit beschränkter Haftung

---

11 Die Stammeinlagen können jeden beliebigen Wert aufweisen. Wichtig ist nur, dass die Summe der Stammeinlagen 35.000 Euro beträgt.

Will die Gesellschaft einer gewerblichen Tätigkeit nachgehen, so muss die GmbH über eine **Gewerbeberechtigung** verfügen. Um diese Gewerbeberechtigung zu erhalten, ist ein gewerberechtlicher Geschäftsführer notwendig, der oftmals aus dem Kreis der Gesellschafter stammt.

Eine GmbH kann für jeden zulässigen Zweck gegründet werden. Der **Gründungsvorgang** besteht im Wesentlichen aus dem Abschluss des Gesellschaftsvertrages und der **Eintragung ins Firmenbuch**. Der Abschluss des Gesellschaftsvertrages ist notariatsaktpflichtig. Wie alle juristischen Personen bedarf auch die GmbH entsprechender Organe, die für sie handeln (Generalversammlung, Aufsichtsrat und Geschäftsführung).

Generalversammlung Die **Generalversammlung** besteht aus allen Gesellschaftern und wird mindestens ein Mal pro Jahr vom Geschäftsführer einberufen. Das Stimmrecht ist abhängig von der Höhe des jeweiligen Geschäftsanteiles. Die Generalversammlung wählt gegebenenfalls den Aufsichtsrat und bestimmt die Geschäftsführung.

Aufsichtsrat Der **Aufsichtsrat** ist das Kontrollorgan der GmbH. Eine Verpflichtung zur Bildung eines Aufsichtsrats besteht jedoch lediglich, wenn der Gesellschaftsvertrag einen Aufsichtsrat vorsieht, das Stammkapital 70.000 Euro überschreitet, die Anzahl der Gesellschafter 50 überschreitet oder wenn die Anzahl der Dienstnehmer im Durchschnitt 300 übersteigt. Der Aufsichtsrat hat aus mindestens 3 Mitgliedern zu bestehen.

Geschäftsführung Neben der Generalversammlung ist auch die **Geschäftsführung** ein zwingend vorgeschriebenes Organ. Die Geschäftsführung und Vertretung der GmbH werden durch einen oder mehrere Geschäftsführer wahrgenommen. Die Bestellung der Geschäftsführer erfolgt durch Beschluss der Gesellschafter und kann auf unbestimmte Zeit erfolgen. Die Abberufung ist grundsätzlich jederzeit und ohne Vorliegen eines wichtigen Grundes möglich. Werden Gesellschafter durch den Gesellschaftsvertrag zu Geschäftsführern bestellt, so kann ihre Abberufung vertraglich auf wichtige Gründe beschränkt werden. Der Geschäftsführer ist hinsichtlich seiner Tätigkeit an Weisungen der Generalversammlung gebunden.

Die **Vertretung** nach außen erfolgt durch einen oder mehrere Geschäftsführer. Die Geschäftsführer haften mit der Sorgfalt eines ordentlichen Kaufmanns für die ordnungsgemäße Geschäftsführung.

Die **Haftungsbeschränkung** ist wohl der Hauptgrund für die Popularität der GmbH. Die Haftung bleibt bei der GmbH grundsätzlich auf die Gesellschaft beschränkt. Die GmbH eignet sich daher besonders für Zusammenschlüsse von Partnern, die zwar in der Gesellschaft mitarbeiten, das Risiko jedoch auf die Kapitaleinlage reduzieren wollen. Der Geschäftsführer der GmbH ist von diesen großzügigen Haftungsbeschränkungen jedoch ausgeschlossen. Bei Verschulden seinerseits (Verletzung der Sorgfaltspflicht) haftet er auch mit seinem Privatvermögen.

Bei der **Gewinnbeteiligung** hat jeder Gesellschafter einen anteiligen Anspruch auf den Reingewinn, soweit sich ein Gewinn ergibt. Maßgebend dabei ist das Ausmaß der jeweiligen Beteiligung.

9.3.2.2 Aktiengesellschaft

Die Aktiengesellschaft ist jene Rechtsform, welche v.a. bei großen Unternehmen häufig gewählt wird. Eine Unternehmensgründung in Form von Aktiengesellschaften wird wohl relativ selten der Fall sein. Die Aktiengesellschaft ist eine Gesellschaft mit eigener Rechtspersönlichkeit, deren Gesellschafter mit Einlagen auf das in Aktien zerlegte **Grundkapital** (mind. 70.000 Euro; Wert einer Aktie mindestens € 1,00) beteiligt sind, ohne persönlich für die Gesellschaftsverbindlichkeiten zu haften. Wie bei der GmbH ist sie eine Gesellschaft mit eigener Rechtspersönlichkeit und bedarf daher natürlicher Personen, die sie vertreten und für sie handeln (Hauptversammlung, Aufsichtsrat und Vorstand).

Aktiengesellschaft

Die **Hauptversammlung** entspricht der Gesamtheit sämtlicher Aktionäre, wobei jede Aktie eine Stimme repräsentiert. Die Hauptversammlung muss mindestens einmal im Jahr durch den Vorstand einberufen werden und beschließt bspw. über Kapitalveränderungen, eventuelle Umwandlungen oder Auflösung der Gesellschaft.

Hauptversammlung

Der **Aufsichtsrat** ist i.d.R. das Kontrollorgan der Gesellschaft. Er wird von der Hauptversammlung für fünf Jahre bestellt und kontrolliert den Vorstand. Aufsichtsratsmitglieder können nicht gleichzeitig Mitglied des Vorstandes sein.

Aufsichtsrat

Der **Vorstand** der AG übernimmt die Geschäftsführung. Dieser führt die Geschäfte der AG und vertritt sie nach außen. Gegenüber dem Aufsichtsrat hat der Vorstand eine **Informationspflicht,** stellt den Jahresabschluss auf und beruft, wie oben erwähnt, die Hauptversammlung ein. Der Vorstand als zentrales Organ bei der Geschäftsführung ist nicht weisungsgebunden.

Vorstand

In vielen Bereichen sind die Vorteile einer AG ähnlich denen einer GmbH. Ein großer Unterschied der AG gegenüber der GmbH besteht allerdings bei der **Ausstattung** mit Eigenkapital sowie der **Aufbringung von Eigenkapital** über die Börse. Durch eine Beteiligung vieler Aktionäre kann durch kleine Beträge eine insgesamt große Eigenkapitalmenge aufgebracht werden. Deshalb wird in eigenkapitalintensiven Situationen (Expansion etc.) oft die Gründung einer AG einschließlich dem Gang an die Börse überlegt.

Die **Haftung** ist – korrespondierend zur GmbH – auf die Höhe der Beteiligung begrenzt. Aktionäre haften niemals mit ihrem Privatvermögen für die Schulden der Gesellschaft (Anonymität der Anteilseigner).

Haftung

9.4 Sonderform GmbH&Co KG

Im der unternehmerischen Praxis ist als **Mischform zwischen Personen- und Kapitalgesellschaft** v.a. die GmbH&Co KG üblich. Dabei trägt der Komplementär die volle Haftung. In diesem Fall ist dies jedoch nicht eine natürliche Peson, sondern eine juristische Person in Form der GmbH, welche mit ihrem gesamten Gesellschaftsvermögen haftet. Der Kommanditist, i.d.R. eine natürliche Person, haftet hingegen nur bis zur Höhe seiner Kommanditisteneinlage. Ins Firmenbuch

GmbH&Co KG

wird sowohl die GmbH als auch die KG eingetragen. Die Unternehmensbezeichnung ist der Name des voll haftenden Gesellschafters (GmbH) plus dem Zusatz &Co KG.

Gewerberechtsträger ist die Kommanditgesellschaft. Der gewerberechtliche Geschäftsführer mit dem Befähigungsnachweis muss zwingend auch handelsrechtlicher Geschäftsführer der Komplementär-Gesellschaft sein, oder ein voll versicherter Arbeitnehmer, der mindestens zur Hälfte der wöchentlichen Normalarbeitszeit im Unternehmen beschäftigt ist.

Einkommensteuerpflichtig ist der Kommanditist. Die GmbH unterliegt der Körperschaftsteuer. Ausgeschüttete Gewinne werden mit Kapitalertragsteuer endbesteuert. Die Pflichtversicherung bei der Sozialversicherungsanstalt der gewerblichen Wirtschaft ist für den geschäftsführenden Gesellschafter der Komplementär-GmbH nur bei gesonderter Gewerbeberechtigung der GmbH möglich. Hat der Kommanditist eine arbeitnehmerähnliche Stellung im Unternehmen (Weisungsgebundenheit, Höhe der Beteiligung etc.), so ist dieser bei der allgemeinen Sozialversicherungsanstalt verpflichtend zu versichern.

9.5 Gesellschaft bürgerlichen Rechts

Gesellschaft bürgerlichen Rechts

Die Gesellschaft bürgerlichen Rechts ist eine durch Vertrag begründete Gesellschaft zu einem gemeinschaftlichen Erwerb, in der sich mindestens zwei Personen verpflichten, Geld und/oder Arbeitskraft zum gemeinsamen Nutzen zu vereinigen. Diese kommt am häufigsten in Form der Arbeitsgemeinschaft (ARGE) vor. Besondere Bedeutung hat die GesbR bei Arbeitsgemeinschaften im Baubereich, da sie für Aktivitäten, die auf ein bestimmtes Projekt beschränkt sind, den Vorteil einer raschen und günstigen Gründung bietet. Grundlage für die Gründung einer GesbR ist ein **Gesellschaftsvertrag ohne Formvorschriften**. Als Vertragspartner sind mindestens zwei natürliche oder juristische Personen erforderlich. Die GesbR ist im Wesentlichen die Vorgesellschaft zu einer OG oder KG. Grundsätzlich steht es der GesbR frei, sich im Firmenbuch eintragen zu lassen. Wird jedoch eine GesbR gegründet und übersteigen die Umsatzerlöse in zwei aufeinander folgenden Geschäftsjahren 400.000 Euro Umsatz bzw. in einem einzigen Jahr 600.000 Euro, so ist eine Eintragung ins Firmenbuch als OG oder KG verpflichtend.[12]

Ob und welche Einlagen zu leisten sind, richtet sich nach dem Gesellschaftsvertrag. Wurde keine gesonderte Vereinbarung getroffen, so leisten die Gesellschafter die Einlage zu gleichen Teilen. Das **Gesellschaftsvermögen** steht im Miteigentum der Gesellschafter. Schuldrechtlich ist der Miteigentumsanteil durch den Gesellschaftsvertrag gebunden. Die Forderungen und Verbindlichkeiten stehen nicht der Gesellschaft, sondern den Gesellschaftern zu. Die Gesellschafter haften solidarisch. Der Gewinn oder Verlust wird nach den Verhältnissen der Einlagen ver-

---

12 Ausgenommen sind dabei die Gesellschaften bürgerlichen Rechts von Angehörigen freier Berufe sowie Land- und Forstwirten.

teilt. Grundsätzlich verfügt jeder Gesellschafter frei über seinen Gewinnanteil. Die Geschäftsführung obliegt den Gesellschaftern. Diese haben die Verpflichtung, keine Geschäfte zu tätigen, die der Gesellschaft nach Wettbewerbsrecht schaden könnten. Die Regelung der Vertretung nach außen ist vom Gesetzgeber nur unklar geregelt. Dies sollte im Gesellschaftsvertrag so genau wie möglich geregelt werden.

9.6 Weiterführende Literatur

Lehrbücher kompakt: *Geymayer/Tröthan* (2006), *Schummer/Kriwanek* (2006), *Karollus* et al. (2006).

Standardwerke zur Rechtsformwahl: *Krejci* (2005), *Krejci* (2006), *Dehn/Krejci* (2007), *Fritz* (2007), *Kalss/Nowotny* (2007).

Praxisorientierte Ratgeber zum Gesellschaftsrecht: *www.weka.at/gesellschafts-recht/*

9.7 Blick in die Praxis von A. Hasch: Wahl der Rechtsform

RA DDr. Alexander Hasch
Rechtsanwaltskanzlei Hasch & Partner
www.hasch.co.at

A) Überblick über die möglichen Rechtsformen

In Österreich kann eine unternehmerische Betätigung in einer Reihe von Rechtsformen erfolgen:

- Einzelunternehmen
- Gesellschaft bürgerlichen Rechts (ARGE)
- Offene Gesellschaft
- Kommanditgesellschaft
- Stille Gesellschaft (typische, atypische)
- GmbH
- GmbH & Co KG
- AG
- AG & Co KG
- Europäische Aktiengesellschaft (SE, Societas Europaea)
- Privatstiftung

- Genossenschaft

- Europäische Genossenschaft (SCE, Societas Communitatis Europaea)

- Verein

- Versicherungsverein auf Gegenseitigkeit (VVag)

- Europäische wirtschaftliche Interessenvereinigung (EWIV)

B) Wesentliche Kriterien der Rechtsformwahl

Zur Auswahl werden üblicherweise folgende **Beurteilungsfaktoren** herangezogen:

- Haftung

- steuerliche Beurteilung

- Geschäftsführungs- und Vertretungsregelungen

- Gewinn- und Verlustbeteiligung

- Entnahmemöglichkeiten

- Flexibilität

- Prüfungs- und Publizitätsbestimmungen

- Finanzierungsmöglichkeiten

- Arbeitnehmermitbestimmung

- Übertragungs- und Umgründungsmöglichkeiten

- Unternehmensnachfolge, Erbfolge

C) Würdigung

1. Haftung

Naturgemäß ist eines der wesentlichsten Kriterien das Erreichen einer **beschränkten Haftung**. Bei Einzelunternehmen, Gesellschaften bürgerlichen Rechtes und Offenen Gesellschaften liegt eine unbeschränkte Haftung des jeweiligen Gründers, Unternehmers bzw. der Gesellschafter vor. Sie haften daher unmittelbar, primär und solidarisch mit ihrem gesamten Privatvermögen. Absicherungsstrategien im Privatvermögen (Veräußerungs- und Belastungsverbote bei Liegenschaften, Errichtung von Privatstiftungen bei größeren Vermögen) sind allerdings denkbar.

Je nachdem, ob man an einer der vorgenannten Rechtsformen persönlich – also als natürliche Person – oder in Form einer GmbH oder sonstigen Kapitalgesellschaft oder auch als Privatstiftung teilnimmt, entsteht allerdings gegebenenfalls wieder eine beschränkte Haftung.

Zu beachten ist, dass die beschränkte Haftung in der Regel auch die 1%ige **Gesellschaftssteuer** für alle gebundenen Kapitalien (direktes Kapital, Gesellschafterzuschüsse, Gesellschafterdarlehen etc.) auslöst.

Eine grundsätzlich beschränkte Haftung, d.h. eine bloße Haftung mit dem Gesell-
schafts- und/oder Unternehmensvermögen, liegt bei den o.a. Rechtsformen (mit
Ausnahme des Einzelunternehmens, der GesBR, der OG sowie der EWIV) vor.
Bei Privatstiftungen sind die Kosten der Zuwendung von Vermögen anstelle von
Gesellschaftssteuer mit einer **derzeit** pauschalierten 5%igen Erbschaftssteuer be-
lastet.

2. *Steuerrecht*

Von zentraler wirtschaftlicher Bedeutung ist gleich im Anschluss an die zivilrecht-
liche Haftung die steuerliche Beurteilung. Die Rechtsformwahl wird in der Praxis
tatsächlich oft daran orientiert. Insbesondere sind die Fragen der Höhe des **Steu-
ersatzes** und vor allem auch der **Einkommenszurechnung** von zentraler Bedeutung.

Festzuhalten ist, dass bspw. die Vorteile der Nutzung von **Anlaufverlusten** durch
natürliche Personen durchaus im Wege der Rechtsformwahl mit dem Vorteil der
beschränkten zivilrechtlichen Haftung kombiniert werden können. Dazu stehen
insbesondere die Rechtsformen GmbH und atypisch stille Gesellschaft sowie
GmbH & Co KG zur Verfügung.

Auch die „nachträgliche" Nutzung von **Anlaufverlusten** durch Begründung atypisch stiller Gesellschaften im Wege von Zusammenschlüssen gemäß Art. IV
UmgrStG (neunmonatige Rückwirkung!) wird in der Praxis vielfach genützt.

Wesentlich ist auch, dass die Rechtsformwahl bzw. die jeweilige Rechtsform als
durchaus **dynamisch** und veränderbar zu sehen ist.

Das **UmgrStG** bietet vielfache Möglichkeiten, steuerneutral die Rechtsform zu
wechseln. Gemäß Art. III UmgrStG können jederzeit atypisch stille Beteiligungen, Kommanditbeteiligungen, Beteiligungen an offenen Gesellschaften, Einzelunternehmen, Beteiligungen an Gesellschaften bürgerlichen Rechts etc. in Kapitalgesellschaften (AG, GmbH) eingebracht werden, um dann die tendenziell be-
günstigte Besteuerung höherer Beträge (ab rund 132.000 Euro bis 200.000 Euro
pro Jahr, nach Abzug von Geschäftsführergehältern) zu nutzen.

Wiederum bietet Art. II UmgrStG – beispielsweise für den Fall, dass Erträge ein-
brechen und sich die Ertragssituation in eine Verlustsituation dreht – die Möglichkeit, im Wege der Rückumwandlung die Rechtsform von Personengesellschaften,
durchaus weiterhin mit beschränkter zivilrechtlicher Haftung (Bildung einer
GmbH & Co KG), steuerneutral einzunehmen.

Kapitalgesellschaften besteuern zunächst ihre Erträge mit 25% KöSt; weitere
Steuern fallen nur bei Ausschüttung an natürliche Personen (nicht bei Ausschüttung an Kapitalgesellschaften oder Stiftungen!) an. Die durchgerechnete Steuerbelastung bei Vollausschüttung an natürliche Personen beträgt 43,75%; jene von
natürlichen Personen 50% (immer gerechnet auf die höchste Progression!).

Zusammenfassend ergibt sich, dass die Sinnhaftigkeit der Rechtsformwahl in er-
heblichem Ausmaß vom Ergebnis (Gewinn/Verlust) des von den jeweiligen Gesellschaften betriebenen Unternehmens abhängt.

D) Weitere Kriterien

Die **Geschäftsführungs- und Vertretungsrechte** können bei allen Rechtsformen kollektiv oder selbständig geregelt werden. Personengesellschaften unterliegen dem Prinzip der Selbstorganschaft, d.h. Gesellschafter müssen zum Teil auch Vertretungs- und Geschäftsführungsaufgaben wahrnehmen; Kapitalgesellschaften nutzen das Prinzip der Drittorganschaft, d.h. die Geschäftsführer können auch Personen sein, die dem Kreis der Gesellschafter nicht angehören.

Wesentlich sind auch die Fragen der **Kapitalerhaltung** bei Kapitalgesellschaften bzw. **Entnahmemöglichkeiten** bei Personengesellschaften. Während bei Kapitalgesellschaften nur aufgrund von förmlichen Gewinnausschüttungsbeschlüssen Mittel an die Gesellschafter ausgeschüttet werden können (strenge Prüfung; Problemkreis „verdeckte Ausschüttung und Einlagenrückgewähr"!), ist bei Personengesellschaften grundsätzlich eine jederzeitige Entnahmemöglichkeit gegeben. Überentnahmen, d.h. nicht im Gewinn gedeckte Entnahmen, führen allerdings gegebenenfalls zum Wiederaufleben der persönlichen Haftung, Prüfungs- und Publizitätserfordernisse sind bei Kapitalgesellschaften, zu denen auch die GmbH & Co KG zählt, erhöht.

Finanzierungsmöglichkeiten beschränken sich bei Personengesellschaften eher auf das Investment durch natürliche Personen im Zusammenhang mit der Nutzung von Anlaufverlusten; bei Kapitalgesellschaften, insbesondere bei Aktiengesellschaften, stehen zusätzlich alle Instrumente des Kapitalmarktes (Bonds, Kapitalerhöhungen, Mittelstandsbörsen etc.) zur Verfügung.

Die Arbeitnehmermitbestimmung spielt bei Kapitalgesellschaften bei Vorliegen von Aufsichtsratspflicht oder auch freiwilligen Aufsichtsräten oder Beiräten eine Rolle (Drittelparität, GmbH, AG).

Die Mobilität und Fungibilität der Unternehmensanteile ist bei Personengesellschaften und Aktiengesellschaften wenig formbedürftig. Übertragungen von GmbH-Anteilen bedürfen der Form des Notariatsakts.

Fragen der Unternehmensnachfolge und Erbregelungen sind für alle Gesellschaften im Grunde völlig frei und flexibel gestaltbar.

Resümee

Die Fragen der zivilrechtlichen Haftung und der steuerlichen Beurteilung – kombiniert mit der Beurteilung und Einschätzung der Ertragslage der jeweils von den Gesellschaften betriebenen Unternehmen – stellen in der Praxis die prioritären Kriterien für die Rechtsformwahl dar.

Zu beachten ist, dass die Rechtsformwahl keine einmalige Entscheidung ist, sondern im Zeitablauf immer wieder neu beurteilt werden muss und gegebenenfalls auch zu revidieren ist. Dafür bietet das österreichische UmgrStG alle erdenklichen Möglichkeiten, steuerneutral die Rechtsform – je nach Situation – zu wechseln. Auch die Fragen der Finanzierung und deren Instrumente sind im Zeitablauf kritisch zu hinterfragen. Anleihen, Wandelanleihen, Genussrechte, atypisch stille Gesellschaften etc. sind ebenfalls rechtsformübergreifend als Instrumente hiefür nutzbar.

10. Finanzamt und Steuern

Für Gründer ist es besonders wichtig, ihren Verpflichtungen gegenüber dem Finanzamt nachzukommen. In diesem Kapitel wird deshalb dargestellt, was Jungunternehmer im Zusammenhang mit der Steuer beachten müssen und welche Arten und Verfahren möglicherweise für ihr Unternehmen relevant sein werden.

Rechte und Pflichten

Mit der Aufnahme der unternehmerischen Tätigkeit übernimmt der Abgabenpflichtige bzw. Abgabenschuldner bestimmte abgabenbezogene Rechte und Pflichten. Grundsätzlich besteht die **Pflicht,** betriebliche Vorgänge den Tatsachen entsprechend aufzuzeichnen (Buchführungspflicht), Abgabenerklärungen wahrheitsgemäß abzugeben, die zutreffenden Abgaben vollständig und termingerecht zu entrichten, eine Offenlegungs- und Wahrheitspflicht sowie die Hilfeleistungs- und Mitwirkungspflicht bei Amtshandlungen und Betriebsprüfungen. Vorerst besteht für Gründer jedoch die gesetzliche Verpflichtung, den Umstand der Unternehmensgründung dem zuständigen Finanzamt innerhalb einer bestimmten Frist zu melden (Anzeigepflicht). Die **Rechte** des Abgabepflichtigen beziehen sich vor allem auf das Recht auf Akteneinsicht, das Parteiengehör oder etwa das Recht auf ein faires Verfahren.

10.1 Der erste Kontakt – Die Steuernummer

Steuernummer

Die Aufnahme einer unternehmerischen Tätigkeit ist dem zuständigen **Betriebs- bzw. Wohnsitzfinanzamt** innerhalb **eines Monats** durch eine formlose Mitteilung bekannt zu geben, weiters ist um die Zuteilung einer Steuernummer zu ersuchen.[13] Das Formular kann durch den Jungunternehmer selbst oder vom jeweiligen Berater ausgefüllt werden. Weist ein beim Finanzamt abgegebenes Formular den Stempel und die Unterschrift eines Steuerberaters auf, wird automatisch eine sog. **Abgabenvollmacht** angenommen.

Je nach Rechtsform ist im Zuge der Meldung ein **Fragebogen** für das Finanzamt auszufüllen, der die Einschätzung des voraussichtlichen Gewinnes bzw. Jahresumsatzes zum Gegenstand hat. Um Einkommensteuervorauszahlungen zu verhindern, sollte kein zu hoher Jahresumsatz bzw. Gewinn angegeben werden. Im Normalfall werden vom Finanzamt aufgrund umfangreicher Anfangsinvestitionen bei einer Gründung **Anlaufverluste** anerkannt. Vor dem Ansuchen um eine Steuernummer sollten – wenn möglich – bereits andere Behördengänge erledigt werden wie etwa der Erwerb der Gewerbeberechtigung (Bezirksverwaltungsbehörde als 1. Instanz). Zusätzlich mit dem Fragebogen anlässlich der Betriebseröffnung muss ein Unterschriftsprobenblatt abgegeben werden, in welches jene Personen einzutragen sind, die gegenüber dem Finanzamt zeichnungsberechtigt sind.

---

[13] Die Meldung kann auch elektronisch erfolgen, sofern bereits ein FinanzOnline-Zugang besteht.

Das Finanzamt sieht sich jedoch nicht als Beratungsstelle. Dafür sind Wirtschaftskammer, Rechtsanwälte oder Steuerberater zuständig. Wenn möglich sollte vor der Meldung beim Finanzamt eine Beratung seitens der einschlägigen Beratungsinstitutionen eingeholt werden.

Nachdem das zuständige Finanzamt informiert wurde, erhält der Betriebsgründer eine **Steuernummer** zugeteilt, sofern er aufgrund seiner bisherigen Tätigkeit noch keine erhalten hat. Neben der Steuernummer wird auch das zuständige **Referat** angeführt, welches den Akt des Steuerpflichtigen bearbeitet (Beispiel: 007/5555, Ref. 05).[14]

Abgabenkonto

Die Abgabenbehörde führt für jede Steuernummer ein **Abgabenkonto**. Auf dieses Konto werden die Finanzamtszahlungen (z.B. Umsatz-, Einkommensteuer, lohnabhängige Abgaben) geleistet. Die Finanzkasse bucht gemeldete oder vorgeschriebene Abgaben als Belastung und den Zahlungsbetrag als Gutschrift. Ebenso wie das Bankkonto kann das Abgabenkonto Guthaben oder Rückstände aufweisen. Guthaben können vom Finanzamt rückgefordert (Rückzahlungsantrag) oder auf dem Konto belassen und zur Abdeckung künftiger Abgaben verwendet werden.

Buchungsmitteilung

Die nummerierten Kontoauszüge des Finanzamtes über die erfolgten Buchungen auf dem Abgabenkonto und den aktuellen Saldo werden als **Buchungsmitteilungen** bezeichnet. Diese entsprechen hinsichtlich des Informationsgehaltes in etwa den Kontoauszügen einer Bank und sollten stets aufbewahrt werden. Die Buchungsmitteilungen werden den Unternehmern von den Finanzämtern in regelmäßigen Abständen per Post zugesandt bzw. sind auch online abrufbar.[15]

Abgesehen von den monatlich oder vierteljährlich einzureichenden Erklärungen bzw. Zahlungen (z.B. Umsatzsteuer-Voranmeldung, ESt/KöSt-Vorauszahlungen etc.) sind auch **Jahressteuererklärungen** (z.B. für Einkommen-, Umsatz- und Körperschaftsteuer) beim Finanzamt einzureichen. Grundsätzlich besteht die Verpflichtung, eine Einkommensteuererklärung abzugeben, wenn eine Aufforderung vom Finanzamt dazu ergeht. Wenn bilanziert wird, besteht bei betrieblichen Einkünften jedoch immer Steuererklärungspflicht. Sollten im gesamten Einkommen neben lohnsteuerpflichtigen Einkünften auch andere Einkünfte von insgesamt **mehr als 730 Euro** enthalten sein und übersteigt das gesamte Einkommen 10.900 Euro, so besteht automatisch die Verpflichtung, eine Einkommensteuererklärung abzugeben. Diese ist – bei schriftlicher Abgabe – bis spätestens **30. April des Folgejahres** einzureichen. Der Termin kann auf Antrag verlängert werden. Bei **Vertretung** durch einen Steuerberater sind längere Fristen (maximal bis 31. März des zweitfolgenden Jahres) möglich. Wird die Einkommensteuererklärung online abgegeben (**FinanzOnline**), so erstreckt sich die Frist zur Abgabe der Einkommensteuererklärung bis 30. Juni des Folgejahres.[16] Für die erstmalige Anmeldung

14 Die Steuernummer und das zuständige Referat sollten stets griffbereit sein, da bei jedem Schreiben an das Finanzamt deren Anführen notwendig ist.
15 Die Finanzamtsbuchungen sollten stets mit den Buchungen im jeweiligen unternehmensinternen Rechnungswesen übereinstimmen. Bei ev. Unstimmigkeiten gelten stets die ausgewiesenen Buchungen auf dem Abgabenkonto!
16 Der Steuerpflichtige hat die Erklärungen grundsätzlich elektronisch zu übermitteln. Ist dies mangels technischer Voraussetzungen beim Steuerpflichtigen unzumutbar, dürfen die amtli-

zu FinanzOnline muss ein Vertreter des Unternehmens oder eine steuerliche Vertretung persönlich beim zuständigen Finanzamt erscheinen, um den notwendigen Zugangscode zu erhalten.

10.2 Einteilung der Steuern

Steuern können generell nach den folgenden Kriterien unterteilt werden:[17]

Einteilung der Steuern

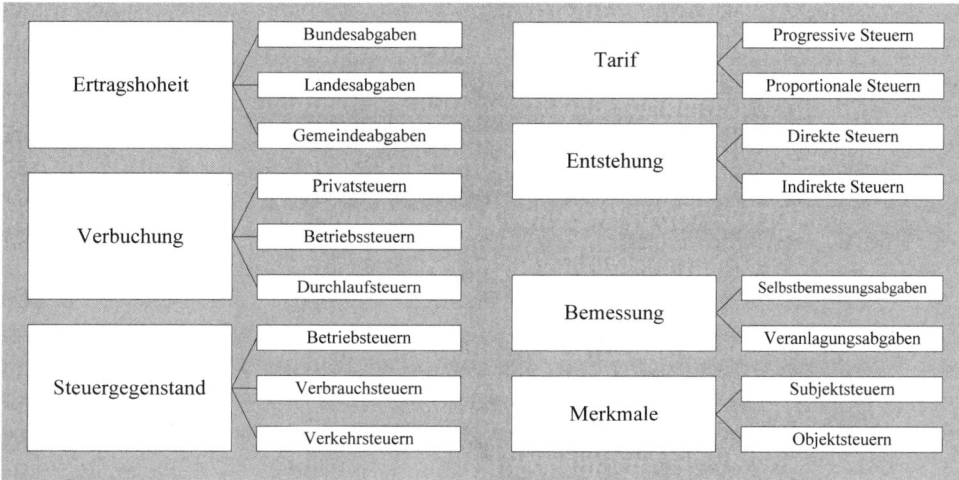

Abb. 10.1: Einteilung der Steuern

Die Einteilung nach der **Ertragshoheit** bestimmt den Empfänger der jeweiligen Abgabe. Abgaben können in der Regel Bund, Länder und Gemeinden zufließen. Zu den Bundesabgaben zählen etwa Stempelgebühren und Tabaksteuer, typische Landesabgaben sind beispielsweise Jagd- und Fischereiabgaben oder etwa die U-Bahn-Steuer in Wien. Die Kommunal- und Grundsteuer zählen zu den wichtigsten Gemeindeabgaben.

Bei der Einteilung der Steuern nach der **Verbuchung** kann zwischen Privatsteuern, welche zur Gänze die Privatsphäre des Steuerpflichtigen betreffen, wie z.B. die Einkommensteuer, den Betriebssteuern, die lediglich die unternehmerische Sphäre betreffen (z.B. Grundsteuer für ein betriebliches Grundstück) und den Durchlaufsteuern (z.B. Umsatzsteuer) unterschieden werden. Im Gegensatz zu betrieblichen Steuern sind Privatsteuern steuerlich nicht abzugsfähig und können

---

chen Vordrucke verwendet werden. Die Abgabe der Steuererklärung am Papierformular ist darüber hinaus jenen Steuerpflichtigen gestattet, die keine steuerliche Vertretung mit der Einreichung beauftragen und deren Jahresumsatz 100.000 Euro nicht übersteigt. Steuererklärungen und Beilagen, die noch nicht elektronisch zur Verfügung stehen, sind neben den elektronisch einzureichenden Steuererklärungen wie bisher schriftlich einzureichen.

17   Die Einteilung der Steuern ist in Literatur und Praxis sehr unterschiedlich. Bei der vorliegenden Einteilung soll aus diesem Grund kein Anspruch auf Vollständigkeit erhoben werden. Vielmehr soll dargestellt werden, wie umfangreich und komplex die Materie der Besteuerung ist.

nicht als Aufwand im betrieblichen Rechnungswesen verbucht werden. Betriebliche Steuern stellen eine Betriebsausgabe dar und sind als solche steuerlich abzugsfähig. Durchlaufsteuern werden vom Unternehmen für Dritte eingehoben. Die Umsatzsteuer beispielsweise wird dem Konsumenten in Rechnung gestellt und gleichzeitig an das Finanzamt wieder abgeführt.

Nach dem **Steuergegenstand** unterscheidet man Betriebs-, Verbrauchs- und Verkehrssteuern. Verbrauchssteuern besteuern den Verbrauch von Wirtschaftsgütern, wie etwa die Tabaksteuer oder die Mineralölsteuer. Verkehrssteuern besteuern den wirtschaftlichen Güterverkehr, wie etwa die Umsatzsteuer oder die Grunderwerbsteuer.

Die Unterscheidung nach dem **Tarif** unterteilt die Steuern in proportionale und progressive Steuern. Hier liegt der Unterschied im Wesentlichen in der Berechnungsmethode der Steuerlast. Während der Einkommensteuertarif beispielsweise progressiv gestaffelt ist (mit zunehmender Bemessungsgrundlage steigt der durchschnittliche Steuersatz, d.h. die Steuerbelastung im Verhältnis zur Bemessungsgrundlage), ist die Körperschaftsteuer eine reine Proportionalsteuer (für die Höhe der Bemessungsgrundlage wird ein einheitlicher Durchschnittssteuersatz, i.d.R. 25%, angewendet).

Nach der **Entstehung** unterscheidet man direkte und indirekte Steuern und bezieht sich auf die Überwälzung der Steuerbelastung. Bei den direkten Steuern sind Steuerschuldner sowie Steuerträger identisch, bei den indirekten sind Steuerschuldner und Steuerträger unterschiedlich.

Nach der **Bemessung** unterscheidet man zwischen Selbstbemessungs- und Veranlagungsabgaben. Selbstbemessungsabgaben sind vom Steuerpflichtigen selbst zu ermitteln und zu entrichten. Veranlagungsabgaben werden nach Durchführung eines förmlichen Verfahrens bescheidmäßig festgesetzt.

Bei der Einteilung nach bestimmten **Merkmalen** unterscheidet man zwischen Subjekt- und Objektsteuern. Bei Subjekt- oder Personensteuern ist v.a. die persönliche Situation des Steuerschuldners für den Steuergegenstand maßgebend. Eine typische Subjektsteuer ist die Einkommensteuer. Bei Objektsteuern sind für die Steuerhöhe v.a. objektbezogene Merkmale entscheidend (etwa bei der Umsatzsteuer).

Zur grundsätzlichen Unterscheidung: **Steuern** sind im Wesentlichen als Leistungen an Bund, Länder und Gemeinden zu bezeichnen, denen keine direkte Gegenleistung gegenübersteht. **Beiträge** hingegen sind Geld- oder Sachleistungen, die von Personen geleistet werden, die ein besonderes Interesse an der Errichtung oder Erhaltung öffentlicher Einrichtungen haben (z.B. Kammerbeiträge). Als **Gebühren** gelten Entgelte, die von Gebietskörperschaften für besondere, von der Person in Anspruch genommene Leistungen eingehoben werden (z.B. Gebühren für die Ausstellung eines Reisepasses oder eines Führerscheins).

10.2.1 Einkommensteuer

Der Einkommensteuer unterliegt das **Einkommen natürlicher Personen**. Sie knüpft an persönliche Umstände des Steuerpflichtigen an und zählt somit zu den Personensteuern. Die Einkommensteuer wird vom Steuerschuldner grundsätzlich auch wirtschaftlich getragen, sie zählt somit zu den direkten Steuern. Die Einkommensteuer ist eine gemeinschaftliche Bundesabgabe, wird vom Bund eingehoben und zwischen Bund, Ländern und Gemeinden aufgeteilt. Bei der **Erhebungsform** der Einkommensteuer unterscheidet man die **Veranlagung** (bescheidmäßige Festsetzung durch das Finanzamt), die **Lohnsteuer** (Besteuerung des Einkommens natürlicher unselbständiger Personen) sowie die **Kapitalertragsteuer** (Besteuerung der Einkünfte aus Kapitalvermögen).

Einkommensteuer

Unbeschränkt steuerpflichtig sind alle natürlichen Personen, die im Inland einen Wohnsitz oder ihren gewöhnlichen Aufenthalt haben. Die unbeschränkte Steuerpflicht erstreckt sich vom Umfang her auf das gesamte von einer Person erzielte Einkommen (Welteinkommen).

Steuerpflicht

Beschränkt steuerpflichtig sind alle natürlichen Personen, die weder einen Wohnsitz noch den gewöhnlichen Aufenthalt im Inland haben und bestimmte (im Einkommensteuergesetz aufgezählte) **inländische Einkünfte** erzielen. Der Steuerpflicht unterliegen in diesem Fall nur die inländischen Einkünfte.

Die grundsätzliche Erhebungsform der Einkommensteuer i.e.S. ist die **Veranlagung.** Der Steuerpflichtige hat beim zuständigen Wohnsitzfinanzamt eine Steuererklärung einzubringen (meist für ein Kalenderjahr), aufgrund derer mittels **Bescheid** des Finanzamtes das erzielte Einkommen festgestellt und die Einkommensteuer festgesetzt wird. Bereits während des Kalenderjahres muss der Steuerpflichtige in der Regel vierteljährlich Vorauszahlungen leisten, welche anschließend auf die endgültige (mit Bescheid festgesetzte) Steuerschuld angerechnet werden. Die Grundlage für die Berechnung der Einkommensteuer ist grundsätzlich das gesamte erzielte Einkommen, welches sich wiederum aus im Gesetz erschöpfend aufgezählten **sieben Einkunftsarten** zusammensetzt. Einkünfte, welche nicht unter die sieben Einkunftsarten fallen, sind nicht steuerbar.

Erhebungsform

1. Einkünfte aus Land- und Forstwirtschaft	Dazu zählen Einkünfte aus der • Urproduktion (Landwirtschaft, Forstwirtschaft) • Tierzucht mit eigenen landwirtschaftlichen Produkten • Jagd
2. Einkünfte aus selbständiger Arbeit	Dazu zählen Einkünfte der • freien Berufe (z.B. Ärzte, Architekten, Künstler, Rechtsanwälte) • Vermögensverwaltung, Aufsichtsratsmitglieder • Gesellschafter-Geschäftsführer von Kapitalgesellschaften, wenn sie mehr als 25% an der Gesellschaft beteiligt sind
3. Einkünfte aus Gewerbebetrieb	Dazu zählen alle Einkünfte aus einer • selbständigen • nachhaltigen Betätigung mit • Gewinnerzielungsabsicht und • Beteiligung am wirtschaftlichen Verkehr
4. Einkünfte aus nichtselbständiger Arbeit	Zu diesen Einkünften zählen insbesondere • Einkünfte aus einem Dienstverhältnis • Einkünfte aus Pensionen sowie • Einkünfte von Gesellschafter-Geschäftsführern von Kapitalgesellschaften, wenn die Beteiligung 25% nicht überschreitet und • Einkünfte von politischen Funktionären (z.B. Abgeordneten zum Nationalrat)
5. Einkünfte aus Kapitalvermögen	Dazu zählen z.B. • Gewinnanteile an Kapitalgesellschaften • Zinsen aus Bankguthaben und Forderungswertpapieren (z.B. Anleihen) • Zinsen aus Darlehen • Gewinnanteile des echten stillen Gesellschafters • Versicherungsleistungen aus Erlebensversicherungen
6. Einkünfte aus Vermietung und Verpachtung	Zu diesen gehören vor allem • Einkünfte aus Vermietung von unbeweglichem Vermögen (z.B. einer Wohnung) • Verpachtung von Unternehmen • Überlassung von Rechten (z.B. Lizenzen)
7. Sonstige Einkünfte gemäß § 29 EStG	Dazu gehören z.B. • wiederkehrende Bezüge, wie Renten (z.B. Schadenersatzrenten) • Spekulationsgeschäfte (das sind bspw. Gewinne aus einem Grundstücksverkauf, wenn das Grundstück innerhalb von 10 Jahren seit der Anschaffung verkauft wird bzw. Gewinne aus dem Verkauf von beweglichen Gütern oder Wertpapieren, wenn diese innerhalb von einem Jahr wieder verkauft werden)

Tab. 10.1: Die sieben Einkunftsarten

Die Einkünfte 1–3 werden als **betriebliche Einkunftsarten**, die Einkünfte 4–7 als **außerbetriebliche Einkunftsarten** bezeichnet. Die Einkunftsarten 1–4 stellen **Haupteinkunftsarten** dar, während die Einkunftsarten 5–7 als **Nebeneinkunftsarten** zu bezeichnen sind.

Tätigkeiten, die auf Dauer gesehen insgesamt kein positives Ergebnis erwarten lassen, stellen **Liebhaberei** dar. Die Ergebnisse der Liebhaberei müssen bei der Einkommensteuer-Veranlagung außer Acht gelassen werden. Weder können die – regelmäßig auftretenden – Verluste mit anderen positiven Einkünften ausgeglichen werden noch sind – ausnahmsweise auftretende – Überschüsse steuerlich zu erfassen.

Steuerfreie Einkünfte sind u.a. bestimmte Leistungen der öffentlichen Hand, z.B. wegen Hilfsbedürftigkeit, sowie Sachleistungen an Arbeitnehmer (z.B. verbilligte Mahlzeiten).

10.2.1.1 Ermittlung der Einkünfte

Die Ermittlung der Einkünfte kann, je nach Einkunftsart, auf unterschiedliche Art und Weise erfolgen. Dabei unterscheidet man den **Gewinn** bei den betrieblichen Einkunftsarten (i.d.R. die Einkunftsarten 1–3) und den **Überschuss der Einnahmen über die Werbungskosten** bei den außerbetrieblichen Einkunftsarten (i.d.R. die Einkunftsarten 4–7).

Ermittlung der Einkünfte

Unternehmen sind gesetzlich verpflichtet, sämtliche Geschäftsfälle zu dokumentieren. Grundlage dafür bilden **Bücher und Aufzeichnungen** in Form des betrieblichen Rechnungswesens. Diese Aufzeichnungen bilden wiederum die Grundlage für die Ermittlung der Einkünfte und damit für die Erhebung von Abgaben. Für steuerliche Zwecke kann der Gewinn (oder: Überschuss der Einnahmen über die Ausgaben) durch den Betriebsvermögensvergleich (i.d.R. doppelte Buchführung), die Einnahmen-Ausgaben-Rechnung oder durch Pauschalierung ermittelt werden.

10.2.1.2 Buchführung

Die wichtigsten Rechtsquellen für die betriebliche Buchführung sind die einschlägigen Bestimmungen des Unternehmensgesetzbuches (UGB). Ergänzend gelten Regelungen im Körperschaftsteuergesetz (KStG), im Einkommensteuergesetz (EStG), im Umsatzsteuergesetz (UStG) und in der Bundesabgabenordnung (BAO).

Buchführung

Nach UGB ist grundsätzlich jeder Unternehmer verpflichtet, Bücher zu führen und in diesen seine Handelsgeschäfte und die Lage seines Vermögens nach den Grundsätzen ordnungsgemäßer Buchführung (GoB) ersichtlich zu machen. Die **Buchführungspflicht** im gesamten Umfang gilt nur für Kapitalgesellschaften (GmbH, AG) und für unternehmerisch tätige Personengesellschaften ohne natürliche Person als unbeschränkt haftendem Gesellschafter (z.B. GmbH & Co KG) und zwar unabhängig von deren Größe und Tätigkeit. Alle anderen Unternehmer (insbesondere Einzelunternehmen und Personengesellschaften) haben nur bei Überschreiten eines sog. Schwellenwertes i.H.v. 400.000 Euro die **Verpflichtung** Bücher zu führen. Unternehmer, welche den Schwellenwert nicht überschreiten (gewerbliche Unternehmer), bzw. Angehörigen der freien Berufe, Land- und Forstwirte und Überschussrechner (außerbetriebliche Einkunftsarten), sind – unabhängig von deren Größe – von der Buchführungspflicht (i.d.S. Rechnungslegungspflicht) ausgeschlossen. Eine freiwillige Buchführung ist immer möglich.

Kapitalgesellschaften (AG, GmbH)	Unternehmerisch tätige Personengesellschaften ohne natürliche Person als beschränkt Haftender (z.B. GmbH & Co KG)	Andere Unternehmer (Einzelunternehmen und Personengesellschaften)		
		Gewerbliche Unternehmer		Freie Berufe Land- und Forstwirte Überschussrechner
Unabhängig von Tätigkeit und Größe	Unabhängig von Tätigkeit und Größe	Umsatzerlöse > 400.000 €	Umsatzerlöse < 400.000 €	Unabhängig von der Größe
Rechnungslegungspflicht			**Keine Rechnungslegungspflicht**	

Abb. 10.2: Rechnungslegungspflicht nach UGB (Qu.: Dehn/Krejci 2007)

Bei den gewerblichen Unternehmern gilt für die Rechnungslegungspflicht ein **Schwellenwert** von 400.000 Euro Umsatzerlöse im Geschäftsjahr (zwölf Monate).[18] Dieser Schwellenwert muss in **zwei aufeinander folgenden Geschäftsjahren** überschritten werden. Die Rechnungslegungspflicht tritt anschließend nach dem zweitfolgenden Geschäftsjahr ein. Liegen also die Umsätze beispielsweise in den Geschäftsjahren 2008 und 2009 über dem Schwellenwert von 400.000 Euro, so gilt die Buchführungspflicht ab dem Jahr 2011. Mit dieser Regelung soll zum einen verhindert werden, dass bereits bei einmaligem Erreichen einer Umsatzspitze die Einrichtung einer Buchhaltung notwendig wird, und zum anderen, dass innerhalb dieses **Pufferjahres** entsprechend Zeit für die Einrichtung einer entsprechenden Buchführung bleibt. Dieses Pufferjahr entfällt jedoch, wenn die Überschreitung des Schwellenwertes mehr als die Hälfte (also 200.000 Euro) beträgt.

Vice versa entfällt die Buchführungspflicht, sollten in zwei aufeinander folgenden Geschäftsjahren die Umsätze weniger als der Schwellenwert von 400.000 Euro betragen. Dann gilt die Aufhebung der Buchführungspflicht sofort ab dem darauf folgenden Geschäftsjahr.

10.2.1.3 Einnahmen-Ausgaben-Rechnung

Einnahmen-Ausgaben-Rechnung

Wird der Schwellenwert von 400.000 Euro nicht überschritten und besteht keine Verpflichtung zur Eintragung in das Firmenbuch (gewerbliche Unternehmer), so ist der Gewinn mittels Einnahmen-Ausgaben-Rechnung gemäß Einkommensteuergesetz zu ermitteln. Korrespondierend dazu besteht weiterhin die Regelung des § 125 BAO (Buchführungsgrenze von 400.000 Euro bzw. 600.000 Euro bei Lebensmitteleinzel- und Gemischtwarenhändlern). Bei dieser Form der Gewinnermittlung erfolgen **keine doppelte Buchführung** und **keine Bilanzerstellung**. Es werden lediglich die **Einnahmen** des laufenden Geschäftsjahres und die dazugehörigen **Ausgaben** gegenübergestellt. Die **Differenz** ergibt den Jahresgewinn oder Jahresverlust. Wiederholend sei erwähnt, dass es Einzelunternehmern bis zu einem Umsatz von 400.000 Euro freigestellt ist, sich ins Firmenbuch eintragen zu lassen. Daraus entsteht die Variante, dass trotz erfolgter Eintragung ins Firmenbuch (wenn auch die Umsatzgrenze von 400.000 Euro nicht erreicht wurde)

---

18 Im Falle eines Rumpfwirtschaftsjahres sind die Umsätze entsprechend hochzurechnen.

keine unternehmensrechtliche Verpflichtung zur Führung von Büchern besteht, sondern lediglich eine Einnahmen-Ausgaben-Rechnung gemäß Einkommensteuergesetz zu erstellen ist. Nicht in vollem Umfang buchführungspflichtig sind ferner Unternehmen, die freie Berufe ausüben (Rechtsanwälte, Steuerberater, Ärzte etc.). Auch diese Berufe haben unabhängig von der Höhe des Umsatzes zumindest eine Einnahmen-Ausgaben-Rechnung zu führen. Eine freiwillige Buchführung ist jedoch möglich.

10.2.1.4 Pauschalierung

Liegt der Umsatz des vorangegangenen Geschäftsjahres bei höchstens 220.000 Euro, sind Unternehmer oder Freiberufler gemäß Einkommensteuergesetz berechtigt, Aufzeichnungen im Rahmen der steuerlichen Pauschalierung (**Betriebsausgabenpauschale**) zu tätigen. Als Betriebsausgaben kann ein Pauschalbetrag in Höhe von 6% (in Ausnahmefällen 12%) der Nettoeinnahmen angesetzt werden. Daneben dürfen noch zusätzlich folgende Ausgaben als Betriebsausgaben abgesetzt werden: Ausgaben für den Eingang von Waren, Rohstoffen, Halberzeugnissen, Hilfsstoffen und Zutaten (Umlaufvermögen) sowie Ausgaben für Löhne (einschl. Lohnnebenkosten) und für Fremdlöhne, soweit diese unmittelbar in Leistungen eingehen, die den Betriebsgegenstand des Unternehmens bilden. Von dieser einfachsten Form der Gewinnermittlung kann steuerlich nur Gebrauch gemacht werden, wenn keine Buchführungspflicht besteht und freiwillig keine Bücher geführt werden. Jene Unternehmer, welche den Schwellenwert von 400.000 Euro nicht überschreiten und Angehörige von freien Berufen können aufgrund der fehlenden gesetzlichen Verpflichtung zur Buchführung jederzeit freiwillig Bücher führen.

Pauschalierung

10.2.1.5 Berechnung des steuerpflichtigen Einkommens

Die Grundlage für die Berechnung der Einkommensteuer und gleichzeitig der Einkommensteuervorauszahlungen bildet das **steuerpflichtige Einkommen**. Wie erwähnt dient im ersten Jahr der Geschäftstätigkeit die erfolgte Gewinneinschätzung als Berechnungsbasis für die Einkommensteuervorauszahlung. Vom steuerpflichtigen Einkommen laut Einkommensteuererklärung werden bei der Berechnung – vom zuständigen Finanzamt für die Errechnung der endgültigen Abgabenschuld – die dem jeweiligen Steuerpflichtigen zustehenden **Absetzbeträge** (Allgemeiner Steuerabsetzbetrag, Verkehrsabsetzbetrag, Arbeitnehmerabsetzbetrag, Unterhaltsabsetzbetrag) sowie eine allfällig bezahlte **Lohnsteuer** (Einkommensteuer aus einer unselbständigen Tätigkeit) berücksichtigt und abgezogen. Anschließend errechnet das Finanzamt nach einem so genannten **progressiven Tarifsystem** den anzuwendenden **Einkommensteuersatz**. Dies bedeutet, dass nur jener Teilbetrag des steuerpflichtigen Einkommens mit dem nächst-höheren Steuersatz besteuert wird, der eine festgelegte Beitragsgrenze übersteigt. Bereits geleistete Vorauszahlungen oder Guthaben werden auf die so ermittelte Einkommensteuer angerechnet. Der Saldo ergibt entweder eine **Nachforderung** oder eine **Gutschrift** an Einkommensteuer. Das zuständige Finanzamt setzt gleichzeitig aufgrund der errechneten Einkommensteuer die Vorauszahlungen für

Berechnung des Einkommens

das laufende Jahr und die Folgejahre fest. Die festgesetzten Vorauszahlungen sind **vierteljährlich** zu vorgeschriebenen Terminen zu bezahlen (15. Februar, 15. Mai, 15. August, 15. November)[19]. Gegen den Vorauszahlungsbescheid kann bei der zuständigen Behörde unter Bekanntgabe und Begründung der gewünschten Änderungen innerhalb eines Monats nach Zustellung des Bescheides **Berufung** eingelegt werden. Die Einkommensteuerbelastung des Steuerpflichtigen errechnet sich nach folgendem Schema:

(PRIVATE) Einkünfte aus Land- und Forstwirtschaft
+ Einkünfte aus selbständiger Arbeit
+ Einkünfte aus Gewerbebetrieb
+ Einkünfte aus nichtselbständiger Arbeit (aus einem Dienstverhältnis)
+ Einkünfte aus Kapitalvermögen (nur soweit sie nicht der Endbesteuerung unterliegen)
+ Einkünfte aus Vermietung und Verpachtung
+ sonstige Einkünfte gemäß § 29 EStG
= Gesamtbetrag der Einkünfte
– Sonderausgaben
– außergewöhnliche Belastungen
= Einkommen nach § 2 Abs. 2 EStG (auf dieses Einkommen wird der Einkommensteuer-Tarif angewendet)
– zustehende Absetzbeträge (Allgemeiner Steuerabsetzbetrag, Verkehrsabsetzbetrag, Arbeitnehmerabsetzbetrag, Unterhaltsabsetzbetrag)
– einbehaltene Lohnsteuer
– einbehaltene Kapitalertragsteuer
– geleistete Vorauszahlungen
= **Einkommensteuer-Zahllast oder Gutschrift**

Tab. 10.2: Schema der Einkommensteuerermittlung

● **Sonderausgaben**

Sonderausgaben

Sonderausgaben stellen **Einkommensverwendungen** dar, welche ohne ausdrückliche gesetzliche Vorschrift nicht abziehbar wären. Zu den im Gesetz auf-

---

19 Bei neu gegründeten Unternehmen kommt es häufig vor, dass aufgrund von hohen Anfangsinvestitionen in den ersten beiden Jahren keine oder nur sehr geringe Vorauszahlungen an Einkommensteuer zu leisten sind. Auch die vorläufige Bemessungsgrundlage der Sozialversicherung der gewerblichen Wirtschaft ist zu Beginn der Tätigkeit niedrig. Vor allem im zweiten und dritten Jahr nach Gründung kann es – im Falle von ersten erwirtschafteten Gewinnen – zu empfindlichen Steuerzahlungen kommen. Gleichzeitig werden die laufenden Vorauszahlungen erhöht. Es empfiehlt sich daher, rechtzeitig für diese Zahlungen vorzusorgen.

gezählten Sonderausgaben zählen insbesondere Beiträge zu einer freiwilligen Kranken-, Unfall-, Pensions- und Lebensversicherung, Ausgaben zur Wohnraumschaffung oder Wohnraumsanierung, Aufwendungen zum Erwerb von Genussscheinen und jungen Aktien, Kirchenbeiträge (bis 100 Euro jährlich), Steuerberatungskosten, Spenden an Universitäten und Forschungseinrichtungen. Die Sonderausgaben sind in der Regel begrenzt und nur zu **einem Viertel absetzbar**. Bei Einkünften ab 36.400 Euro wird der absetzbare Betrag weiter reduziert, ab 50.900 Euro sind die Ausgaben nicht mehr absetzbar (Einschleifregelung).

- **Außergewöhnliche Belastungen**

Außergewöhnliche Belastungen sind **Ausgaben der privaten Lebensführung**, denen sich der Steuerpflichtige nicht entziehen kann und die seine Leistungsfähigkeit beeinträchtigen. Damit eine Aufwendung als außergewöhnliche Belastung steuerlich abgesetzt werden kann, muss sie zwangsläufig erwachsen, außergewöhnlich sein und die wirtschaftliche Lage des Steuerpflichtigen wesentlich beeinträchtigen. Zu den außergewöhnlichen Belastungen zählen z.B. Katastrophenschäden, auswärtige Berufsausbildung eines Kindes oder Krankheitskosten.

Außergewöhnliche Belastung

- **Werbungskosten**

Werbungskosten sind Aufwendungen oder Ausgaben zur Erwerbung, Sicherung oder Erhaltung der Einnahmen aus **außerbetrieblicher Tätigkeit**. Dazu zählen etwa Fachliteratur, Pflichtbeiträge zu Interessenvertretungen oder etwa Arbeitsmittel und Werkzeuge, sofern diese das jedem Steuerpflichtigen zustehende, Werbungskostenpauschale übersteigt.

Werbungskosten

10.2.1.6 Berechnung der Einkommensteuer

Die Steuer für das steuerpflichtige Einkommen wird nach einem bestimmten Einkommensteuertarif berechnet. Vom steuerpflichtigen Einkommen werden vom Finanzamt die jeweils zustehenden Absetzbeträge sowie eine allfällig bezahlte Lohnsteuer abgezogen. Durch die Kombination von Tarif und Absetzbeträgen ergibt sich die Steuerschuld.

Berechnung

Einkommen	Einkommensteuer (vor Absetzbeträgen)	Grenz steuersatz	Durch-schnitts-steuersatz
10.000 und darunter	0	0,000%	0,000%
10.000–25.000	$((\text{Einkommen} - 10.000) \times 5.750)/15.000$	38,333%	–
25.000	5.750	–	23,000 %
25.000–51.000	$5.750 + ((\text{Einkommen} - 25.000) \times 11.335)/26.000$	43,596%	–
51.000	17.085	–	33,500%
>51.000	$17.085 + (\text{Einkommen} - 51.000) \times 0,5$	50,000%	–

Tab. 10.3: Tarifstufen Einkommensteuer[20]

Die errechnete Tarifsteuer wird, wie erwähnt, um die **Steuerabsetzbeträge** gekürzt. Während die Sonderausgaben und außergewöhnlichen Belastungen lediglich die Steuerbemessungsgrundlage vermindern, kürzen die Absetzbeträge immer die Steuer selbst. Auch der Verlustvortrag gehört zu den Sonderausgaben.

Steuerabsetzbeträge	
Allgemeiner Absetzbetrag	Im Tarif integriert
Arbeitnehmerabsetzbetrag	€ 54,00/Jahr
Verkehrsabsetzbetrag	€ 291,00/Jahr
Pensionistenabsetzbetrag	€ 400,00/Jahr
Alleinverdienerabsetzbetrag ohne Kind	€ 364,00/Jahr
Alleinverdienerabsetzbetrag (ein Kind)	€ 494,00/Jahr
Alleinverdienerabsetzbetrag (zwei Kinder)	€ 669/Jahr
Alleinerzieherabsetzbetrag (ein Kind)	€ 494,00/Jahr
Alleinerzieherabsetzbetrag (zwei Kinder)	€ 669,00/Jahr
Kinderabsetzbetrag	€ 50,90/Monat und Kind
Unterhaltsabsetzbetrag	€ 25,50–50,90/Monat und Kind

Tab. 10.4: Steuerabsetzbeträge (Qu.: Bundesministerium für Finanzen, 2006, S. 31)

---

20 Qu.: www.help.gv.at/Content.Node/80/Seite.800210.html#berechnungsteuer, 6.10.2006.

10.2.2 Wissenswertes für Jungunternehmer

Im Folgenden sollen einige wissenswerte und wichtige steuerliche Begriffe für Jungunternehmer erläutert und gegenübergestellt werden.

10.2.2.1 Betriebsvermögen – Privatvermögen

Grundsätzlich gehören Wirtschaftsgüter des Unternehmens (und dazu zählt auch z.B. das Auto) zum **notwendigen Betriebsvermögen**, wenn sie nach ihrer objektiven Beschaffenheit zum Einsatz im Unternehmen bestimmt sind. Es besteht kein Wahlrecht, ob Wirtschaftsgüter als Betriebs- oder Privatvermögen behandelt werden.

Betriebsvermögen

Beispiel:
Ein Pkw (Auto) wird zu 100% für betriebliche Fahrten verwendet. Das Auto ist notwendiges Betriebsvermögen. Folge: Es ist im Anlagevermögen zu aktivieren, die Wertminderung wird im Wege der Absetzung für Abnutzung geltend gemacht, alle Kosten, wie Benzin, Service, Reparaturen, sind als Betriebsausgaben geltend zu machen. Eine Veräußerung des Fahrzeuges führt zu Betriebseinnahmen.

Als Pendant zum notwendigen Betriebsvermögen existiert auch **notwendiges Privatvermögen**, also nach allgemeiner Auffassung privat verwendete Vermögensgegenstände, wie die persönliche Kleidung, das TV-Gerät, die Waschmaschine etc. Wenn jedoch bewegliches Vermögen teils privat und teils betrieblich genutzt wird, ist der Überwiegensgrundsatz für die steuerliche Zuordnung maßgebend.

Privatvermögen

Beispiel:
Sollte das Auto zu 70% betrieblich und zu 30% privat genutzt werden, ist es zur Gänze zum Betriebsvermögen zu zählen. Alle mit dem Fahrzeug zusammenhängenden Ausgaben werden zunächst als Betriebsausgabe behandelt. In Höhe des Anteils der Privatnutzung wird jedoch ein sog. Privatanteil ausgeschieden bzw. Gewinn erhöhend berücksichtigt. Dadurch wird der buchhalterische Zuviel-Aufwand korrigiert.

Wird der Pkw lediglich zu 30% betrieblich und zu 70% privat genutzt, so gehört er zur Gänze zum Privatvermögen. Die anteiligen betrieblichen Kosten sind jedoch steuerlich abzugsfähig. Im Falle des Autos berücksichtigt man in der Praxis das Kilometergeld für betriebliche Fahrten. Voraussetzung: die betrieblichen Fahrten werden dem Umfang und der Veranlassung mit Hilfe eines Fahrtenbuches nachgewiesen.[21]

---

[21] Gerade zu Beginn der unternehmerischen Tätigkeit bzw. bei der erstmaligen betrieblichen Nutzung eines Autos empfiehlt es sich, ein Fahrtenbuch für die Dauer von mindestens einem Jahr zu führen. Damit kann dem Finanzamt nachweislich belegt werden, in welchem Ausmaß ein Auto betrieblich (privat) verwendet wird und somit Diskussionen über einen (höheren) Privatanteil der Boden entzogen werden.

10.2.2.2 Betriebseinnahmen – Betriebsausgaben

Betriebseinnahmen Zu den **Betriebseinnahmen** gehören alle **Zugänge in Geld oder Geldeswert**, die durch den Betrieb veranlasst sind. Dies bedeutet, dass nicht nur die Einnahmen aus der eigentlichen betrieblichen Tätigkeit, sondern auch z.B. aus Hilfsgeschäften wie Anlageverkäufen, aus der Tätigkeit als Sachverständiger, aus Versicherungsentschädigungen oder aus Subventionen zu den betrieblichen Einnahmen zählen.

Betriebsausgaben Vice versa sind alle Aufwendungen, die durch den Betrieb veranlasst sind, **Betriebsausgaben**. Auch **Ausgaben vor der Betriebseröffnung** (vorbereitende Betriebsausgaben) sind steuerlich abzugsfähig (z.B. Fahrt- und Reisekosten, Beratungskosten, Telefon, Stempelgebühren etc.).

10.2.2.3 Reisekosten

Reisekosten Vereinfacht entstehen Reisekosten, wenn sich der Unternehmer für betriebliche Zwecke von seinem Unternehmenssitz entfernt. Diese bestehen aus den Fahrtkosten, dem Verpflegungsmehraufwand sowie dem Nächtigungsaufwand.

Fahrtkosten Als **Fahrtkosten** können die Kosten des gewählten Verkehrsmittels angesetzt werden (Aufwendungen für Auto, Bahnkarte, Flugticket, Taxi etc.). Sollte das Auto überwiegend privat genutzt werden, ist es sinnvoll, das Kilometergeld anzusetzen (2006: 0,376 Euro je gefahrenem Kilometer). Das **Kilometergeld** deckt alle Kosten im Zusammenhang mit dem Auto: Benzin, Reparaturen, Service, Versicherungen, Mitgliedsbeiträge, Abschreibungen, Leasingraten, Park- und Mautgebühren etc.

Sollte das Auto, da überwiegend betrieblich genutzt, als Betriebsvermögen ausgewiesen werden, müssen alle Ausgabenbelege gesammelt und aufbewahrt werden. In diesem Fall sind die tatsächlichen Kosten der Nutzung und gegebenenfalls die Abschreibungen zu berücksichtigen.

Verpflegungsmehraufwand Als **Verpflegungsmehraufwand** bei betrieblich veranlassten Reisen können die sog. **Tagesgelder bzw. Diäten** angesetzt werden. Eine **Reise** im Sinne des Steuerrechts liegt bereits vor, wenn das Reiseziel außerhalb des örtlichen Nahbereichs gelegen ist. Dies ist ab einer Entfernung von 25 km und bei mehr als 3 Stunden Reisezeit anzunehmen. Die geltend zu machenden Reisekosten betragen maximal 26,40 Euro innerhalb 24 Stunden. Ab 12 Stunden Reisetätigkeit kann die gesamte Pauschale verrechnet werden. Beträgt die Reise weniger als 12 Stunden, so ist die Tagespauschale anteilig zu verrechnen. Sollte eine Reise länger als 5 Tage durchgehend oder öfter als 15-mal an den gleichen Ort führen, so steht laut Finanzverwaltung kein Verpflegungsmehraufwand mehr zu. Der Aufwand für Nächtigungen kann ohne Nachweis des tatsächlichen Aufwandes mit 15 Euro je Nächtigung angesetzt werden. Wenn mehr bezahlt wurde und ein Beleg vorliegt, werden Nächtigungskosten inklusive Frühstück laut Beleg vom Finanzamt akzeptiert.

Natürlich existiert noch eine Fülle von Betriebsausgaben, die an dieser Stelle nicht näher erläutert werden. Der Vollständigkeit halber sollen im Folgenden noch weitere mögliche Betriebsausgaben zumindest genannt und aufgezählt werden.

● Beiträge zur Pflichtversicherung	● Leasingaufwand
● Pflichtbeiträge zu Versorgungs- und Unterstützungseinrichtungen der Kammern der selbständig Erwerbstätigen	● Büromiete, Arbeitszimmer
	● Personalaufwand
● Abschreibungen	● Steuerberatungskosten
● Bezogene Leistungen (Fremdarbeiten)	● Werbung
	● Büromaterial
● Waren- und Materialeinkauf	● Fachliteratur, Zeitschriften
● Telefon, Fax, Porto, Spesen	● Zinsen für Fremdkapital etc.

Abschreibung

Investitionen in abnutzbare Wirtschaftsgüter, die dem Betrieb über einen längeren Zeitraum (in der Regel länger als ein Jahr) dienen sollen, sind nicht sofort als Betriebsausgabe absetzbar. Das Wirtschaftsgut wird aktiviert, d.h. in das betriebliche Anlagevermögen (Anlageverzeichnis) aufgenommen. Das Anlageverzeichnis ist eine Zusammenstellung des Inventars, aus dem unter anderem der Kaufpreis, die betriebsgewöhnliche Nutzungsdauer und die jährliche Absetzung für Abnutzung (Abschreibung) hervorgehen. Wirtschaftsgüter mit Anschaffungskosten von bis zu 400 Euro netto können sofort als Betriebsausgabe abgesetzt werden (geringwertige Wirtschaftsgüter) und müssen nicht erst aktiviert werden. Für den Beginn der Abschreibung ist das Datum der Inbetriebnahme ausschlaggebend. Zu welchem Zeitpunkt die Rechnung eingeht oder bezahlt wurde ist unerheblich.

Die (betriebsgewöhnliche) Nutzungsdauer ist aus Erfahrungswerten abzuleiten: Maschinen werden in der Regel auf 5 Jahre, Betriebs- und Geschäftsausstattung auf 5 bis 10 Jahre, Computer und -Zubehör auf 3 Jahre, Gebäude auf 25 bis 50 Jahre verteilt abgeschrieben. Das neue Auto muss laut Gesetzgeber eine mindestens achtjährige betriebsgewöhnliche Nutzungsdauer aufweisen.

10.2.3 Die Umsatzsteuer

Umsatzsteuer

Die Umsatzsteuer ist wohl eine der wichtigsten Steuern im Unternehmen, zumal ihr (fast) jede Leistung des Unternehmens unterliegt. Konkret unterliegen der Umsatzsteuer alle Lieferungen und Leistungen, die ein Unternehmer im Inland gegen Entgelt und im Rahmen seines Unternehmens ausführt, der Eigenverbrauch, die Einfuhr von Gegenständen aus einem Drittland und der innergemeinschaftliche Erwerb. Umsatzsteuerpflichtig sind grundsätzlich jene Unternehmen, deren Umsatz 30.000 Euro/Jahr netto übersteigt.

Mit der Umsatzsteuer belastet wird in letzter Konsequenz nur der **Letztverbraucher**, Steuerschuldner ist jedoch der Unternehmer. Für den Unternehmer ist die Umsatzsteuer ein sog. **Durchlaufposten**. Auf der einen Seite stellt der Unternehmer die Umsatzsteuer dem Konsumenten in Rechnung, auf der anderen Seite ist der Unternehmer verpflichtet, diese einbehaltene Umsatzsteuer an das Finanzamt wieder abzuführen. Der Unternehmer hat – im Gegensatz zur Privatperson – jedoch das Recht auf **Vorsteuerabzug**. Die Vorsteuer ist jene Umsatzsteuer, welche dem Unternehmen von einem anderen Unternehmer in Rechnung gestellt wird. Die **Differenz** zwischen der geschuldeten **Umsatzsteuer** (aus eigenen Lieferungen und Leistungen) und der abziehbaren **Vorsteuer** (aus empfangenen Lieferungen und Leistungen) ergibt entweder eine **Umsatzsteuer-Zahllast** oder eine **Umsatzsteuer-Gutschrift**. Ein sich ergebender Vorsteuerüberhang ist zu melden und wird dem Abgabenkonto des steuerpflichtigen Unternehmens gutgeschrieben.

Die Umsatzsteuer beträgt im Allgemeinen 20% vom Nettoentgelt. Für bestimmte Waren (z.B. für Lebensmittel, Bücher, Wohnungsvermietung) 10% sowie in speziellen Fällen 12% (z.B. für Ab-Hof-Verkauf von Wein). Die Umsatzsteuer ist eine **Selbstbemessungsabgabe** und ist vom Unternehmer für jeden **Kalendermonat** bzw. für jedes **Quartal** (bei Kleinunternehmern) selbst zu berechnen und am **15. des übernächsten Monats** an das Finanzamt abzuführen (**Umsatzsteuervoranmeldung**). Diese Umsatzsteuervoranmeldung muss elektronisch abgegeben werden, wenn der Vorjahresumsatz des Unternehmens 100.000 Euro übersteigt, wenn der Unternehmer vom Finanzamt zur Abgabe von Voranmeldungen verpflichtet wurde oder wenn sich für den Voranmeldungszeitraum ein Überschuss an Vorsteuern ergibt. Die Umsatzsteuervoranmeldungen haben grundsätzlich elektronisch (FinanzOnline) zu erfolgen. Ausgenommen sind jene Unternehmen, denen eine elektronische Übermittlung mangels technischer Voraussetzungen nicht zumutbar ist. Bei Jahresumsätzen unter 22.000 Euro kann die USt-Voranmeldung auch quartalsmäßig abgegeben werden.

- **Kleinunternehmerregelung**

Kleinunternehmer Ein Unternehmer, dessen jährlicher **Gesamtumsatz** 30.000 Euro nicht überschreitet, ist von der Umsatzsteuer grundsätzlich befreit, eine Option auf **Regelbesteuerung** ist jedoch möglich. Ein einmaliges Überschreiten dieser Grenze von 15% innerhalb von fünf Jahren ist nicht schädlich. Der Kleinunternehmer braucht keine Umsatzsteuer abzuführen, darf für seine Leistungen jedoch keine Umsatzsteuer in Rechnung stellen und hat auch kein Recht auf einen Vorsteuerabzug. Im Falle einer Option auf Regelbesteuerung hat der Unternehmer das Recht, Umsatzsteuer in Rechnung zu stellen und einen Vorsteuerabzug geltend zu machen. Diese Option bindet den Unternehmer fünf Jahre.

- **Vorsteuerabzug**

Vorsteuerabzug Ein Unternehmer ist zum Vorsteuerabzug berechtigt, wenn eine Lieferung oder sonstige Leistung, für die eine ordnungsgemäße Rechnung vorliegt, im Inland für sein Unternehmen ausgeführt wurde. Bei Aufwendungen in Zusammenhang mit PKW, Kombi oder Motorrädern ist grundsätzlich **kein Vorsteuerabzug** möglich (ausgenommen Taxi- und Fahrschulunternehmen). Ein Vorsteuerabzug steht auch bei geleisteten Anzahlungen (vor Leistungsbezug) zu, wenn die Anzahlung tatsächlich entrichtet wurde und eine ordnungsgemäße Rechnung vorliegt. Vorsteuerbeträge, die in die Phase der Unternehmensgründung fallen (in etwa drei Monate vor Gründung), können im Wege der Umsatzsteuervoranmeldung geltend gemacht werden.

- **UID-Nummer**

  Auf allen Rechnungen eines Unternehmens ist eine **Umsatzsteuer-Identifikationsnummer** (UID-Nummer) des leistenden Unternehmers anzuführen (z.B. Österreich: ATU19214637, Deutschland: DE123456789). Das für die Beantragung vorgesehene Formular erhält man beim für die Umsatzsteuer zuständigen Finanzamt. Die Vergabe der UID erfolgt per Bescheid. Jede UID besteht aus einem zweistelligen Länderkennzeichen sowie 8–12 weiteren Stellen, darin können auch Buchstaben enthalten sein. Neben der UID-Nummer sollten dem Geschäftspartner auch die Firmendaten bekannt gegeben werden. Diese Firmendaten sollten immer mit den auf dem UID-Vergabebescheid ausgewiesenen Angaben übereinstimmen. Bei Rechnungen, deren Gesamtbetrag 10.000 Euro übersteigt, ist auch die UID-Nummer des Leistungsempfängers anzugeben, sofern dieser einen Sitz oder gewöhnlichen Aufenthalt oder eine Betriebsstätte im Inland hat und der Umsatz an einen anderen Unternehmer für dessen Unternehmen ausgeführt wird. **UID-Nummer**

- **Formererfordernisse einer ordnungsgemäßen Rechnung**

  Für jede bezogene Leistung des Unternehmens muss eine dem Gesetz entsprechende **Rechnung** vorliegen, um in den Genuss des Vorsteuerabzugs zu gelangen. Das Umsatzsteuergesetz schreibt folgende **Formererfordernisse** einer ordnungsgemäßen Rechnung vor: **Rechnungsbestandteile**

  - Name und Adresse des liefernden oder leistenden Unternehmers
  - Name und Adresse des Leistungsempfängers
  - Menge und Bezeichnung der gelieferten Waren bzw. Dienstleistungen
  - Datum der Lieferung bzw. Leistung oder der Zeitraum, über den sich die Leistung erstreckt
  - Entgelt für die Lieferung oder Leistung und den anzuwendenden Steuersatz
  - Den auf das Entgelt entfallenden Steuerbetrag mit Bezeichnung Umsatz- oder Mehrwertsteuer
  - Das Ausstellungsdatum
  - Die fortlaufende Rechnungsnummer
  - Die UID-Nummer des leistenden Unternehmers

Sollte eine Rechnung den **Gesamtbetrag** (Bruttobetrag inkl. USt) von 150 Euro nicht übersteigen, können die Angabe von Name und Adresse des Leistungsempfängers sowie die laufende Rechnungsnummer und UID-Nummer unterbleiben. Es genügt die Angabe des Bruttobetrages und des USt-Satzes (**Kleinbetragsrechnungen**).

- **Sollbesteuerung und Istbesteuerung**

  Bei der Sollbesteuerung bilden die **in einem Monat ausgestellten Rechnungen** die Grundlage für die Besteuerung. Die Steuerschuld entsteht am Ende des Monats, in dem die Lieferung oder Leistung ausgeführt wurde. Bei Rechnungslegung in einem späteren Monat verschiebt sich der Zeitpunkt des Entstehens der Steuerschuld um einen Monat. **Sollbesteuerung**

Beispiel:
Variante 1: Die Lieferung erfolgt am 10. Juli, Rechnungslegung am 10. Juli: Die Steuerschuld entsteht Ende Juli. Zu entrichten ist die Umsatzsteuer somit am 15. September.

Variante 2: Die Lieferung erfolgt am 10. Juli, die Rechnungslegung am 4. Oktober. Die Steuerschuld entsteht Ende August. Zu entrichten ist die Umsatzsteuer somit am 15. Oktober.

Istbesteuerung

Bei der Istbesteuerung entsteht die Steuerschuld mit **Ablauf des Monats der Bezahlung**, unabhängig vom Zeitpunkt der Lieferung oder sonstigen Leistung. Auf Antrag (der beim Finanzamt zu stellen ist) kann jedoch anstelle der Istbesteuerung auch die Sollbesteuerung gewählt werden.

Beispiel:
Variante 1: Die Lieferung erfolgt am 10. Juli, die Zahlung geht am 20. Juli ein. Die Steuerschuld entsteht Ende Juli. Zu entrichten ist die Umsatzsteuer somit am 15. September.

Variante 2: Die Lieferung erfolgt am 10. Juli, die Zahlung bereits am 30. Juni. Die Steuerschuld entsteht bereits Ende Juni. Zu entrichten ist die Umsatzsteuer somit am 15. August.

10.2.3.1 Umsätze innerhalb der Europäischen Union

EU-Umsätze

Bei Umsätzen innerhalb der Europäischen Union ist die sog. **Binnenmarktregelung** zu beachten. Diese ist bei Umsätzen mit anderen Mitgliedstaaten anzuwenden. Unbedingte Voraussetzung, sofern Geschäftsbeziehungen zu anderen Mitgliedstaaten gepflegt werden, ist die UID-Nummer. Die UID gilt nur für den unternehmerischen Bereich und ist v.a. dann notwendig, wenn ein Unternehmen Waren in ein anderes Land der EU liefert oder Waren aus einem anderen Mitgliedstaat bezieht. Mit der Angabe der UID-Nummer erkennt der Lieferant, dass der Erwerber (Abnehmer) steuerfrei einkaufen will und der Erwerb in Österreich der Besteuerung unterliegt.[22] In den Fällen einer innergemeinschaftlichen Lieferung ist jedes Kalenderquartal eine **zusammenfassende Meldung (ZM)** beim zuständigen Umsatzsteuerfinanzamt abzugeben.

● **Innergemeinschaftliche Lieferung**

Innergemeinschaftliche Lieferung

Als innergemeinschaftliche Lieferung bezeichnet man **Lieferungen zwischen Unternehmen in verschiedenen Mitgliedstaaten** der Europäischen Union. Folgende **Voraussetzungen** sind für eine innergemeinschaftliche Lieferung maßgeblich:

– Der Unternehmer oder Abnehmer befördert oder versendet Waren in das übrige Gemeinschaftsgebiet

---

22　Privatpersonen benötigen keine UID-Nummer.

– Der Abnehmer ist Unternehmer, der den Gegenstand für sein Unternehmen erworben hat

– Der Erwerb des Liefergegenstandes ist beim Abnehmer im anderen Mitgliedstaat steuerbar

Dabei spielt die UID des Abnehmers eine wesentliche Rolle. Mit dieser weist der Kunde nach, dass er als Unternehmer Gegenstände für sein Unternehmen erwirbt und die Lieferung in seinem Mitgliedstaat der **Erwerbsbesteuerung** unterwirft.

● **Innergemeinschaftlicher Erwerb**

Das Pendant zur innergemeinschaftlichen Lieferung stellt der innergemeinschaftliche Erwerb dar. Ein **innergemeinschaftlicher Erwerb** liegt dann vor, wenn Gegenstände aus einem EU-Mitgliedstaat für unternehmerische Zwecke in das Inland gelangen.

Kauft ein österreichischer Unternehmer im Gemeinschaftsgebiet Gegenstände für sein Unternehmen, dann wird dieser seine UID bekannt geben. Dies bewirkt, dass der Geschäftspartner die Gegenstände ohne Umsatzsteuer verkaufen kann. Somit liegt aus der Sicht des Lieferanten im anderen Mitgliedstaat eine steuerfreie innergemeinschaftliche Lieferung vor. Der österreichische Unternehmer tätigt hingegen einen innergemeinschaftlichen Erwerb, der zu einer Erwerbsbesteuerung führt.

Die erworbenen Gegenstände werden mit USt (je nach Steuersatz) belastet. In der Regel erfolgt diese Belastung jedoch nur für das eigene Rechnungswesen, da die berechnete Erwerbsteuer in derselben Voranmeldung wieder als Vorsteuer geltend gemacht werden kann – also ein Nullsummen-Spiel!

Innergemeinschaftlicher Erwerb

10.2.3.2 Die Körperschaftsteuer

Während die Einkommensteuer nur vom Einkommen **natürlicher Personen** erhoben wird, unterliegen der Körperschaftsteuer lediglich **juristische Personen**. Die Körperschaftsteuer ist die **Ertragsteuer (Einkommensteuer) der juristischen Personen**. Sie ist wie auch die Einkommensteuer eine gemeinschaftliche Bundesabgabe.

Körperschaftsteuer

Unbeschränkt steuerpflichtig (d.h. mit sämtlichen in- und ausländischen Einkünften) sind **juristische Personen des privaten Rechts** (AG, GmbH, Genossenschaften und Vereine) sowie **Betriebe gewerblicher Art von Körperschaften öffentlichen Rechts** (z.B. gemeindeeigene Verkehrsbetriebe), wenn sie Sitz oder Geschäftsleitung im Inland haben.[23]

Steuerpflicht

Eine **beschränkte Steuerpflicht besteht für** ausländische Körperschaften (i.d.R. ohne inländischen Sitz oder Geschäftsleitung, aber mit Betriebstätte im Inland),

---

23 Als Betriebe gewerblicher Art definiert man jede Einrichtung, die wirtschaftlich selbständig ist und ausschließlich oder überwiegend einer nachhaltig privatwirtschaftlichen Tätigkeit von wirtschaftlichem Gewicht und zur Erzielung von Einnahmen dient, wobei eine Gewinnerzielungsabsicht nicht unbedingt erforderlich ist.

die mit einer juristischen Person des österreichischen Rechts vergleichbar sind und inländische Einkünfte im Sinne des EStG erzielen sowie inländische Körperschaften des öffentlichen Rechts, deren Betriebe gewerblicher Art sind.

Steuergegenstand　Steuergegenstand ist wie bei der Einkommensteuer das **Einkommen** (i.d.R. der Gewinn), das innerhalb des Veranlagungszeitraumes (in der Regel ein Jahr) erzielt wurde.

Steuersatz　Der Steuersatz beträgt einheitlich 25 %, unabhängig von der Höhe des Einkommens.

Mindestkörperschaftsteuer　Unbeschränkt KöSt-pflichtige Kapitalgesellschaften haben jedoch eine **Mindestkörperschaftsteuer** zu entrichten. Die gesetzliche Regelung sieht (grundsätzlich) einen Mindest-KöSt-Satz von 5 % vom gesetzlich vorgeschriebenen Mindestkapital vor. Das Mindestkapital beträgt bei einer GmbH 35.000 Euro und bei einer AG 70.000 Euro, wobei **mindestens die Hälfte** in baren Mitteln aufgebracht werden muss. Die Mindest-KöSt ist im ersten Jahr nach der Gründung limitiert und beträgt 1.092 Euro, pro Quartal 273 Euro und wird nur für jedes volle Quartal vorgeschrieben. Erst ab dem zweiten Jahr nach der Gründung einer GmbH erhöht sich der Betrag auf 1.750 Euro.

Besteuerung　Das von einer Körperschaft erzielte Einkommen wird in zwei Etappen besteuert. Zunächst unterliegt das Einkommen der Körperschaft selbst der Körperschaftsteuer auf Gesellschaftsebene. Wird der bereits mit Körperschaftsteuer belastete **Gewinn** an **natürliche Personen** ausgeschüttet, unterliegen die **Ausschüttungen** auf Ebene der Gesellschafter der Einkommensteuer in Form der (endbesteuerten) 25 %igen **Kapitalertragsteuer** (oder optional des halben Durchschnittssteuersatzes). Sollten auf Ebene der GmbH-Organe **(Geschäftsführer)Gehälter** bezogen werden, so unterliegen diese – je nach Beteiligungshöhe am Grundkapital – der Einkommen- oder Lohnsteuer.[24] **Besteuerungsgrundlage** ist das Einkommen der Körperschaft. Bei Kapitalgesellschaften ist dies der im handelsrechtlichen Jahresabschluss ausgewiesene Gewinn des Geschäftsjahres.

Die Gründung einer GmbH oder AG ist notariatsaktpflichtig und ist ins Firmenbuch einzutragen. Für eine GmbH benötigt man stets eine doppelte Buchführung. Es ist daher immer eine Bilanz sowie eine GuV-Rechnung zu erstellen. Andere Formen der Gewinnermittlung sind bei Kapitalgesellschaften nicht möglich.

Vorauszahlung　Für die Körperschaftsteuer sind **vierteljährliche Vorauszahlungen** (15.2., 15.5., 15.8. und 15.11.) zu leisten. Diese werden bei Neugründungen vom Finanzamt aufgrund der Angaben im Fragebogen festgesetzt. Besteht das Unternehmen schon länger, wird die Vorauszahlung aufgrund des letztveranlagten Jahres festgesetzt. Zu Nachzahlungen bzw. Gutschriften kommt es aufgrund der jährlichen Veranlagung zur Körperschaftsteuer, da die Höhe der Vorauszahlung nur auf einer Schätzung beruht.

24　Geschäftsführerbezüge bei Kapitalgesellschaften unterliegen bei einer Beteiligung bis 25 % am Grund- oder Stammkapital der Lohnsteuer. Beteiligungen über 25 % unterliegen der normalen Einkommensteuerprogression (die steuerlichen Begünstigungen des 13. und 14. Monatsgehalts können nicht beansprucht werden).

Beispiel:

Eine GmbH wird im Jänner 2007 neu gegründet. In diesem Jahr sind am 15.2., 15.5., 15.8. und 15.11. jeweils 273 Euro, in Summe also 1.092 Euro an KöSt-Vorauszahlungen zu leisten. Für das Folgejahr 2008 beträgt die Mindestkörperschaftsteuer insgesamt 1.750 Euro.[25]

*Wie oben bereits erwähnt, besteht bei der Rechtsform der GmbH die Möglichkeit einer Anstellung als Geschäftsführer durch die Gesellschaft selbst. Die **Geschäftsführerbezüge** stellen bei der GmbH eine **Betriebsausgabe** dar. Sie vermindern den körperschaftsteuerpflichtigen Gewinn, während beim geschäftsführenden Gesellschafter Lohnsteuer oder Einkommensteuer anfällt.*

Vergleicht man die Abgabenquote einer GmbH mit jener des Einzelunternehmens, so zeigt sich, dass sich im Falle einer Gewinnausschüttung für eine GmbH eine geringere Steuerbelastung i.H.v. 43,75% ergibt. Im Vergleich: Die höchste Progressionsstufe der Einkommensteuer liegt bei 50%. **Abgabenqoute**

Beispiel:

Der Gewinn einer GmbH (1 Gesellschafter) beträgt 40.000 Euro und wird – nach Berücksichtigung der 25%igen KöSt – zur Gänze an den Gesellschafter ausgeschüttet:

Gewinn vor Steuern	*40.000*	*100%*
davon 25% KöSt	*10.000*	*25%*
Gewinnausschüttung	*30.000*	*75%*
davon 25% KeSt	*7.500*	*18,75%*
Gesellschafter erhält	*22.500*	*56,25%*
Steuerbelastung	*17.500*	*43,75%*

10.2.4 Kommunalsteuer

Der Kommunalsteuer unterliegen sämtliche **(Brutto)Arbeitslöhne**, die jeweils in einem **Kalendermonat** an die Dienstnehmer einer im Inland gelegenen Betriebsstätte des Unternehmens ausbezahlt werden. Die Steuer beträgt 3% der Bemessungsgrundlage, Steuerschuldner ist der Unternehmer. **Kommunalsteuer**

10.2.5 Verkehrssteuern

Zu den im Unternehmen anfallenden Verkehrssteuern zählen im Wesentlichen die Erbschafts- und Schenkungssteuer, die Grunderwerbsteuer sowie Gebühren nach dem Gebührengesetz.

● **Erbschafts- und Schenkungssteuer**

Steuergegenstand ist der **unentgeltliche Vermögenszuwachs** des Erben bzw. des Beschenkten. Bei der Steuerbemessung steht das **Naheverhältnis** des Erwerbers zum Zuwendenden im Vordergrund (Steuerklassen, Begünstigungen). **Erbschafts- und Schenkungssteuer**

---

25 Die Körperschaftsteuererklärung ist bis 30. April des Folgejahres bzw. bei elektronischer Übermittlung bis 30. Juni des Folgejahres einzureichen.

Die Höhe des Erbanfalles (bzw. der Wert der Schenkung) beim einzelnen Erwerber einerseits und das familienrechtliche Naheverhältnis zum Erblasser (bzw. Geschenkgeber) andererseits bestimmen den Steuersatz zwischen 2 Prozent und 60 Prozent. Mit 31.7.2008 ist das bisherige Erbschafts- und Schenkungssteuergesetz ausgelaufen, wodurch seit 1. August 2008 keine Erbschafts- und Schenkungssteuer mehr erhoben wird. Um Vermögensverschiebungen auch weiterhin nachvollziehen zu können, und Umgehungsmodelle bei der Einkommensteuer zu unterbinden, wurden durch das Schenkungsmeldegesetz 2008 neue Meldepflichten für die Schenkung von Wertpapieren, Bargeld, Unternehmensanteilen und Sachvermögen eingeführt. Von dieser Anzeigepflicht sind Grundstücke wegen der ohnehin bestehenden Grunderwerbsteuerpflicht ausgenommen.

- **Grunderwerbsteuer**

Grunderwerbsteuer
Die Grunderwerbsteuer erfasst den Erwerb von inländischen Grundstücken. Die Steuer beträgt beim Erwerb durch familienrechtlich nahe stehende Personen 2 Prozent, ansonsten 3,5 Prozent (in der Regel vom Kaufpreis).

- **Gebühren nach dem Gebührengesetz**

Gebühren
Den Gebühren nach dem Gebührengesetz unterliegen bestimmte Schriften (z.B. Zeugnisse, Eingaben an Organe der Gebietskörperschaften) und bestimmte schriftlich beurkundete Rechtsgeschäfte (z.B. Bestandverträge, Kreditverträge). Die Gebühren gliedern sich in (betragsmäßig fixierte) feste Gebühren und Hundertsatzgebühren (Prozentsatz einer bestimmten Bemessungsgrundlage). Die Entrichtung der Gebühren erfolgte bis 31.12.2001 durch Verwendung von Stempelmarken (Selbstbemessung) und seit 1.1.2002 durch Einzahlung auf Grund amtlicher Bemessung (mittels Barzahlung, Bankomat- oder Kreditkarte).

10.2.6 Verbrauchsteuern

Verbrauchsteuern
Verbrauchsteuern erfassen den Verbrauch bestimmter Güter im Inland und werden beim Hersteller oder Importeur erhoben. Zu diesen Steuern zählen z.B. die Mineralölsteuer, die Alkohol- und Biersteuer oder die Tabaksteuer.

10.3 Weiterführende Literatur

Einführungen in die Steuerlehre: *Tumpel* (2008), in die Umsatzsteuer: *Gaedke/Sonnleitner* (2004), in die Buchhaltung: *Grohmann-Steiger* et al. (2006).

Standardwerke zum Thema Steuern: *Denk* et al. (2007), *Doralt/Ruppe* (2003, 2006), *Tumpel* (2007).

Handbuch: *Bertl* et al. (2004, 2005, 2006).

Vertiefung zum UGB: *Dehn/Krejci* (2007).

Praktikerbücher: BMF (2006), *Bertl* et al. (2005), *Deloitte* (2005), *Hilber* (2000), *Madl/Anderl* (2003).

Bundesministerium für Finanzen: *www.bmf.gv.at*

10.4 Blick in die Praxis von M. Raml: Steuern und Abgaben

Stb. Mag. Markus Raml
Raml und Partner Steuerberatung GmbH
www.raml-partner.at

Die Unternehmensplanungsphase aus steuerlicher Sicht kann mit der Planung eines Einfamilienhauses verglichen werden. Wer vorher gut informiert ist und daher die richtigen Schritte setzt, kann im Nachhinein sowohl beim Unternehmen als auch beim Hausbau viel Geld sparen.

Die Wahl der **Rechtsform** eines Unternehmens ist ein erster entscheidender Schritt in Richtung erfolgreiche Gründung. In der Praxis stellt sich immer wieder die gleiche Frage: Gesellschaft mit beschränkter Haftung oder doch Einzelunternehmen? Eine GmbH hat gegenüber einem Einzelunternehmen vor allem drei Vorteile:

- eine (grundsätzliche) Haftungsbeschränkung für den/die Gesellschafter,

- einen (grundsätzlichen) Steuervorteil ab einem Gewinn von etwa 100.000 Euro und

- einen psychologischen Effekt: das Unternehmen erscheint (potenziellen) Kunden „größer" und daher „seriöser".

Nachteilig sind vor allem die höheren Kosten für die Erstellung des Jahresabschlusses und die Aufbringung von zumindest der Hälfte des Stammkapitals (17.500 Euro) in bar. Die Wahl der Rechtsform sollte deshalb nicht eine Augenblicksentscheidung sein, sondern bereits die Zukunft – wie sich das Unternehmen entwickeln soll – abbilden.

Bei der künftigen unternehmerischen **Buchführung** ist eine Einnahmen-Ausgaben- Rechnung im operativen Bereich am günstigsten. Die Zeit, die für die Buchführung investiert werden muss, ist relativ gering und auch der Jahresabschluss ist deutlich kostengünstiger als dies bei einer doppelten Buchführung der Fall ist.

Die Einnahmen-Ausgaben-Rechnung an sich sagt jedoch wenig über das Unternehmen aus. So kann beispielsweise nichts über Lagerumschlagsdauer, Eigenkapitalquote oder offene Posten (offene Forderungen und Verbindlichkeiten) ersehen werden.

Bei einer doppelten Buchführung – unabhängig davon, ob als Einzelunternehmen oder als GmbH geführt – ist das Unternehmen für den Eigentümer viel transparenter. Der Unternehmer ist imstande, schneller und zielgerichteter auf Abweichungen aus der Planungsrechnung einzugehen.

Hinsichtlich der **steuerlichen Situation** ist für viele Unternehmen das zweite oder dritte Geschäftsjahr (in Abhängigkeit des Zeitpunktes der Einreichung des Jahresabschlusses) aus Liquiditätssicht ein äußerst schwieriges Jahr („Steuerlawine").

In diesem Jahr sind sowohl zum 30. September die Einkommen- und Körperschaftsteuern des Vorjahres fällig, aber auch die Vorauszahlungen des laufenden Jahres sind quartalsmäßig zu leisten. Das heißt, doppelt so hohe Zahlungen wie in einem „normalen" Geschäftsjahr.

Im gleichen Jahr beginnt auch die Beitragsnachbemessung der Sozialversicherung. Zu Beginn des Unternehmerlebens wird nur die Mindestsozialversicherung vorgeschrieben. Sollten die laufenden Gewinne jedoch höher sein als die Bemessungsgrundlage, so müssen vor allem bei der Pensionsversicherung Beiträge nachgezahlt werden.

TIPP: Für Jungunternehmer ist es daher ratsam, in den ersten Jahren etwa 50 % des Gewinnes auf ein Sparbuch zu legen, um so das nötige Geld für etwaige Nachzahlungen als „Rücklage" zur Verfügung zu haben.

Eine Geschäftsidee oder ein Unternehmen ist am Markt nicht zwangsweise erfolgreich, sondern kann sich auch als Misserfolg entwickeln. Das Sprichwort „Ein Ende mit Schrecken, ist besser als ein Schrecken ohne Ende" hat Gültigkeit. Die Verbindlichkeiten des Unternehmens explodieren bei einem verspäteten Konkurs durch Verzugszinsen bei der Bank, Inkassogebühren und Klagekosten. Zugleich liegen Haftungen für den Unternehmer oder Geschäftsführer vor. Gerade in diesen schwierigen Zeiten benötigt man professionelle Hilfe.

Die Auswahl eines geeigneten Steuerberaters fällt nicht leicht. Auswahlkriterien können sein: die allgemeine Reputation, eine persönliche Empfehlung oder eventuelle Referenzen, die Kosten für die Beratungsstunde, der Lohnverrechnung, der Buchhaltung, des Jahresabschlusses und der steuerlichen Sonderberatung. Verzeichnisse von Steuerberatern sind unter *www.kwt.or.at*, gewerbliche Buchhalter unter *www.consultant-finder.at* zu finden.

11. Sozialversicherung

Wie für unselbständig Tätige gibt es auch für selbständig/freiberuflich Tätige eine soziale Absicherung bei Krankheit, Unfall und für die Pension. Zuständig ist hier im überwiegenden Fall die **Sozialversicherungsanstalt der gewerblichen Wirtschaft (SVA)**. In diesem Kapitel wird auf die Versicherungpflicht und Ausnahmen davon, Leistungen und Kosten der SVA sowie auf unterschiedliche Sonderfälle eingegangen. Bei den Regelungen (v.a. Beitragssätze und Beitragsgrundlagen) ist zu beachten, dass diese ständigen Aktualisierungen, Änderungen und Anpassungen unterliegen. Bitte informieren Sie sich in jedem neuen Kalenderjahr über mögliche Änderungen bei der zuständigen Sozialversicherungsanstalt. Für freiberuflich Tätige gelten in einzelnen Punkten abgeänderte Regelungen, welche an dieser Stelle nicht behandelt werden.

Sozialversicherung

11.1 Meldung bei der Versicherung

Alle selbständig/freiberuflich Erwerbstätigen, die eine betriebliche Tätigkeit ausüben, haben sich – unabhängig von der Höhe ihrer Einkünfte – innerhalb eines Monats schriftlich oder mündlich bei der Sozialversicherungsanstalt der gewerblichen Wirtschaft zu melden. Die im Anschluss übermittelte Versicherungserklärung ist binnen zwei Wochen auszufüllen und an die Sozialversicherungsanstalt der gewerblichen Wirtschaft zu senden.

Meldepflicht

11.2 Versicherungspflicht

Sämtliche Ausführungen in diesem Kapitel gelten für Gewerbetreibende und Gewerbegesellschafter, die grundsätzlich bei der SVA pflichtversichert sind. Im Konkreten handelt es sich hierbei um Inhaber von Gewerbeberechtigungen, Gesellschafter einer Offenen Gesellschaft (sofern die Gesellschaft Mitglied der Kammer der gewerblichen Wirtschaft ist), persönlich haftende Gesellschafter (Komplementäre) einer KG (sofern die Gesellschaft Mitglied der Kammer der gewerblichen Wirtschaft ist) sowie geschäftsführende GmbH-Gesellschafter (sofern die Gesellschaft Mitglied der Kammer der gewerblichen Wirtschaft ist). Der Versicherungsschutz umfasst die Pensionsversicherung, die Krankenversicherung sowie die Unfallversicherung. Zu beachten ist hierbei, dass Pensionsversicherung und Krankenversicherung dem Geltungsbereich des GSVG unterliegen, die Unfallversicherung jedoch in den Geltungsbereich des ASVG (eigentlich die Pflichtversicherung der unselbständig Erwerbstätigen) fällt.

Pflichtversicherung

Die Pflichtversicherung in der Kranken-, Pensions- und Unfallversicherung beginnt mit dem Tag, an dem die Voraussetzungen zur Pflichtversicherung einge-

Beginn

treten sind (z.B. Gewerbeanmeldung, Bestellung zum GmbH-Geschäftsführer etc.). Die Versicherungspflicht endet, sobald die Voraussetzungen zur Pflichtversicherung nicht mehr gegeben sind, also bei Zurücklegung der Gewerbeberechtigung, bei Ruhendmeldung des Gewerbes bei der zuständigen Fachgruppe der Kammer der gewerblichen Wirtschaft, bei Löschung der Stellung als persönlich haftender Gesellschafter einer Personengesellschaft oder durch Widerruf der Bestellung zum Geschäftsführer einer GmbH beim Firmenbuch.

11.3 Leistungen der Sozialversicherung

Leistungen

Der Versicherungsschutz umfasst die gesetzliche Pensions-, Kranken- und Unfallversicherung.

11.4 Leistungen der Pensionsversicherung

Pensionsversicherung

Die wesentlichsten Leistungen in der Pensionsversicherung sind die Sicherung der Alters- und Erwerbsunfähigkeitspension sowie der finanzielle Rückhalt nach dem Tod des Versicherungspflichtigen für Hinterbliebene: die Alterspension, die Korridorpension, die Schwerarbeiterpension, die Erwerbsunfähigkeitspension sowie die Witwen- und Waisenpension.

11.5 Leistungen der Krankenversicherung

Krankenversicherung

Bei den Leistungen in der Krankenversicherung ist zwischen geldleistungs- und sachleistungsberechtigten Versicherungspflichtigen zu unterscheiden. Der wesentlichste Unterschied manifestiert sich darin, dass Sachleistungsberechtigte gegen Vorlage der „E-Card" (vormals Krankenschein) von Vertragsärzten behandelt werden. Die Verrechnung des Arzthonorars erfolgt direkt zwischen Arzt und Sozialversicherung. 20 Prozent der Kosten werden dem Versicherten im Nachhinein von der SVA als Selbstbehalt verrechnet. Geldleistungsberechtigte gelten für Ärzte hingegen als Privatpatienten und haben die Honorare vorerst selbst zu bezahlen. Im Nachhinein erfolgt die Verrechnung zwischen Versichertem und der Sozialversicherung bzw. eine Rückvergütung der bezahlten Arzthonorare laut Tarif (max. 80% der Kosten).

Für Unternehmensgründer ist wesentlich, dass in den **ersten drei Jahren** der GSVG-Krankenversicherung **Sachleistungsberechtigung** besteht (bei Mehrfachversicherung generell), ab dem 4. Versicherungsjahr jedoch erst die Höhe der vorläufigen Beitragsgrundlage über die Art des Leistungsanspruches entscheidet. Liegt das Jahresbruttoeinkommen über der Sachleistungsgrenze von 55.019,99 Euro

(Stand: 2008), so besteht Geldleistungsberechtigung, darunter besteht Sachleistungsberechtigung.

Für Sachleistungsberechtigte bestehen jedoch die Optionen der vollen Geldleistungsberechtigung bzw. der Sonderklasse-Geldleistungsberechtigung. Das heißt, dass ein Sachleistungsberechtigter generell auf Geldleistung oder lediglich in Fällen der Krankenhaus-Sonderklasse auf Geldleistung optieren kann.

Für Geldleistungsberechtigte gilt eine Option nur hinsichtlich der Krankenhaus-Sonderklasse, alle anderen Leistungen gebühren als Sachleistung.

Die wesentlichsten Leistungen sind vor allem die Arzthilfe, Medikamente, Heilbehelfe und Heilmittel, Krankenhauspflege oder Mutterschaftsleistungen.

11.6 Leistungen in der Unfallversicherung

Unfallversicherung

Die wesentlichste Aufgabe der Unfallversicherung ist der Schutz des Menschen bei seiner Arbeit (Arbeitsunfall, Berufskrankheiten etc.). Die Kosten der Unfallversicherung betragen unabhängig vom Einkommen 7,65 Euro (Stand: 2008) monatlich und werden von der Sozialversicherungsanstalt der gewerblichen Wirtschaft quartalsweise vorgeschrieben und an die Allgemeine Unfallversicherungsanstalt (AUVA) überwiesen.

Eine **freiwillige Höherversicherung** ist grundsätzlich möglich (91,78 Euro/Jahr – Höherversicherung I oder 137,86 Euro jährlich – Höherversicherung II). Die Höherversicherung wirkt sich vor allem auf die Höhe einer Versehrtenrente günstig aus.

11.7 Ausnahmen von der Sozialversicherung

Ausnahmen

In einzelnen Fällen kann es zu Ausnahmen von der Pensions-, Kranken- und Unfallversicherung, also allen Pflichtversicherungen, kommen. Aber auch eine Befreiung lediglich von der Kranken- und Pensionsversicherung ist möglich. In diesem Fall ist die Unfallversicherung dennoch zu bezahlen. Ausnahmen bedeuten, dass der Selbständige weder Versicherungsbeiträge zu zahlen hat noch versichert ist.

Von sämtlichen Pflichtversicherungen ausgenommen ist ein selbständig Erwerbstätiger vor allem bei Ruhen des Gewerbebetriebes sowie bei der Verpachtung seines Gewerberechtes.

Ruhen

Der **Nichtbetrieb** eines Gewerbebetriebes („Ruhen") führt zur Ausnahme von sämtlichen Pflichtversicherungen und ist bei der Kammer der gewerblichen Wirtschaft (oder der jeweils zuständigen Interessenvertretung) zu melden. Eine **Verpachtung** des Gewerberechtes führt ebenfalls zur Ausnahme von sämtlichen Pflichtversicherungen gemäß GSVG und ASVG und muss bei der Bezirksverwaltungsbehörde erster Instanz (i.d.R. Bezirkshauptmannschaft oder Magistrat) angezeigt werden.

Geringfügige Einkünfte

Lediglich von der Pensions- und Krankenversicherung ausgenommen ist ein selbständig Erwerbstätiger wegen „geringfügiger Einkünfte". Diese Ausnahme ist bei der zuständigen Sozialversicherungsanstalt zu beantragen. Geringfügig sind Einkünfte gem. gewerblicher Sozialversicherung dann, wenn die jährlichen Nettoumsätze 30.000 Euro und die Einkünfte (i.d.R. Gewinn) aus dieser Tätigkeit jährlich 4.188,12 Euro nicht übersteigen. Diesem Antrag wird in der Regel dann zugestimmt, wenn innerhalb der vergangenen 60 Kalendermonate nicht mehr als 12 Kalendermonate einer Pflichtversicherung nach GSVG beim Antragsteller vorliegen oder bei Männern das 65. bzw. bei Frauen das 60. Lebensjahr vollendet wurde oder das 57. Lebensjahr generell vollendet wurde und die oben genannten Voraussetzungen (Nettoumsatz und Gewinn) auch in den letzten fünf Jahren vor Antragstellung bereits gegeben waren. Eine Unfallversicherungspflicht nach ASVG besteht trotzdem. Diese Regelung gilt nicht für Gesellschafter, sondern lediglich für Gewerbetreibende bzw. Inhaber einer Gewerbeberechtigung.

11.8 Versicherungsbeiträge

Gewerbetreibende und Gewerbegesellschafter[26], die keinen Ausnahmen von der Pflichtversicherung unterliegen, zahlen Beiträge zur Pensions-, Kranken- und Unfallversicherung. Die Beiträge werden von der Sozialversicherungsanstalt vierteljährlich vorgeschrieben und müssen spätestens bis Ablauf des zweiten Monats eines jeden Kalendervierteljahres bezahlt werden (Termine: 28. Februar, 31. Mai, 31. August, 30. November). Berechnungsgrundlage für die Versicherungsbeiträge sind grundsätzlich die Einkünfte aus der versicherten Erwerbstätigkeit. Die Unfallversicherung unterliegt den Bestimmungen des ASVG und ist ein fixer Jahresbetrag unabhängig von der Einkommenshöhe.[27]

Beitragsgrundlagen

Grundsätzlich ist zwischen der Beitragsgrundlage und dem endgültigen Beitrag zu unterscheiden. Sämtliche (einkommensorientierte) Versicherungsbeiträge (i.d.R. Kranken- und Pensionsversicherung) werden nach folgender Formel berechnet:

Beitragsgrundlage × Beitragssatz = Beitrag

Bei Pflichtversicherungen ist darauf zu achten, dass zwischen „vorläufigen" und „endgültigen" Beitragsgrundlagen zu unterscheiden ist, dass drei Mindestbeitragsgrundlagen existieren und dass die Beiträge durch eine **Höchstbeitragsgrundlage** begrenzt sind. Von der monatlichen Beitragsgrundlage ist ein be-

---

26 Gewerbegesellschafter sind Gesellschafter einer OG, Komplementäre einer KG, Geschäftsführende GmbH-Gesellschafter (sofern sie nicht ASVG-pflichtversichert sind), wenn die Gesellschaft Mitglied der Wirtschaftskammer ist.

27 Die Höhe der jeweiligen Einkünfte wird der Sozialversicherungsanstalt vom Bundesrechenamt übermittelt und begründet sich nach dem jeweiligen Einkommensteuerbescheid des betreffenden Jahres. Die Bekanntgabe der Steuernummer ist auch bei der Sozialversicherungsanstalt der gewerblichen Wirtschaft unabdingbar.

stimmter Prozentsatz – der sog. Beitragssatz – als monatlicher Beitrag zu entrichten. Dieser beträgt (Stand: 2008) in der Pensionsversicherung 15,75% und in der Krankenversicherung 7,65%. In der Unfallversicherung gilt ein einkommensunabhängiger Fixbetrag von 7,65 € monatlich.[28]

In den ersten beiden Kalenderjahren der Versicherungspflicht gilt bei Gewerbetreibenden bzw. Gewerbegesellschaftern ein *fixer* Betrag in Höhe von 537,78 Euro monatlich als Beitragsgrundlage in der Krankenversicherung (Stand: 2008). Eine Nachbemessung erfolgt nicht. Im dritten Jahr der Pflichtversicherung gilt der Betrag i.H.v. 537,78 Euro als *vorläufig*. In der Pensionsversicherung gilt der Betrag von 537,78 in allen drei Kalenderjahren als *vorläufige* Beitragsgrundlage.

Vorläufige Beitragsgrundlage

Ab dem vierten Jahr der selbständigen Tätigkeit wird die vorläufige Beitragsgrundlage aus der monatlichen Beitragsgrundlage des dritt vorangegangenen Jahres abgeleitet und wird mit dem Faktor (Stand: 2008) 1,079 aktualisiert. In der Krankenversicherung beträgt die monatliche Beitragsgrundlage mindestens 622,43 Euro und in der Pensionsversicherung mindestens 951,87 Euro.

Vorläufige Beitragsgrundlagen ändern sich in der Regel. Soweit diese zur Anwendung kommen, gelten die vorläufigen Beitragsgrundlagen, bis der Einkommensteuerbescheid des jeweiligen Beitragsjahres vorliegt. Zu diesem Zweck wird die Summe aus den gesamten Erwerbseinkünften lt. Einkommensteuerbescheid und den im Beitragsjahr vorgeschriebenen Pensions- und Krankenversicherungsbeiträgen gebildet und durch die Zahl der Pflichtversicherungsmonate im Beitragsjahr dividiert. Die Aktualisierung entfällt in diesem Fall. Anschließend kommt es zu einer Nachbemessung der Beiträge, welche entweder eine Nachbelastung oder Gutschrift sein kann. Die endgültige Beitragsgrundlage beträgt in der Krankenversicherung ab dem dritten Jahr und in der Pensionsversicherung alle drei Jahre mindestens 537,78 Euro. Ab dem vierten Jahr beträgt die monatliche Mindestbeitragsgrundlage in der Krankenversicherung 622,43 Euro und 951,87 Euro in der Pensionsversicherung.[29]

Nachbemessung

Die Beiträge zur Pensions- und Krankenversicherung gehen jedoch nicht ins Unendliche. Sie sind durch die Höchstbeitragsgrundlage begrenzt. Sie beträgt im Jahr 2008 sowohl für die vorläufige als auch für die endgültige Beitragsbemessung 4.585 Euro monatlich.

11.9 Mehrfachversicherung

Eine Mehrfachversicherung in der gesetzlichen Sozialversicherung kann dann entstehen, wenn neben der selbständigen Erwerbstätigkeit auch einer unselbstän-

Mehrfachversicherung

---

[28] Die Höhe der jeweiligen Beitragssätze sowie die Höhe der Beiträge für die gesetzliche Unfallversicherung sind ständigen Änderungen und Aktualisierungen unterworfen. Es wird empfohlen, sich bei der jeweilig zuständigen Sozialversicherungsanstalt über aktuelle Sätze und Beiträge zu erkundigen.

[29] Um den Pensionsanspruch des selbständig Erwerbstätigen zu verbessern, kann die endgültige Beitragsgrundlage in der Pensionsversicherung in den ersten drei Jahren auf die Höchstbeitragsgrundlage erhöht werden.

digen Erwerbstätigkeit oder land- und forstwirtschaftlichen Erwerbstätigkeit nachgegangen wird.[30] Tritt diese Situation ein, kommt es in der Pensionsversicherung zu einer Zusammenrechnung der Beitragsgrundlagen aus selbständiger und unselbständiger Tätigkeit und somit zu einer höheren Pensionszahlung. Faktum ist, dass für jede Erwerbstätigkeit grundsätzlich Versicherungsbeiträge entrichtet werden müssen. Die Beiträge zur Pensions- und Krankenversicherung sind durch die „Höchstbeitragsgrundlage" begrenzt, die in allen Gesetzen einheitlich ist. In der Krankenversicherung kommt es zur Wahl zwischen den einzelnen Krankenversicherungen und in der Unfallversicherung tritt der Schutz für alle versicherten Erwerbstätigkeiten ein. Grundsätzlich erfolgt eine Zusammenrechnung der Einkünfte.

Differenzvorschreibung Ist man wie oben beschrieben **mehrfach versichert**, hat also der Versicherungspflichtige mehrere unterschiedliche steuerliche Einkunftsarten, gibt es die Möglichkeit einer **Differenzvorschreibung**, um die Beitragsverpflichtung einschränken zu können. Dies trifft z.B. für unselbständig Erwerbstätige zu (ASVG), die durch eine etwaige zusätzliche selbständige Erwerbstätigkeit auch der GSVG-Versicherung unterliegen. Die GSVG-Versicherung wird in diesem Falle nachrangig behandelt, d.h. je nach Höhe der ASVG-Beiträge sind in der gewerblichen Sozialversicherung weniger bis gar keine Beiträge mehr zu bezahlen.[31] Zu beachten ist, dass, unerheblich ob ein aufrechtes Dienstverhältnis besteht oder nicht, sofort im Zeitpunkt der Anmeldung des Gewerbes Sozialversicherungspflicht nach GSVG entsteht. Wird in der ASVG-Versicherung die Höchstbeitragsgrundlage erreicht, so fällt in der GSVG-Versicherung keine Kranken- und Pensionsversicherung mehr an. Bei Nicht-Erreichen der Höchstbeitragsgrundlage müssen Kranken- und Pensionsversicherungsbeiträge für den gewerblichen Gewinn bis zur Höchstbeitragsgrundlage bezahlt werden. Die Unfallversicherung ist zur Gänze zu bezahlen. Grundsätzlich kann zwischen drei Varianten unterschieden werden:

1. Das Einkommen aus dem Dienstverhältnis liegt unter der gewerblichen Mindestbeitragsgrundlage. In diesem Fall sind Pensionsversicherung und Krankenversicherung mindestens für die Differenz zwischen dem Einkommen aus dem Dienstverhältnis und der Mindestbeitragsgrundlage der GSVG-Versicherung zu bezahlen.

2. Das gesamte Einkommen des Versicherungspflichtigen liegt zwischen der gewerblichen Mindestbeitragsgrundlage und der (allgemeinen) Höchstbeitragsgrundlage. In diesem Fall wird die Pensions- sowie die Krankenversicherungspflicht aus den gewerblichen Einkünften abgeleitet.

---

30 Unselbständig Erwerbstätige sind i.d.R. nach dem ASVG versichert, selbständig Erwerbstätige nach dem GSVG und land- und forstwirtschaftlich Tätige nach dem BSVG (Bauern-Sozialversicherungsgesetz).

31 Sollte diese Variante des Nebenberufes „Unternehmer" gewählt werden, ist zu beachten, dass der Arbeitgeber über diese Selbständigkeit informiert werden muss. Bei Nicht-Einholung der Zustimmung kann dies laut Arbeitsrecht ein Entlassungsgrund sein.

3. Das Einkommen aus dem Dienstverhältnis liegt über der Höchstbeitragsgrundlage. In diesem Fall sind für die gewerblichen Einkünfte keine
Pensions- und Krankenversicherungsbeiträge mehr zu bezahlen.

11.10 Neue Selbständige

Die „neuen Selbstständigen" beziehen Einkünfte aus selbstständiger oder gewerblicher Tätigkeit ohne Gewerbeberechtigung, da diese nicht benötigt wird (Autoren, Kunstschaffende, Gutachter etc.) und sind infolgedessen auch nicht GSVG-
pflichtversichert. **Merkmale der neuen Selbständigen** sind ähnlich denen von
Werkvertragsnehmern mit Gewerbeberechtigung:[32]

Neue Selbständige

- persönliche und wirtschaftliche Unabhängigkeit

- keine persönliche Ausübung der Tätigkeit

- keine Weisungsgebundenheit

- Verfügung über unternehmerische Struktur

Das Besondere an der neuen Selbstständigkeit ist, dass die Pflichtversicherung
bei Unterschreiten der Versicherungsgrenze nicht schlagend wird. Die Tätigkeit
der neuen Selbständigkeit ist der Sozialversicherung der gewerblichen Wirtschaft
innerhalb eines Monats nach Aufnahme der Tätigkeit zu melden, wenn das jährliche Bruttoeinkommen 6.453,36 Euro (Versicherungsgrenze I, Stand: 2008) oder
bei Erzielung anderer Einkünfte das Jahresbruttoeinkommen 4.188,12 Euro (Versicherungsgrenze II, Stand: 2008) übersteigt. Die Versicherungspflicht betrifft die
Kranken-, Pensions- und Unfallversicherung. Neue Selbständige sind mangels
Dienstverhältnis nicht lohnsteuer-, sondern einkommensteuerpflichtig. Der Pen-
sionsversicherungsbeitrag beträgt wie bei den anderen SVA-Pflichtversicherten
15,75% in der Pensionsversicherung und 7,65% in der Krankenversicherung
(Stand 2008).

11.11 Kleinstunternehmerregelung

Um Kleinstunternehmer in ihren Zahlungsverpflichtungen zu erleichtern, kann
eine Befreiung von Kranken- und Pensionsversicherung bei der Sozialversicherungsanstalt der gewerblichen Wirtschaft beantragt werden. Die Unfallversicherung bleibt aufrecht. Bei der Befreiung muss der jährliche Gewinn weniger als
4.188,12 Euro und der jährliche Umsatz weniger als 30.000 Euro betragen (Stand:
2008). Weiters darf der Antragsteller innerhalb der letzten 60 Kalendermonate

Kleinstunternehmer

---

32 Gem. ABGB liegt ein Werkvertrag dann vor, wenn eine Person die Herstellung eines Werkes
gegen Entgelt übernimmt. Das Ergebnis (das „Werk") ist hierbei entscheidend, da eine Leistung
als solche geschuldet wird; anders beim Dienstvertrag, bei dem kein Werk in diesem Sinne
geschuldet wird. Der Werkvertrag endet mit der Erbringung der Leistung (des „Werkes").

nicht mehr als 12 Monate GSVG-versichert gewesen sein, Antragstellerinnen das 60. Lebensjahr und Antragsteller das 65. Lebensjahr vollendet haben oder das 57. Lebensjahr vollendet und innerhalb der letzten fünf Kalenderjahre vor der Antragstellung die erwähnten Einkommens- und Umsatzkriterien erfüllt haben. Natürlich besteht bei einer eventuellen Befreiung kein Anrecht auf Versicherungsschutz.

11.12 Weiterführende Literatur

Komprimierte Information in Broschürenform: *Sozialversicherungsanstalt der gewerblichen Wirtschaft* (2007).

Vertiefende Literatur zur Sozialversicherung: *Müller* (2005).

Aktuelle Infos, Formulare und Anträge auf: *www.sva.or.at* und *www.help.gv.at*.

Informationen und Downloads zur Sozialversicherung für Neue Selbständige: *www.neue-selbstaendige.at*.

12. Erstellung des Businessplans

In diesem Kapitel wird die Bedeutung von Businessplänen (BP) für die Gründungsplanung behandelt. Es ist entsprechend der in der Praxis üblichen BP-Struktur gegliedert und beinhaltet praxisorientierte Tipps und Leitfragen zur Gestaltung.

12.1 Bedeutung und Verbreitung von Businessplänen

Jede Unternehmensgründung oder -übernahme bedarf einer exakten Planung. Das wichtigste Instrument im Zuge der Gründungsplanung stellt der BP dar. Im BP werden in prägnanter und strukturierter Form die Resultate der zur Gründungsplanung gesetzten Aktivitäten und Überlegungen festgehalten, wobei die einzelnen Teilaspekte so in Beziehung zu setzen sind, dass ein einheitliches Konzept sichtbar wird.

Planung einer Gründung

Ursprünglich war der BP lediglich als Instrument für die Beschaffung von Risikokapital (Venture Capital) gedacht. Investoren sollten durch nachvollziehbare Aussagen von der Geschäftsidee überzeugt und für eine Beteiligungsfinanzierung gewonnen werden. Mittlerweile ist es jedoch auch beinahe unmöglich geworden, ohne BP eine Fremdfinanzierung durch Kreditinstitute zu erhalten.

Darüber hinaus ist der BP zu einem Instrument gewachsen, das wichtige **unternehmensinterne und -externe Aufgaben** erfüllt:

- Als **Führungsinstrument** dient er u.a. der Strukturierung und Darstellung der eigenen Ideen und Konzepte und der verbindlichen Definition von Zielen und Strategien.

- Als **Informations- und Steuerungsinstrument** ist er die Grundlage dafür, frühzeitig Probleme zu erkennen und gegensteuernde Maßnahmen einleiten zu können.

- Als **Verhandlungsinstrument** dient er vor allem Verhandlungen mit externen Kapitalgebern wie Kreditinstituten, Risikokapitalgebern und öffentlichen Förderinstitutionen, um diesen einen Gesamtüberblick über das Unternehmen zu geben und sie zur Finanzierung zu veranlassen.

Zwar zeigen empirische Studien, dass nur ein Teil der Gründer auch tatsächlich einen BP detailliert ausarbeitet, ggf. sogar unter Nutzung von EDV-Tools. Dies ist im Wesentlichen darauf zurückzuführen, dass gerade die – vielen – Gründer, welche für ihr Gründungsvorhaben keine Fremdfinanzierung bzw. Förderungen benötigen, eine entsprechende Planung für nicht erforderlich halten.

Jedoch bestätigen – in der Retrospektive – Jungunternehmer durchgehend das hohe Potenzial und die Effektivität dieses Instrumentes. 80% aller befragten JungunternehmerInnen in Oberösterreich halten die Erarbeitung eines BP für vorteil-

Hohes Potenzial

haft bzw. unerlässlich. Je intensiver an der Erstellung eines BP gearbeitet wurde, desto wichtiger und vorteilhafter wird er in der Retrospektive als Beitrag zum Geschäftserfolg gesehen. Dies gilt verstärkt dann, wenn ein EDV-gestützter BP erstellt wurde (*Kailer/Stockinger* 2007 a).

Grundsätzlich sollten folgende **Erstellungshinweise** beachtet werden:

Eigene Erarbeitung

Der BP sollte **selbst erarbeitet** werden, da gerade die strukturierte eigene Auseinandersetzung mit allen gründungsrelevanten Fragen ein hohes Lern- und **Reflexionspotenzial** bietet.

Externe Expertise beiziehen

Die **Beiziehung von externen Experten** als Auskunftspersonen (z.B. Pilotbefragung zur Produktakzeptanz oder bzgl. Entwicklungstrends) sowie als Unterstützung bei der BP-Erstellung (z.B. technische Fachexperten, Unternehmensberater, Rechtsanwälte) wirkt für potenzielle Investoren vertrauensbildend.

Verständliche Formulierung

Höchster Wert ist auf **Verständlichkeit** zu legen. Die Formulierungen sollen knapp und insbesondere auch in für fachliche Laien verständlicher Weise auf den Punkt gebracht werden. Technische Spezifika etc. sind im Anhang anzuführen. Sinnvoll ist ein Pre-Test des fertiggestellten BP bei einem Testpublikum, um z.B. missverständliche Formulierungen zu überarbeiten.

Ausrichtung an der Zielgruppe

Wichtig ist eine hohe Aussagekraft: Ein BP überzeugt nicht durch Datenquantität und ausführlichste Dokumentation (dies wirkt vielmehr eher abschreckend), sondern durch die Qualität der erhobenen Daten und deren sinnvolle, zielgruppengerechte Aufbereitung. Der BP hat jene Aussagen zu enthalten, die für die jeweilige Zielgruppe – ob nun Investor, Geschäftspartner oder andere Stakeholder – wichtig sind. Nicht mehr und nicht weniger.

Gliederung und Layout

Es ist sinnvoll, sich bei der Erarbeitung an die **Gliederung** zu halten, die sich in der Praxis herausgebildet hat. (Die folgenden Ausführungen in diesem Kapitel sind ebenfalls entsprechend gegliedert). Professionelles Layout mit Absätzen zur übersichtlicheren Darstellung, nummerierten Überschriften usw. sollte selbstverständlich sein.

Redundanz

In der Praxis kommt es häufig zu sehr redundanten Businessplänen, die mehrfach ähnliche oder sogar gleiche Passagen enthalten. Dies führt zu steigendem Desinteresse beim Leser, ein keinesfalls gewünschter Effekt. Dieser Umstand ist großteils durch die teilweise nicht klare inhaltliche Abgrenzung zwischen den einzelnen Kapiteln eines BP begründet. Auch in diesem Buch werden manche Inhalte mehreren Kapiteln zugeordnet. Es liegt dabei am Verfasser zu entscheiden, wie oft und an welcher Stelle gewisse Inhalte letztendlich stehen sollen. Das Eingangs erwähnte mehrfache „Copy-and-Paste-Verfahren"ist jedenfalls zu vermeiden.

Sachlichkeit

Eine übertrieben positive „Werbetextung" sollte vermieden werden. Umgekehrt sollte die Idee auch nicht zu kritisch betrachtet werden. Vor- und Nachteile sind auf sachlicher Ebene abzuwägen. Der BP soll den Lesern (auch) vermitteln, dass sich die Verfasser auch mit dem Umgang mit möglicherweise auftretenden Problemen auseinandergesetzt haben (z.B. im worst case scenario).

Im Folgenden werden die einzelnen Abschnitte eines BP der Reihe nach skizziert und Leitfragen für die Ausarbeitung der einzelnen Kapitel angeführt.

12.2 Executive Summary

Potenzielle Investoren werden mit BP überschüttet. Dementsprechend beschäftigen sie sich zuallererst mit dem Executive Summary, um zeitökonomisch das Wesen und die Erfolgswahrscheinlichkeit des Gründungsvorhabens abschätzen zu können. Deshalb eröffnet das Executive Summary den BP und hat **oberste Priorität** bei der Erstellung.

Interesse wecken

Ein Executive Summary ist eine kurze **Zusammenfassung** aller wichtigen Aspekte des BP und vermittelt in komprimierter Form alles, was ein potenzieller Investor unter Zeitdruck wissen muss. Er gibt insbesondere Aufschluss über das Produkt bzw. die Dienstleistung, den Kundennutzen, die relevanten Märkte, die Kompetenz der Unternehmensgründer sowie den generellen Investitionsbedarf. Als „**Eye Catcher**" sollte sie max. zwei Seiten umfassen.

Leitfragen für die Zusammenfassung

- Ist die Produkt- oder Dienstleistungsidee für den Leser verständlich erklärt?

- Ist der Kundennutzen klar durchdacht und formuliert?

- Was ist der Wettbewerbsvorteil gegenüber Mitbewerbern?

- Welche Märkte sind für das Unternehmen relevant?

- Welche Kompetenzen hat der Gründer bzw. das Gründerteam?

- Warum macht gerade dieses Gründerteam das Unternehmen erfolgreich (z.B. spezielles Wissen bzw. Branchenerfahrung)?

- Wie hoch ist der geplante Umsatz in den nächsten 3 Jahren?

- Wie hoch ist der aktuelle und künftige Kapital- bzw. Investitionsbedarf?

- Welche Rendite kann grundsätzlich erzielt werden?

12.3 Produkt oder Dienstleistung

12.3.1 Produktbeschreibung

Der Grundgedanke jedes neu gegründeten Unternehmens ist es, eine auf die Zielgruppe(n) abgestimmte Problemlösung, sei es Produkt oder Dienstleistung, anzubieten. Das Problem, ebenso wie die vom zukünftigen Unternehmen angebotene Problemlösung, muss verständlich und umfassend (also inkl. eventueller begleitender Dienstleistungen, wie z.B. Schulungen) dargelegt werden. Empfehlenswert ist die Verwendung von Grafiken und Bildern. Komplizierte technische Details sind vor allem in diesem Bereich des BP außer Acht zu lassen. Potenzielle Investoren interessieren die besonderen Vorteile für die Kunden, der Entwick-

Was soll verkauft werden?

lungsstand (technisch bzw. Lebenszyklus) sowie die Rechte an und der Schutz der Geschäftsidee.

12.3.2 Kundennutzen

Warum soll gekauft werden? Ein Gründungsvorhaben auf Basis einer neuen Produktidee/Dienstleistungsidee ist nur dann sinnvoll, wenn es dem Kunden mehr Vorteile und Nutzen bringt als jene der Mitbewerber (Qualitätsverbesserung, Kosteneinsparung, Zeitgewinn etc.) und dieser Vorteil den Kunden auch entsprechend kommuniziert wird. Im Businessplan ist diese Unique Selling Proposition (USP) überzeugend darzustellen.

Leitfragen zum Kundennutzen

- Welche Probleme werden mit der Idee gelöst?
- Welche Zielgruppe wird durch die Leistung angesprochen?
- Welche Kundenbedürfnisse liegen bei der Zielgruppe vor?
- Welcher Kundennutzen wird erzielt?
- Wieso wird der Kundennutzen nicht durch existierende oder zukünftige Konkurrenzprodukte gedeckt?

12.3.3 Stand der Entwicklung

Status quo und Ausblick Gerade für Investoren ist es wichtig, ihr Risiko abschätzen zu können. Oft sind Investoren Laien im Hinblick auf komplizierte technologische Innovationen. Es sollte deswegen darauf geachtet werden, den Stand der Entwicklung so verständlich wie möglich zu verfassen. Anschauliche Grafiken, Fotos oder Zeichnungen sollen auch hier Verwendung finden. Im Idealfall ist bereits ein Prototyp oder sogar ein Pilotkunde vorhanden. Vor allem sollte jedoch angegeben werden, zu welchem Zeitpunkt voraussichtlich die Marktreife erlangt wird. Sollten noch Schwierigkeiten in der Entwicklung existieren, so ist darauf Bedacht zu nehmen, dass Auswege aufgezeigt werden. Wichtig ist es auch, aufzuzeigen, welche Kapazitäten für die Produktion notwendig sind und welche Investitionen deshalb getätigt werden müssen.

Leitfragen zum Stand der Entwicklung

- In welchem Entwicklungsstand befindet sich das Produkt?
- Wann kann mit der Markteinführung gerechnet werden?
- Welche weiteren Entwicklungsschritte sind vorgesehen?
- Welche Ressourcen sind für die Folgeentwicklung und -produktion vorgesehen?
- Welche Maßnahmen zur Qualitätssicherung sind vorgesehen?

12.3.4 Lebenszyklus

Im BP sollte auf den Produktlebenszyklus und damit die Entwicklung der künftigen Absatzchancen am Markt eingegangen werden. Von Interesse sind hier auch die geplanten Handlungsalternativen gegen Ende des Lebenszyklus (Relaunch, Neueinführung eines weiteren Produktes, Marktausweitung etc.).

Lebenserwartung

Leitfragen zum Lebenszyklus

- Wie lange hat das Produkt Absatzchancen am Markt?

- Wie wird das Produkt weiterentwickelt?

- Welche Entwicklungskosten fallen für die Weiterentwicklung an?

12.3.5 Schutz vor Nachahmung

Vor Nachahmungen und Kopien ist kein Unternehmer gefeit. Im BP ist anzugeben, welche Schritte gegen Kopien und Nachahmungen gesetzt wurden. Hierbei ist vor allem an **Patente, Geheimhaltungsverträge, Exklusivverträge** u.Ä. zu denken (siehe Kap. 2.4). Die Beiziehung eines Anwaltes ist in diesem Fall von besonderer Bedeutung.

Sicherung der Rechte

Leitfragen zum Schutz vor Nachahmung

- Inwiefern ist die Einzigartigkeit des Produktes gegeben?

- Inwiefern schützt die Spezifizität des Know-hows der Gründer die Idee vor Nachahmung?

- Wie kann diese Einzigartigkeit geschützt bzw. gewährleistet werden?

- Welche Maßnahmen können zum Schutz der Geschäftsidee ergriffen werden und sind solche vorgesehen?

- Wurden Exklusivverträge oder Geheimhaltungsverpflichtungen abgeschlossen?

12.4 Unternehmen

In diesem Kapitel soll weniger der Aufbau und die Struktur des Unternehmens beschrieben werden, vielmehr sollen **Visionen, Ziele, Strategien und Erfolgsfaktoren** näher erläutert werden. Der Schwerpunkt liegt dabei auf den grundlegenden Merkmalen des Unternehmens, der strategischen Positionierung, den persönlichen Erfahrungen des Gründer(teams) sowie auf den Expansionsmöglichkeiten des Unternehmens.

Was soll gegründet werden?

Leitfragen zum Unternehmen

- Welches Geschäft wird betrieben und wo liegt der geplante Standort?
- Welche Markt- und Produktbereiche werden abgedeckt?
- Was sind die Haupterfolgsfaktoren und die dafür notwendigen Meilensteine?
- Welche Rechtsform und Gesellschafterstruktur ist geplant und warum?
- Wie sehen die nächsten Schritte nach erfolgter Gründung aus?
- Wie sehen die langfristigen Unternehmensziele aus?

12.5 Branche, Markt und Wettbewerb

Informationsaufbereitung

Es gilt hier, das **Marktpotenzial** basierend auf Analysen und Erhebungen von Branche, Markt und Wettbewerber anzugeben. Relevante Fragen sind systematisch zu beantworten und mit möglichst **aktuellem Zahlenmaterial aus nachvollziehbaren Quellen** zu belegen. Von Interesse für Investoren sind an dieser Stelle auch Ergebnisse von Interviews mit potenziellen Kunden und mögliche Schwierigkeiten und Risken bei der Ausschöpfung des Marktpotenziales.

12.5.1 Branchenanalyse

Investoren werden mit unterschiedlichsten Branchen konfrontiert. Eine Darstellung des Status Quo der Branche inkl. der **Haupteinflussfaktoren** (siehe dazu z.B. die „5 forces" von Porter) und der künftigen **Branchentrends** ist daher notwendig. Branchenübliche Renditen, Eintrittsbarrieren, Mitbewerber, Zulieferer, Kunden und Vertriebswege sollen ebenfalls Teil der Analyse sein. Die Durchführung einer Branchenanalyse ist in Kap. 3.3. näher beschrieben. Ebenso können Informationen aus dem Opportunity Plan (siehe Kap. 2.3) verwendet werden.

Leitfragen zur Branchenanalyse

- Wie ist der Status Quo der Branche und wie wird sie sich entwickeln?
- Wie groß ist der Gesamtumsatz bzw. Gesamtabsatz in der Branche?
- Welche Renditen werden erzielt?
- Wie verlaufen die Trends und die Preisentwicklung?
- Welche Rolle spielen Innovationen und technischer Fortschritt?
- Welche ökonomischen und rechtlichen Einflussfaktoren wirken auf die Bran
- che ein?
- Welche Markteintrittsbarrieren können identifiziert werden und wie kann diesen begegnet werden?

12.5.2 Marktanalyse

Im Zuge der Marktanalyse wird zuerst eine begründete Entscheidung für den **Zielmarkt** (das gewählte Marktsegment) gegeben. Dazu sind **Kenndaten** zum Zielmarkt (z.B. Größe, Wachstum, Entwicklungstendenzen) sowie zum geplanten **Markterfolg** (z.B. Umsatz, Absatz, Anzahl von Kunden und Mengeneinheiten, Marktanteil, Gewinn) eingehend zu erläutern. Die Durchführung von primärer (z.B. Zielkundenbefragungen) sowie sekundärer (z.B. Recherchen im Internet oder bei Fachverbänden) Marktforschung erweist sich als hilfreich.

Leitfragen zum Markt

- Welche Marktsegmentierung wurde gewählt?

- Wie profitabel sind die einzelnen Segmente heute und in Zukunft?

- Wer sind die relevanten Zielgruppen heute und in Zukunft?

- Welche Kundengruppen sind finanziell besonders attraktiv?

- Welche Kundenzahlen werden angestrebt?

- Wie hoch ist das aktuelle und zukünftige Umsatzpotenzial?

- Wie viel Prozent des Umsatzes wird durch Großkunden erzielt?

- Auf welchen Annahmen und Daten basieren die Schätzungen?

12.5.3 Wettbewerbsanalyse

Um im Wettbewerb am Markt erfolgreich bestehen zu können, ist es notwendig, das eigene Unternehmen in Relation zu den potenziellen Mitbewerbern zu setzen. Dazu empfehlen sich die in Kap. 3 beschriebenen Analyseinstrumente. Gängige quantitative Vergleichsgrößen sind dabei Absatz, Umsatz, Wachstum und Marktanteil. Für Investoren ist es auch von Interesse, wie neue und alte Konkurrenten auf den eigenen Markteintritt reagieren werden und welche eigenen Gegenstrategien wiederum hierfür vorhanden sind. Neben dem eigenen Produkt und den Mitbewerbern sind auch Substitute (Ersatzprodukte) ins Kalkül zu ziehen.

Die Wettbewerbsanalyse umfasst zusätzlich qualitative Analysen zu den Bereichen Strategie, Zielkunden, Produktlinien, Preise, Vertriebskanäle, Aktivitäten der Marktkommunikation sowie Stärken und Schwächen. Auf eine hinreichende Differenzierung des zu gründenden Unternehmens zu den Konkurrenten ist ebenfalls einzugehen. Basierend auf den Ergebnissen dieser Analysen gilt es die Kernfrage zu beantworten: Warum sollte ein potenzieller Kunde das eigene Produkt gegenüber Konkurrenten vorziehen? Diese Frage muss hinreichend beantwortet werden, beispielsweise durch Formulierung eines USP.

Leitfragen zur Wettbewerbsanalyse

- Wer sind die Mitbewerber am Markt?

- Welche Zielgruppen sprechen die Mitbewerber an?

- Welche Marktanteile haben die Mitbewerber?

- Welche Marketingstrategien verfolgen die Mitbewerber?

- Wie werden die Konkurrenten auf den eigenen Markteintritt reagieren?

- Wie unterscheidet sich das eigene Angebot von dem der Konkurrenz?

- Ist die Einzigartigkeit des Produktes im Vergleich zur Konkurrenz hervorgehoben?

- Wie lautet ein Stärken-Schwächen-Vergleich des Unternehmens mit den Mitbewerbern?

- Wie nachhaltig ist der eigene Wettbewerbsvorteil?

- Welche Substitute sind vorhanden bzw. zu erwarten?

- Wie schnell können neue Konkurrenten den Markt betreten?

12.6 Marketing

Der Marketingplan (i.d.R. die Marketingstrategie) stellt ein Kernstück des BP dar. Der Schwerpunkt liegt bei Maßnahmen zur Ausschöpfung der für das Unternehmen identifizierten Marktpotenziale. Im Wesentlichen geht es um die Darstellung der **Strategie für den Markteintritt**, des **Absatzkonzeptes** und der geplanten **Maßnahmen zur Absatzförderung**.

12.6.1 Markteintritt

Eine wesentliche Frage bei der Geschäftsplanung ist die Erreichung eines bestimmten Marktanteiles und Umsatzvolumens in den ersten Jahren. Zuvor allerdings gilt es die ersten Kunden zu erreichen. Die im Vorfeld angestellten Überlegungen zur Positionierung geben eine wesentliche Hilfestellung bei der Frage, welche konkreten potenziellen Kunden zuerst angesprochen werden sollen. Eine gezielte Einführung über **Pilotkunden** kann sich dabei als sehr hilfreich erweisen. Es sollte auch angegeben werden, welche **Referenzkunden**, die im Idealfall als Meinungsbildner in der Branche gelten, angesprochen wurden oder werden sollen. Auch ggf. bereits vorhandene andere wichtige Erstkunden sollten genannt werden.

Leitfragen zum Markteintritt

- Welche Schritte werden zur Einführung des Produktes/der Dienstleistung am Markt geplant?

- Wie und welche Referenzkunden sollen gewonnen werden?

- Welcher Realisierungsfahrplan ist vorgesehen und welche Meilensteine gilt es zu erreichen?

12.6.2 Marketingmix

An dieser Stelle ist der Marketingmix, also die individuelle Ausgestaltung der „vier P's" (Product, Price, Place, Promotion) für das eigene Produkt zu erörtern.

12.6.2.1 Vertriebskanäle

Als „Tor zum Kunden"ist die Vertriebsentscheidung von eminenter Bedeutung. Die **Wahl des Vertriebskanals** (z.B. Einzelhandel, Großhandel, Franchising, Postversand oder Handelsvertreter) ist hier zu treffen. Im BP ist darauf zu achten, dass diese Entscheidung entsprechend **begründet** wird (z.B. Wahl des Handelsvertreters aufgrund intensiver Betreuungsnotwendigkeit). Es ist hier zu berücksichtigen, dass die Wahl des Vertriebswegs auch Teil der Kommunikation mit dem Markt ist, da jeder Vertriebsweg eine Aussage über das jeweilige Produkt enthält (z.B. kann eine Uhr an der Tankstelle oder beim Juwelier erhältlich sein).

Leitfragen zum Vertrieb

- Welche Vertriebskanäle werden genutzt und warum?

- Welche Zielgruppen werden dadurch jeweils erreicht?

- Wie werden sich Absatz und Ergebnis auf die einzelnen Vertriebskanäle verteilen?

- Welche Marktanteile sollen je Vertriebskanal erreicht werden?

12.6.2.2 Preisgestaltung

Die begründete Entscheidung für die gewählte **Preisstrategie** ist an dieser Stelle anzuführen. Für Investoren ist es wichtig zu wissen, welcher Preis grundsätzlich veranschlagt wird und wie dieser kalkuliert wird. Ebenso sollte hier, zum besseren Verständnis für branchenfremde Leser, kurz auf Preise von vergleichbaren Konkurrenten eingegangen werden.

Leitfragen zur Preisgestaltung

- Welcher Endverkaufspreis sollte erzielt werden?

- Welcher Absatz wird angestrebt?

- Welche Preisgestaltungsstrategie wird verfolgt und warum?

- Wie wird der Preis kalkuliert?

- Welche Marge bzw. Spanne wird erzielt?

- Gibt es Unterschiede je nach Vertriebskanal?

- Welche Zahlungsfristen, Rabatte und Konditionen sind geplant?

12.6.2.3 Kommunikationspolitik

Die Kommunikationspolitik ist das „Sprachrohr des unternehmerischen Marketing"und umfasst Basisinstrumente der Werbung, Verkaufsförderung und Öffentlichkeitsarbeit. Für Investoren ist es entscheidend zu wissen, wie potenzielle Kunden auf das Produkt aufmerksam gemacht werden sollen.

Leitfragen zur Kommunikationspolitik

- Wie wird die Aufmerksamkeit der Zielgruppen auf das Produkt gelenkt?

- Wie viel Kapazitäten kostet es, einen Kunden zu gewinnen?

- Insb. bei Dienstleistungen: Welche vertrauensschaffenden Maßnahmen können gesetzt werden (z.B. persönliche Empfehlungen)?

- Welche Werbemittel werden genutzt?

12.6.2.4 Das Produkt/Leistungssortiment

An dieser Stelle gilt es Überlegungen über den Produktmix, den wichtigsten Teil des Marketingmix, anzustellen. Zu klären ist, welche Produkte das Sortiment jetzt und in Zukunft enthalten soll und welche begleitenden Zusatzleistungen („das erweiterte Produkt") angeboten werden sollen.

Leitfragen zum Sortiment

- Welche Produkte/Leistungen wird das Unternehmen jetzt und in Zukunft vertreiben?

- Warum sollen diese Produkte/Leistungen in das Sortiment aufgenommen werden?

- Ist das Produktsortiment homogen oder ist eine Mehrmarkenstrategie empfehlenswert?

- Wie werden die Produktlebenszyklen voraussichtlich verlaufen?

- Woraus setzt sich das erweiterte Produkt, also produktbegleitende Maßnahmen wie etwa Service, zusammen?

- Welche (erweiterten) Produkte/Leistungen sollen die eigentlichen Umsatzbringer sein?

- Inwiefern ist „Cross-Selling" vorgesehen?

12.7 Management, Schlüsselpersonen und ihre Kompetenzen

Erfolg oder Misserfolg eines neu gegründeten Unternehmens hängen entscheidend von Persönlichkeit und Kompetenzen des Gründerteams ab. Gerade für potenzielle Investoren stellen deshalb der berufliche Erfahrungshintergrund und die Fach- und Managementkompetenzen der Gründer einen wesentlichen Faktor bei der Bewertung von Risiko und Erfolgsaussichten dar (Franke et al. 2006). Externe Geldgeber „investieren in Personen und nicht in Ideen". Anders formuliert herrscht die Tendenz, eher in Gründerpersonen mit hoher Managementkompetenz zu investieren, auch wenn die präsentierte Idee eher mittelmäßig ist, als umgekehrt. Gründerteams sind allgemein im Vorteil (siehe Kap. 1.5).

Wichtig ist eine **klare Aufgabenverteilung,** wobei die individuellen Kompetenzen und Stärken berücksichtigt werden sollten. Es sollte dargestellt werden, dass alle für das Unternehmen **wichtigen Funktionen abgedeckt** sind. Insbesondere der Bereich Marketing und Vertrieb stellt bei technologieorientierten Gründungsvorhaben oft einen Schwachpunkt dar und sollte möglichst mit Personen mit Branchen- und Vertriebserfahrung besetzt sein. Bei noch nicht besetzten wichtigen Aufgabenbereichen ist anzugeben, ob ggf. ein Outsourcing erfolgt bzw. welche Schritte unternommen werden, um eine Person mit den erforderlichen Kompetenzen zu finden.

Bei Gründungsteams ist ein **breites Kompetenzportfolio** (bzgl. Erfahrungshintergrund, Ausbildung, Alter, Branchenkontakten) von besonderem Vorteil. Die **Eigentumsverhältnisse** müssen geklärt sein. Es sollte auch glaubhaft dargestellt werden, dass es sich im Falle von Teamgründungen um ein bereits **eingespieltes Team** handelt (z.B. frühere Zusammenarbeit), was die Gefahr von Teamkonflikten verringert.

Die **Kompetenzen jeder Gründungsperson** sollten übersichtlich und kompakt zusammengefasst werden. Dabei sind diejenigen Aspekte herauszuheben, die für das konkrete Vorhaben besonders wesentlich sind. Ausführlichere Lebensläufe können im Anhang beigelegt werden.

Die geplante **Managementvergütung** sollte ebenfalls angeführt werden, wobei auf branchenübliche Entgelte zu achten ist.

Werden Aufgaben extern vergeben (z.B. an Wirtschaftstreuhänder, Werbeagenturen), sollten sowohl die ausgelagerten Aufgaben als auch die **externen Experten** bereits angeführt werden können.

Leitfragen zum Management(team) und dessen Kompetenzen

● Wie ist der (berufliche) Werdegang der einzelnen Teammitglieder und welche beruflichen Erfolge wurden erzielt?

● Welche (komplementären) Erfahrungen und Fähigkeiten besitzt das Team?

● Welche Schlüsselpositionen werden mit welchen Teammitgliedern im Unternehmen besetzt?

● Welche Kompetenzen fehlen noch im Unternehmerteam und wie werden diese ergänzt?

● Wie sind die Eigentumsverhältnisse geregelt?

● Welche Managementvergütung ist geplant?

● Welche Berater unterstützen das Managementteam, bei welchen Themen, in welchem Ausmaß?

● Welche Netzwerke sind (bis dato) aufgebaut worden?

12.8 Umsetzungsplanung und Umsetzungsfahrplan

Milestones Für die Planung und Durchführung des Geschäftsvorhabens sollten konkrete **Milestones** fixiert werden, zu denen messbare Ergebnisse abgeliefert werden können (z.B. Fertigstellung des Prototyps, erste Verkäufe). Die Darstellung dieser Milestones und des gesamten Umsetzungsplans erfolgt idealerweise in grafischer Form.

Auch wenn gerade bei Neugründungen mit oft innovativen Leistungen keine Erfahrungswerte vorliegen, sollte die Planung doch so realistisch wie möglich durchgeführt werden. Eine zu optimistische Planung verringert die Glaubwürdigkeit bei den Geschäftspartnern, kann zu einer hohen burn rate oder zu Buch- und Cashverlusten führen. Zu pessimistische Planung kann zu Ressourcenmangel führen, was eine erfolgreiche Weiterentwicklung des Unternehmens behindert.

Aufgabenzusammenfassung Eine möglichst realistische Planung wird durch **Aufgabenzusammenfassung** unterstützt: In der Gründungsphase fallen sehr viele Detailaufgaben an, was den Überblick gefährdet. Es empfiehlt sich, wichtige Teilaufgaben in Arbeitspakete zusammenzufassen. Für den Businessplan sollten max. 10 solcher Arbeitspakete erstellt werden, damit auch potenzielle Investoren den Überblick behalten können.

Prioritäten setzen Durch eine Zusammenfassung in Form eines Netz-Plans (z.B. durch ein Gantt Chart) bleibt auch der Überblick über den Entwicklungs- und Bearbeitungsstand erhalten. Jene Aktivitäten, deren Verzögerung oder Nicht-Durchführung eine Verzögerung oder Verhinderung des Gesamtprojektes nach sich ziehen, bezeichnet man als **kritischen Pfad**. Ihnen ist besondere Beachtung zu schenken.

Potentielle Risiken sind zu identifizieren und entsprechende risikominimierende Tätigkeiten möglichst früh in der Planung vorzusehen und durchzuführen. So kann deren Ergebnis bereits in der endgültigen Planung berücksichtigt werden.

Risikoreduktion

Die Vielfalt der in der Gründungsphase erforderlichen Kompetenzen kann durch einzelne Personen realistisch kaum abgedeckt werden. Es empfiehlt sich, die **Kompetenzen von externen Experten** zu nutzen, um wesentliche Planungs- schritte für Investoren zu untermauern. So können z.B. Fachmeinungen befragter Experten zu einzelnen Schritten wiedergegeben oder die Einbeziehung von Ex- perten bei bestimmten Arbeitsschritten konkret vorgesehen werden.

Experten einbeziehen

Leitfragen zum Umsetzungsfahrplan

- Welche Aufgaben kommen auf das Unternehmen zu und wie werden sie sinn- voll zu Arbeitspaketen zusammengefasst?

- Bei welchen Arbeitspaketen werden externe Experten einbezogen?

- Welches sind die wichtigsten Meilensteine in der Entwicklung des Unterneh- mens und wann müssen diese erreicht sein?

- Welche Aufgaben und Meilensteine hängen direkt voneinander ab und wel- ches ist der kritische Pfad?

12.9 Chancen und Risiken

Jede Unternehmensgründung ist mit Risiken und Chancen verbunden. Beide kön- nen im Unternehmen selbst (neues Know-how, Ausfall von Teammitgliedern, Nicht-Tauglichkeit des Prototyps, Nicht-Genehmigung eines Patentes etc.) oder in dessen Umfeld (schwache Konkurrenten, steigende Nachfrage in der Branche, Markteinbruch, billiges Alternativprodukt, Zahlungsunfähigkeit von Kunden etc.) auftreten. Chancen und Risiken werden mit den Investoren, die das Unter- nehmen finanzieren, geteilt.

Es gilt auch aufzuzeigen, wie die Chancen verwertet werden sollen, aber auch mit welchen Gegenmaßnahmen auf die Risiken reagiert werden soll. Mit dieser Be- schreibung wird den Investoren gezeigt, dass die Idee hinreichend analysiert ist.

Als Hilfestellung zur Darstellung und groben Bewertung von Chancen und Risiken dienen **Szenarios,** die es erlauben, das zukünftige Unternehmen unter wechselnden Annahmen darzustellen. Im Businessplan sollten maximal drei Szenarien darge- stellt werden: der Normalfall (**normal case scenario**), d.h. der nach bestem Wissen und Gewissen zu erwartende Fall, der günstigste Fall (**best case scenario**), d.h. die angenommenen Chancen und positiven Bedingungen werden zum Großteil eintre- ten, sowie der ungünstigste Fall (**worst case scenario**), d.h. die angenommenen Risiken und ungünstigsten Bedingungen werden zum Großteil eintreten.

Szenarios

Die Szenarien (auch als Sensitivitätsanalysen bezeichnet) geben den Gründern sowie Investoren einen guten Überblick über die Zukunft des Unternehmens, in dem auch die ökonomischen Auswirkungen festgehalten werden.

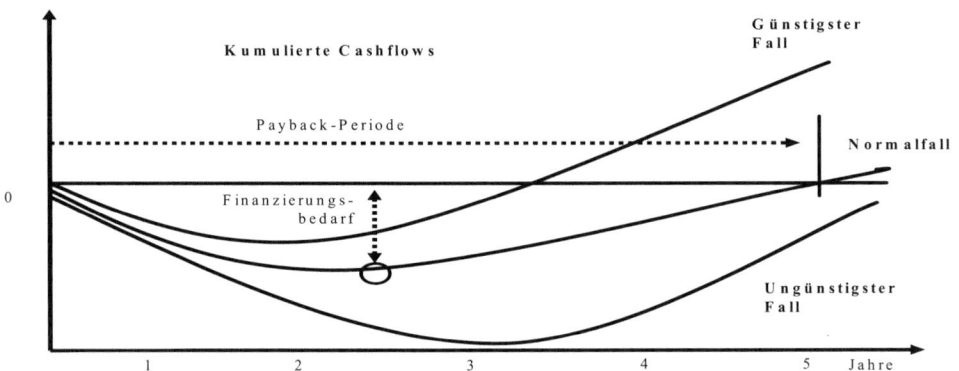

Abb. 12.1: Sensitivitätsanalyse (Qu.: McKinsey 2007, S. 135)

Selbstverständlich sind sämtliche Darstellungen in Abb. 12.1 im Businessplan mit konkreten Zahlen zu hinterlegen (welche Ereignisse, Umsätze, Preise usw. liegen der Grafik zugrunde).

Der Normalfall sollte am exaktesten ausgearbeitet werden. Für den best case sowie den worst case genügen die Angabe von Finanzbedarf (benötigtes Kapital zur Finanzierung des Unternehmens), die Zeit bis zum Break Even (zu welchem Zeitpunkt werden die Cashflows positiv) und der Internal Rate of Return (interne Verzinsung der Investitionen).

Ein Vorteil der Szenarioanalyse ist, dass die Auswirkung der Veränderung einer einzigen Größe auf das Gesamtmodell sehr gut dargestellt werden kann (z.B. wie sensitiv reagiert der geplante Cashflow auf eine Veränderung des Verkaufspreises).

Leitfragen zur Chancen-Risiken-Analyse

- Welche grundsätzlichen Chancen und Risiken bestehen für das Geschäftsvorhaben?

- In Abhängigkeit welcher Ereignisse sind in welchen Bereichen des Businessplans künftig Weichen zu stellen?

- Wie sollen die Pläne im Falle des tatsächlichen Eintretens angepasst werden?

- Welche Auswirkungen hätten die möglichen Ereignisse, wenn nicht auf das Eintreten reagiert worden wäre?

- Wie soll im günstigsten und im ungünstigsten Fall die Planung für die nächsten fünf Jahre aussehen?

12.10 Fünf-Jahres-Finanzplanung

Eine solide Finanzplanung ist für jedes Geschäftsvorhaben unerlässlich. Zweck der Finanzplanung ist es, möglichst genau zu quantifizieren, ob die im BP getätigten Aussagen und Annahmen finanzierbar und rentabel sind. Auch Investoren werden anhand der vorgelegten Finanzplanung ihre Grundsatzentscheidung treffen, ob das Vorhaben realistisch und Erfolg versprechend ist. Dabei ist in Betracht zu ziehen, dass aufgrund der fehlenden Vergangenheitswerte gerade bei Neugründungen eine exakte Darstellung des künftigen Finanzbedarfes nur schwer möglich ist. Dementsprechend ist auf die Plausibilität der zugrunde gelegten Annahmen und Daten besonderer Wert zu legen.

Grundlegende Instrumente einer effektiven Finanzplanung sind eine **Plan-Bilanz**, eine **Plan-Gewinn- und Verlustrechnung** sowie eine **Liquiditätsplanung**, aus der sich der vorläufige Finanzbedarf ergibt.

Eine wichtige Größe der Finanzplanung sind die **liquiden Mittel** (Cash) einer Unternehmung, um zu jedem Zeitpunkt sicherzustellen, dass das Unternehmen den laufenden Verbindlichkeiten nachkommen kann. Für Investoren ist auch die Frage der **Mittelherkunft** von größtem Interesse.

Bevor diese Planungen aufgestellt werden können, ist es zweckmäßig, sich Gedanken über die Personal-, Investitions- und Abschreibungsplanung für die nächsten fünf Jahre zu machen. Für künftiges Personal ist eine detaillierte **Personalplanung** zu erstellen, bei der erforderliche Personalkapazitäten zu berücksichtigen sind.

Für die Plan-Gewinn- und Verlustrechnung sind die gesamten Personalkosten (Löhne und Lohnnebenkosten) festzulegen. Bei der **Investitions- und Abschreibungsplanung** sind sämtliche aktivierungspflichtigen und -fähigen Investitionen und die darauf anfallenden Abschreibungen zu planen.

12.10.1 Liquiditätsplanung

Die Liquiditätsplanung leistet einen wesentlichen Beitrag zur Vermeidung von Zahlungsunfähigkeit, da dadurch Probleme frühzeitig erkannt werden können und effektiver gegengesteuert werden kann. Bei der Liquiditätsplanung werden die in Zukunft anfallenden (geplanten) Zahlungsströme (Einzahlungen und Auszahlungen) einander gegenübergestellt. Das Resultat ist die Festlegung des Bedarfes oder des Überschusses an liquiden Mitteln für den Zahlungszeitraum. Maßgeblich für die Liquiditätsplanung ist der tatsächliche Zahlungszeitpunkt und nicht der Zeitpunkt der Rechnungserstellung. Im Liquiditätsplan werden also nur jene Vorgänge erfasst, die auch tatsächlich zu einer Veränderung des Zahlungsmittelbestandes führen (buchhalterische Aufwände wie Abschreibungen oder Rückstellungen finden keine Berücksichtigung). Eine positive Liquidität im Unternehmen ist dann gegeben, wenn die Summe des Anfangsbestands und der Einzahlungen am Ende der Periode größer ist als die Summe der Auszahlungen. Für einzelne Zeiträume, in denen dies nicht gegeben ist, ist Kapital zuzuführen. Die Summe aller Einzelbeträge ergibt somit den gesamten Kapitalbedarf des Unternehmens.

Fristigkeiten Liquiditätspläne können kurzfristig (täglich), mittelfristig (monatlich bis zu einem Jahr) und langfristig (zwischen einem Jahr und fünf Jahren) erstellt werden. Aufgrund des großen Unsicherheitsfaktors bei langfristigen Planungen sollte im BP die Planung für das erste Jahr monatlich erfolgen, für das zweite Jahr vierteljährlich und für das dritte, vierte und fünfte Jahr nur mehr jährlich.

Ziel Ziel der Liquiditätsplanung ist es, einen Überblick über die zu erwartenden Zahlungsverpflichtungen und die voraussichtlichen Zuflüsse an liquiden Mitteln zu schaffen. Damit kann rechtzeitig auf Liquiditätsprobleme reagiert werden.

	Jän.	Feb.	Mär.	Apr.	...	Dez.	Summe
I. Zahlungsmittel							
II. Geplante Einzahlungen							
Umsätze							
Kreditauszahlungen							
Privateinlagen							
Sonstige							
Summe Planeinzahlungen							
III. Geplante Auszahlungen							
Kosten laut Planung							
Investitionen							
Material							
Privatentnahmen							
Zahlung Finanzamt							
Kredittilgungen							
Sonstige Zahlungen							
Summe Planauszahlungen							
Überschuss bzw. Fehlbetrag (I+II+III)							

Abb. 12.2: Beispiel mittelfristiger Liquiditätsplan (in Anlehnung an Pernsteiner/Andeßner, 2006, S. 106)

Aufgabe der Finanzplanung allgemein ist die Ermittlung des Kapitalbedarfes zu diversen Zeitpunkten. Die **Kapitalquellen** sind aus der Finanzplanung jedoch nicht ersichtlich. Zu diesem Zweck sind Überlegungen zu geeigneten Kapitalgebern für die einzelnen Finanzierungsposten (i.d.R. Forschung und Entwicklung, Anlageinvestitionen, Aufbau der Produktion und dgl.) anzustellen. Die Vielzahl an unterschiedlichen Finanzierungsquellen (Risikokapitalgeber, Förderungen,

Business Angel etc.) wurden bereits in den Kapiteln zu Finanzierung und Förderungen erläutert.

12.10.2 Plan-Gewinn- und Verlustrechnung

Investoren sollten abschätzen können, wie hoch der jährliche Gewinn oder Verlust eines Unternehmens prognostiziert wird. Zu diesem Zweck ist eine **Gewinn- und Verlustrechnung** (GuV) zu erstellen. Durch den Vergleich von Erträgen und Aufwänden innerhalb eines Geschäftsjahres gibt die GuV-Rechnung Auskunft über die Quellen des Gewinnes oder Verlustes. Im Gegensatz zur Liquiditätsplanung (Planung der Barmittel) steht bei der GuV-Rechnung die Frage im Vordergrund, ob ein geschäftlicher Vorgang zu einer Mehrung oder Minderung des Eigenkapitals (i.d.R. das Reinvermögen) des Unternehmens führt. Zusätzlich unterliegt die Zuordnung der einzelnen Aufwände und Erträge steuer- und handelsrechtlichen Vorschriften, die bei der Liquiditätsplanung nicht berücksichtigt werden müssen.

Gewinn- und Verlustrechnung

Sämtliche im BP getätigten Annahmen sollten in Erträge und Aufwendungen münden (die private Lebensführung miteinbezogen). Nicht zu vergessen ist, dass, im Gegensatz zur Liquiditätsplanung, in der GuV-Rechnung auch nicht-auszahlungswirksame Aufwendungen und nicht einzahlungswirksame Erträge zu berücksichtigen sind.

Die Investitionsausgabe selbst, erfasst in der Liquiditätsplanung (i.d.R. der Kaufpreis eines Investitionsgutes), findet keinen Niederschlag in der GuV-Rechnung (lediglich im Rahmen der Abschreibung), da die Auszahlung zu keiner Veränderung des Reinvermögens führt.

Sämtliche Erträge und Aufwendungen sind aufzurechnen und es ist der Jahresüberschuss bzw. -fehlbetrag zu ermitteln.

Das Resultat ist ein Gesamtüberblick über das voraussichtlich zu erzielende Geschäftsergebnis. Einen Überblick über den Zahlungsmittelbestand gibt jedoch nur die Liquiditätsplanung. Eine Schlüsselgröße für die Planung der GuV-Rechnung sind fundierte Umsatzprognosen für das Unternehmen. Die Aufwandsposten können den Annahmen im Businessplan entnommen werden. Die Differenz von Ertrag und Aufwand ergibt das Betriebsergebnis (EBIT). Nach Berücksichtigung des Finanzergebnisses (Finanzaufwand und Finanzertrag) erhält man das Ergebnis der gewöhnlichen Geschäftstätigkeit (EGT).

GuV	
	Umsatzerlöse
+/–	Bestandsveränderungen
+	Sonst. betriebl. Erträge
=	Betriebsleistung
–	Materialaufwand
–	Personalaufwand
–	Afa
–	Sonst. betriebl. Aufwand
=	EBIT Betriebsergebnis
–	Zinsaufwand
+	Zinsertrag
+/–	Finanzergebnis
=	EGT
+/–	a.o. Erträge/Aufwendungen
–	Steuern vom Einkommen und Ertrag
=	Jahresüberschuss/Jahresfehlbetrag
+/–	Auflösung/Zuweisung Rücklagen
+/–	Gewinn-/Verlustvortrag Vorjahr
=	Bilanzgewinn/Bilanzverlust

Abb. 12.3: Gewinn- und Verlustrechnung

In der folgenden Tabelle werden einige Positionen kurz erläutert:

Position	Erläuterung
Umsatzerlöse	Sämtliche Erlöse aus dem Verkauf unternehmensbezogener Produkte und Dienstleistungen. Diese sind um Erlösschmälerungen (Skonti, Rabatte, Boni etc.) zu kürzen
Bestands-veränderungen	Ergeben sich aus der Differenz der Anfangs- und Endbestände an unfertigen und fertigen Erzeugnissen
Sonstige betriebliche Erträge	Sämtliche Erträge aus dem Verkauf von Anlagevermögen, Erträge aus der Auflösung von Rückstellungen, sonstige Erträge aus der typischen Geschäftätigkeit (z.B. Miet- und Pachteinnahmen, Patent- und Lizenzeinnahmen)
Materialaufwand	Sämtliche Kosten, die durch den Verbrauch von Materialien, die in den Leistungsbereich des Unternehmens einfließen, entstehen (z.B. Hilfs- und Betriebsstoffe, Strom, Gas, Handelswareneinsatz, Verpackungsmaterial)
Personalaufwand	Sämtliche Ausgaben, die mit Lohn- und Gehaltszahlungen verbunden sind (z.B. Löhne, Gehälter, Sozialversicherungszahlungen, Zulagen, Provisionen, Prämien, freiwillige Sozialaufwendungen)
Abschreibungen	Periodisierte Wertminderungen von Anlagegütern, denen jedoch kein eigentlicher Auszahlungsvorgang gegenübersteht
Sonstige betriebliche Aufwendungen	V.a. Steuern, soweit sie nicht Steuern vom Einkommen und Ertrag darstellen (z.B. Kommunalsteuer, Grundsteuer etc.) und übrige betriebliche Aufwendungen (z.B. Lizenzgebühren, Mietaufwand, Telefon, Versicherungen, Diäten, Fahrt- und Reisespesen)
EBIT	Betriebsergebnis vor Zinsen und Steuern vom Einkommen und Ertrag
Zinsaufwand	Sämtliche Bankzinsen, Darlehenszinsen, Hypotheken usw.
Zinsertrag	Sämtliche Bankzinserträge, Wertpapierzinserträge sowie Verzugszinserträge
EGT	Das Ergebnis der gewöhnlichen Geschäftätigkeit (EGT) ergibt sich aus der Summe des Betriebs- und des Finanzerfolges und stellt den betriebswirtschaftlichen Erfolg des Unternehmens dar

Tab. 12.1: GuV-Positionen

12.10.3 Plan-Bilanz

Die Bilanz gibt Auskunft über Mittelherkunft (Finanzierung) und Mittelverwendung (Investition) zu einem bestimmten Zeitpunkt (Bilanzstichtag) und ist eng mit der GuV-Rechnung verwoben. Sie stellt das Vermögen dem Kapital gegenüber. Während die GuV-Rechnung eine Zeitraumrechnung darstellt, kann die Bilanz als Zeitpunktrechnung bezeichnet werden.

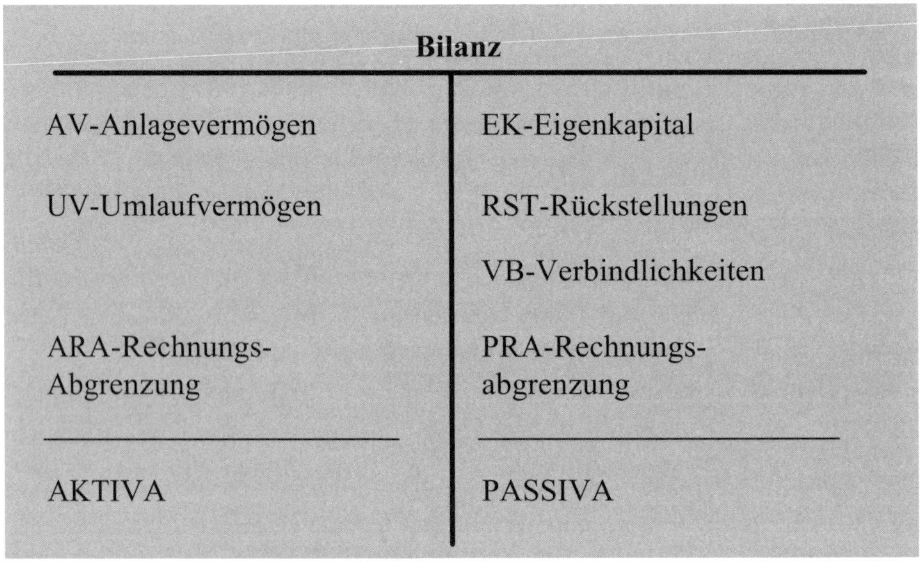

Abb. 12.4: Bilanz (vereinfachte Darstellung)

In der folgenden Tabelle werden einige Bilanzpositionen kurz erläutert.

Position	Erläuterung
Anlagevermögen	Unternehmensgegenstände, die dazu bestimmt sind, *dauernd* dem Geschäftsbetrieb zu dienen: Immaterielle Vermögensgegenstände (z.B. Konzessionen, Lizenzen), Sachanlagen (z.B. Gebäude, Maschinen, Fahrzeuge) und Finanzanlagen (z.B. Wertpapiere, Beteiligungen).
Umlaufvermögen	Unternehmensgegenstände, die dazu bestimmt sind, dem Geschäftsbetrieb nur kurzfristig zu dienen (i.d.R. kürzer als ein Jahr): Vorräte (Roh-, Hilfs- und Betriebsstoffe, Handelswaren), Forderungen, Kassa- und Bankguthaben.
ARA	Aktive Rechnungsabgrenzungsposten sind Ausgaben vor dem Abschlussstichtag, soweit sie Aufwand für eine bestimmte Zeit nach diesem Tag sind (z.B. Versicherungen).

Eigenkapital	Saldo zwischen den Posten der Aktivseite der Bilanz und den Verbindlichkeiten und Rückstellungen der Passivseite. Bei der Gründung ist das EK das von den Eigentümern (Gründern) und/oder Investoren (i.d.R. Private Equity) zur Verfügung gestellte Kapital und wird in der Anfangsphase vor allem für den Aufbau des Unternehmens verwendet. Unter die Position EK sind jedenfalls das Grund- oder Stammkapital, die Kapitalrücklagen, die Gewinnrücklagen sowie der Bilanzgewinn oder -verlust zu subsumieren.
Rückstellungen	Passivposten der Bilanz, die für erkennbare Risiken und drohende Verluste gebildet werden, die zwar von der Verursachung her in das Abschlussjahr fallen, in der Höhe jedoch noch ungewiss sind und deshalb als Fremdkapital auszuweisen sind (z.B. Rückstellungen für Prozessrisiken etwa aus Patentverletzungen, Steuerrückstellungen, Rechts- und Beratungskosten).
Verbindlichkeiten	Sämtliche noch zu zahlende Ausstände. Kurzfristige Verbindlichkeiten (z.B. Lieferanten- oder Kontokorrentkredite) gehören ebenso dazu wie langfristige Hypotheken oder Bankdarlehen.

Tab. 12.2: Bilanz-Positionen

Leitfragen zur Finanzplanung

• Wie viel Kapital ist erforderlich, um erste Umsätze zu erzielen?

• Wie sieht die kurzfristige Investitionsplanung aus?

• Welche großen Investitionen werden in Zukunft anfallen?

• Wie werden sich Umsätze und Aufwendungen in den nächsten fünf Jahren entwickeln?

• In welchem Jahr wird der Break Even Point erreicht?

• Wie wird sich die Liquidität kurz- und mittelfristig entwickeln?

• Zu welchem Zeitpunkt wird mit einem Einzahlungsüberschuss gerechnet?

• Wie hoch ist der Finanzbedarf des Unternehmens aus der Finanzplanung?

• Welche Finanzierungsquellen können zur Deckung des Finanzbedarfs verwendet werden?

12.11 Weiterführende Literatur

Ausführlich zur Erstellung von BP: *Barrow* et al. (2001), *McKinsey* (2007), *Stutely* (2002), *Tiffany/Peterson* (2005), *Longenecker* et al. (2005), *Southon/West* (2005), *Klandt* (2006).

BP-Leitfäden sowie die Planungssoftware „Plan4You Easy" inkl. Handbuch: Download z.B. bei Wirtschaftskammer Österreich (*www.portal.wko.at, www.gruenderservice.net*) oder beim „i2b & Go!"-Businessplanwettbewerb (*www.i2b.at*).

Kompakte Einführungen: Betriebswirtschaftslehre: *Schauer* (2006), Finanzmanagement: *Pernsteiner/Andeßner* (2007), Steuern: *Tumpel* (2007b). Management und Führung in KMU: *Pichler* et al. (2000), *Mugler* (2005), *Pfohl* (2006).

Vertiefend: Betriebswirtschaftslehre: *Lechner* et al. (2006); Finanzmanagement: *Guserl/Pernsteiner* (2005), *Pernsteiner* (2008); Steuern: *Tumpel* (2007a); Controlling und Consulting: *Feldbauer-Durstmüller* et al. (2005); Unternehmensrechnung: *Denk* et al. (2007), *Egger/Winterheller* (2007).

12.12 Blick in die Praxis von C. Radauer: Initiativen zur Erstellung eines Unternehmenskonzeptes

MMag. Christian Radauer
Geschäftsführer-Stv. i2b – ideas to business
www.i2b.at

Noch immer gründet die Mehrzahl der GründerInnen ohne Businessplan. Warum wird dieses von ExpertInnen so hoch gelobte Instrument in der Praxis teilweise nicht angenommen? Ist ein Businessplan überhaupt ein brauchbares Instrument für die Unternehmensgründung?

In Gesprächen mit angehenden GründerInnen wird immer wieder deutlich, dass sie den Businessplan für etwas Abgehobenes, nur für große Vorhaben Relevantes erachten. Sie sehen es oftmals als übertriebenen Aufwand, ihre Ideen und Vorhaben in eine schriftliche Form zu bringen. Und spätestens wenn die Finanzierung und allfällige Förderungen gesichert sind, hat die umfassende Planung in Form eines Businessplans für viele GründerInnen sowieso ihren Nutzen verloren. Doch das würde heißen, dass die GründerInnen den Businessplan nur für Banken, Förderstellen und sonstige Institutionen schreiben würden – nicht für sich selbst.

Viele GründungsexpertInnen sind sich aber einig, dass der Businessplan in erster Linie den GründerInnen selbst als Grundlage für eine nachhaltige unternehmerische Tätigkeit dienen soll. Die schriftliche Form bewirkt, dass ohnehin notwendige Recherchen zu rechtlichen Rahmenbedingungen, Konkurrenzangeboten, Markt-Akzeptanz, erwartbaren Kosten, angemessener Preisgestaltung usw. strukturiert und klar formuliert werden müssen. Durch diesen überschaubaren Zusatzaufwand wird einerseits die Vorbereitung auf die Selbstständigkeit konkretisiert und andererseits eine wertvolle Möglichkeit zur Selbstkontrolle geschaffen. In der Praxis werden aber leider nicht alle hilfreichen Informationen eingeholt. Vieles soll „einfach mal probiert werden, wenn das Unternehmen erst gegründet ist." In so einem Fall wäre das Schreiben eines Businessplans tatsächlich ein „lästiger Mehraufwand", weil die GründerInnen sich wichtigen Fragen (meist Markt-, Technologie- oder Konkurrenzanalysen) erst stellen müssten. Fehlendes Know-how oder falsche Erwartungen haben schon manche Selbstständigkeit nach kurzer Zeit wieder beendet.

„Gute Vorbereitung ist die halbe Miete", heißt es schon in einem Sprichwort. Doch beim Thema Businessplan scheint es, als würden die Schwierigkeiten einer Businessplan-Erstellung über- und die daraus entstehenden Möglichkeiten häufig unterschätzt werden. Doch genauso wie Abenteurer nie ohne Karte, Kompass und Proviant auf die Reise gehen würden, sollten auch angehende GründerInnen die Meilensteine, branchenspezifischen Eigenheiten und notwendigen Voraussetzungen ihres unternehmerischen Wagnisses vorab abstecken. Die i2b & GO! Businessplan-Initiative von Wirtschaftskammer sowie Erste Bank und Sparkassengruppe bietet hierzu kostenlose Informationen, Feedbacks und Österreichs größten Businessplan-Wettbewerb für innovative Geschäftsideen aus allen Branchen der Wirtschaft an.

Über www.i2b.at können sich GründerInnen über die angebotenen Veranstaltungen, das beliebte Handbuch „Keine Angst vor dem Businessplan", Ansprechpartner und Institutionen in ganz Österreich sowie über nützliche Tools für die Erstellung ihres Businessplans informieren. Jeder registrierte User kann sich zudem kostenlos zwei schriftliche ExpertInnenfeedbacks pro Einreichung einholen, um so etwaige Schwachstellen aufdecken und verbessern zu können.

Die professionelle Vorbereitung auf die eigene berufliche Selbstständigkeit kann den GründerInnen niemand abnehmen, doch es gibt in Österreich Initiativen und Institutionen, die sich mit Rat und Tat besonders um den wirtschaftlichen Nachwuchs annehmen.

13. Businessplan Underground_8

Original-Businessplan   Nach einer Übersicht über für die Gründungsplanung wichtige betriebswirtschaftlich-rechtliche Fragestellungen und dem darauf aufbauenden Kap. 12, welches eine Hilfestellung bei der Erarbeitung eines eigenen Businessplanes bietet, wird in diesem Kapitel ein realer Businessplan eines inzwischen bereits sehr erfolgreichen Linzer IT-Unternehmens „**ungeschminkt**" wiedergegeben.

Underground_8   **Underground_8** begann 2005 im A+B-Programm von tech2b und ist Mitte 2007 ein aufstrebendes Unternehmen im Bereich der IT-Security mit Außenstellen in Wien und Kalifornien. **Johannes Hörburger** und **Günther Wiesauer**, die Gründer und Geschäftsführer von Underground_8, stellten freundlicherweise den von ihnen in Kooperation mit einem externen Beratungsinstitut verfassten **Original-Businessplan** aus dem Jahre 2006 zur Verfügung, der nur aus Datenschutzgründen an einigen Stellen anonymisiert wurde. Dafür möchten wir an dieser Stelle nochmals sehr herzlich danken.

Leitfragen   Es wurde die **Originalgliederung** belassen und bewusst nicht an die in Kap. 12 vorgeschlagene Gliederung angepasst. Kein Plan ist perfekt – aus diesem Grund werden unter Punkt 8 in diesem Kapitel einige **Leitfragen** angeschlossen, die Sie anregen sollen, den Plan kritisch zu studieren, Verbesserungsvorschläge zu entwickeln und daraus Erkenntnisse über Inhalt, Layout und Verständlichkeit für die Erstellung eines eigenen Businessplanes abzuleiten.

Weitere Entwicklung   Und wie hat sich „Underground_8" seit der Erstellung des Businessplanes weiterentwickelt? Lesen Sie Kap. 14.5!

Businessplan

für das Unternehmen

Underground_8 Wiesauer&Hörburger OEG

Dieser Businessplan wurde von Günther Wiesauer und Johannes Hörburger in Kooperation mit Dr. Johannes Schimpelsberger (ready4public Management GmbH, Linz/Hörsching) erstellt.

Executive Summary

Produktentwicklung

Trotz ständiger Verbesserung von Sicherheitseinrichtungen in Netzwerken bleibt stets ein Restrisiko für Angriffe. Besonders von innen sind Netzwerke nach wie vor manipulierbar und damit angreifbar! Um dem entgegenzuwirken, ist das Ziel unseres bereits angelaufenen Projektes die Entwicklung eines vollständig transparenten (= unsichtbaren und damit unangreifbaren) gemanagten Sicherheitssystems für Netzwerke. Ein positives Expertengutachten zur Umsetzbarkeit und Wirtschaftlichkeit des Projekts wurde bereits von Univ. Prof. Dr. Roithmayr erstellt.

In Zusammenarbeit mit Experten der J. Kepler Universität und der Fachhochschule in Hagenberg entwickeln wir ein so genanntes Transparent UTMS, wobei wir versuchen, die IP-Adresse auszuschalten und dadurch Sicherheit von außen und innen sicherzustellen. Die Fertigstellung des Prototypen ist im Herbst 2007 geplant, die Markteinführung mit Beginn 2008.

Tatsächliche Transparenz wird derzeit nur bei Proxys eingesetzt. Der Grund dafür ist aber der damit erreichbare geringere Installations- bzw. Administrationsaufwand und nicht, um ein höheres Maß an Sicherheit zu gewährleisten. Im Gegensatz dazu ist unser Ziel, die Transparenz auf Netzwerkebene herzustellen, um damit einen neuen Sicherheitsstandard zu schaffen.

Unsere Entwicklung stellt somit eine Weltneuheit auf dem Gebiet der Netzwerksicherheit dar, womit wir einen klaren Wettbewerbsvorteil gegenüber unseren derzeitigen Mitbewerbern schaffen!

Marktpotenzial

Mit zunehmender Abhängigkeit von digitalen Kommunikationsformen steigt auch das digitale Sicherheitsbewusstsein. Es entsteht massiver Bedarf an up-to-date Security-Lösungen, die am besten aus einer Hand kommen. Daher werden diese Lösungen zumeist outgesourced. Experten schätzen den Markt für Managed eSecurity Services für 2005 auf 5,3 Milliarden USD. Für das Jahr 2006 und die folgenden Jahre rechnet man in diesem Bereich mit einer durchschnittlichen Wachstumsrate von 50 Prozent. Dieser Trend unterstreicht das Marktpotenzial unseres Produktes.

Da IT-Sicherheit ein globales Thema ist, wollen wir mit unserer Neuentwicklung einen weltweiten Markt bedienen.

1. Unternehmen

1.1 Firmendaten

Firmenwortlaut	Underground_8 Wiesauer&Hörburger OEG
Branchencode	
Firmenbuchnummer	FN 264240
Adresse	Hafenstraße 47–51
	4020 Linz
Telefon	0732/9015-5630
Telefax	0732/9015-5618
E-Mail	gw@underground8.com
	jh@underground8.com
Internet	www.underground8.com

1.2 Eigentumsverhältnisse

Underground_8 Wiesauer&Hörburger OEG ist ein oberösterreichisches Start-up Unternehmen mit Sitz in Linz. Das Unternehmen wurde mit 27.07.05 ausgegründet und ist seit 01.05.05 Mitglied im tech2b Inkubator-Programm. Die Gesellschaftsanteile verteilen sich auf Herrn Günther Wiesauer und Herrn Johannes Hörburger im Verhältnis 60/40.

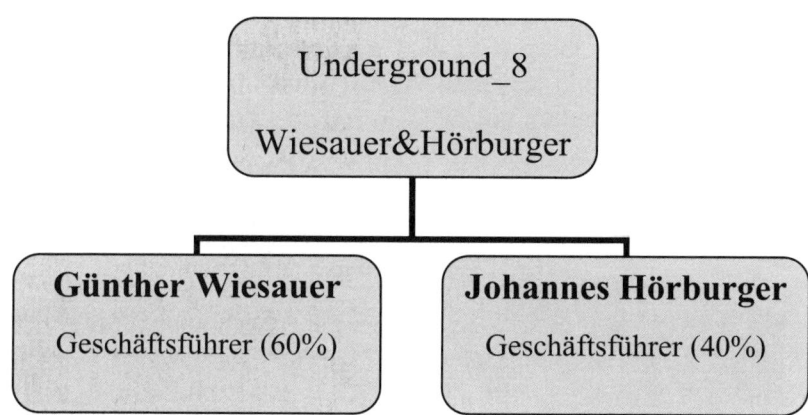

Abb. 13.1: Eigentumsverhältnisse

1.3 Beteiligungen und verbundene Unternehmen

Das Unternehmen ist zurzeit an keinen anderen Gesellschaften beteiligt, verfügt über keine stillen Gesellschafter oder Beteiligte.

1.4 Betriebsstätte

Unser derzeitiger Firmensitz ist in den **Räumlichkeiten** der tech2B-Gründercenter GmbH untergebracht. Diese wurden uns ebenso wie die Infrastruktur im Rahmen der Unternehmensgründerförderung für 18 Monate zur Verfügung gestellt.

2. Technologie und Produkt

2.1 Beschreibung

Das zentrale Produkt der Underground_8 ist die Limes Appliance, eine Kombination aus Hardware und Software. Limes Security Appliances sind eine Produktlinie von Netzwerksicherheitsgeräten, die kostengünstigen, aber vor allem umfassenden Schutz vor einer Vielzahl von Sicherheitsrisiken bieten. Die Limes Security Gateway Appliances basieren auf underground_8's Limes OS, welches zehn wichtige Sicherheitsapplikationen – Firewall, VPN-Gateway, Intrusion Protection, Virus Protection for E-Mail, Virus Protection for Web, Spam Protection, Content Filtering, Spyware Protection, Phishing Protection und Up2-Date-Services in einem einfach zu handhabenden Produkt vereint.

Diese Geräte werden unter anderem auch als UTMS (Unified Threat Management System) bezeichnet. Die integrierte Management-Plattform mit benutzerfreundlichem Browserzugriff und automatischem Up2Date-Service ermöglicht eine einfache Konfiguration und Administration aller Sicherheitsapplikationen und reduziert so Aufwand und Fehlerquote. Daneben sind umfangreiche Reporting- und Diagnose-Tools enthalten.

Zurzeit werden 6 unterschiedliche Geräte in Kleinstserien von Partnern produziert, die sich im Wesentlichen nur durch die Leistung bzw. den Datendurchsatz und die Bauform unterscheiden.

Zentraler Punkt in unserer wirtschaftlichen Tätigkeit und in Zusammenarbeit mit der Fachhochschule Hagenberg wird die **Entwicklung eines völlig transparenten Sicherheitssystems** sein, das eine **Weltneuheit** im Bereich der Netzwerksicherheit durch das Ausschalten von IP Adressen darstellt.

Abb. 13.2: Limes 100 – Security Appliance

Im Folgenden werden die einzelnen Komponenten der Security Appliance beschrieben:

● Hardware

● Software

● Stealth Security Appliance (in Entwicklung)

2.1.1 Hardware – Limes Hardware Plattform

Die Hardware der Limes Security Appliance basiert auf Chipsets von VIA und Intel. Zum Einsatz kommen dabei vor allem VIA Eden CPU's in unterschiedlichen Leistungsvarianten, Intel Celeron, P3, P4, Xeon Prozessoren und Netzwerk Chipsets von National Semiconductors. Aktuell werden 7 verschiedene Leistungsvariationen in drei verschiedenen Gehäusetypen angeboten. Die Details bezüglich Baugruppen können den technischen Produktbeschreibungen im Anhang entnommen werden.

Abb. 13.3: Hardware-Komponente der Limes 200 – Security Appliance

Sämtliche Security Appliances werden in Oberösterreich durch einen Partnerbetrieb endgefertigt und ausführlichen „Burn-In"-Tests unterzogen. Die endgültige Fertigstellung, das Einsetzen des OS-Chips und die Vergabe der einzigartigen Seriennummer erfolgt inhouse durch Underground_8.

Die verwendeten Platinen und der Großteil des Chipsets sowie die CPU's werden von Lieferanten in Taiwan bezogen. Im Zuge der Produktweiterentwicklung ist geplant, die Platinen und Teile der Chipsets aus Kontinuitätsgründen hausintern herzustellen.

2.1.2 Die Software – Limes Operating System

Basis des Limes OS und der Management-Plattform ist das Underground_8-eigene Konzept der sogenannten Software Appliance. Dieser Lösungsansatz wird ermöglicht durch das von Grund auf neu entwickelte Limes Operating System (OS), ein zunächst gehärtetes und dann um eine sichere Managementschicht er-

weitertes sowie optimiertes Linux-Betriebssystem. Das Limux genannte Be-
triebssystem ist in 4 zentrale Komponenten aufgeteilt:

Schnittstelle & Security-Applikationen

Die erste Komponente bildet den Core des Systems und ist die Schnittstelle zwischen der verwendeten Hardware und den darauf aufbauenden Security-Applika-
tionen, die als zweiter Kernbereich unabhängig davon abgebildet sind.

Management-Plattform

Den dritten Layer bildet eine Management-Plattform, die über handelsübliche
Browser aufgerufen werden kann. Alle Applikationen befinden sich in kompilier-
ter Form auf einem Chip in der entsprechenden Security Appliance.

Fully Managed Security Network

Die vierte und letzte Komponente dient dazu, die Security Appliance zu überwa-
chen, Störungen und Systemzustände in periodischen Intervallen zu reporten und
bildet den zentralen Teil für die zentrale Managementfunktion.

Daten, die über das Underground_8 Sensor Network übertragen werden, sind von
unseren zentralen Komponenten unter anderem auch für Wartung und Support
verfügbar. Die Datenübertragung ist nach einem neuen Verfahren verschlüsselt
und bedient sich einer extrem robusten und proprietären Übermittlungsform. Das
Limes OS kann auf handelsüblichen Festplatten oder auch Chips installiert werden, die Installation des LimesOS auf normalen Servern mit Intel-Hardware beansprucht wenige Minuten und könnte auch von nicht speziell geschultem Personal durchgeführt werden.

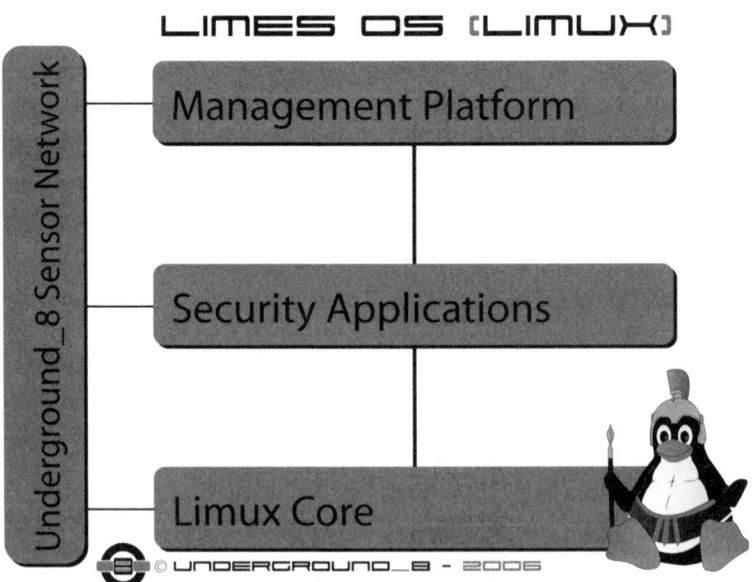

Abb. 13.4: Aufbau der Limes OS Software

Der Limes OS-Funktionsumfang:

- Industrial Strength Protection – Stateful Inspection Firewall und Intrusion Detection & Prevention – Umfangreicher Schutzmechanismus gegen Netzwerkeindringlinge.

- Remote Access VPN – Sichere Verbindungen für externen Zugriff von überall – auch unterwegs.

- Gateway Antivirus – Stoppt Viren, bevor Sie in das Netzwerk gelangen. Filtert http, pop3 und smtp Datenstreams in Echtzeit auf Viren, Würmer & Trojaner.

- Quick Setup & Management – Webbasiertes Management mit voreingestelltem Sicherheitsregelwerk, das es Ihnen erlaubt, sich auf das Geschäft zu konzentrieren.

- Traffic Shaping – QoS Funktionalität auf Portbasis

- Anti Spam Funktion – Filtert ein- und ausgehenden E-Mail-Verkehr in Echtzeit auf unerwünschte Spam-E-Mails.

- Zentrale Log-Auswertung – Zentraler Datenpool wird mit Status-Informationen und sicherheitsrelevantem Datenmaterial versorgt.

- Zentrale Updates durch integrierte Up–2-Date-Funktionalität.

Um unseren Kunden ein Höchstmaß an Netzwerksicherheit zu bieten, wird der Limux Core zukünftig durch die im Folgenden beschriebene Neuentwicklung ersetzt.

2.1.3 Technologische Neuentwicklung – Stealth Security Appliance

Der große technologische Fokus von Underground_8 liegt im Bereich Stealth Mode Security. Viele Mitbewerber verwenden den Terminus Transparenz in Verbindung mit Firewall-Systemen, bieten bislang aber nur pseudotransparente Lösungen an oder täuschen Transparenz durch Vorhandensein eines sogenannten IP-Forwarders vor.

Underground_8 entwickelt hingegen einen komplett transparenten Core, der ohne Einsatz einer IP-Adresse auskommt und wird durch das Ersetzen des Limes OS-Kerns als weltweit erster Security-Technology-Produzent ein Stealth Security Device zur Serienreife entwickeln.

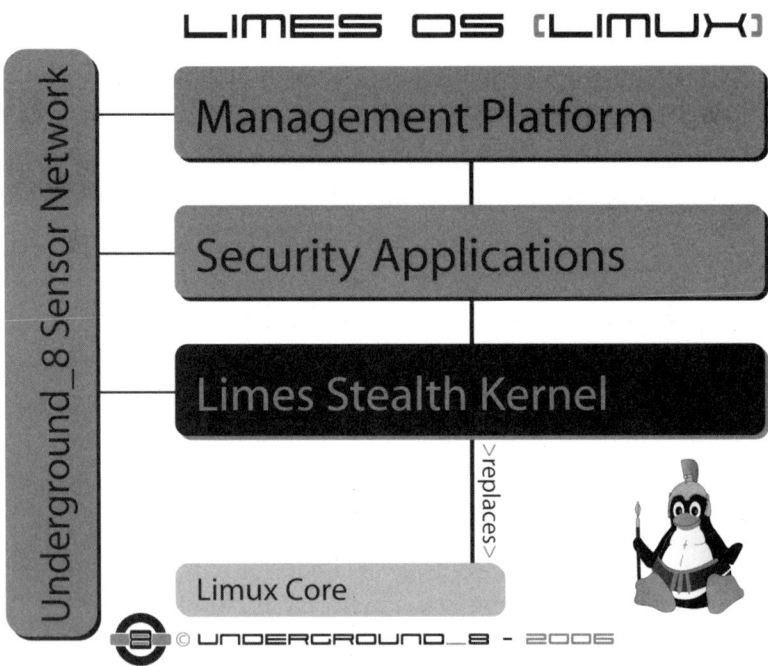

Abb. 13.5: Ersetzen des Limes OS-Kerns durch Stealth Security Appliance

Die technologische Herausforderung liegt nun in der Entwicklung eines völlig transparenten Core-Moduls für das bestehende Limes OS. Durch das völlige Weglassen einer Geräte-IP-Adresse wird die Security Appliance komplett unsichtbar und transparent. Dadurch wird der Einsatz der Appliances in jedem IP-basierten Netzwerk ohne Konfigurationsaufwand möglich. Ein Angriff von innen und von außen wird nahezu unmöglich, ein Aufspüren oder Ausspähen des Gerätes ausgeschlossen.

Die technologische Entwicklung wird zurzeit in Verbindung mit der Fachhochschule Hagenberg betrieben. Mögliche Lösungsansätze sind das Verwenden einer virtuellen IP-Adresse bzw. des Loopback Interfaces oder die Verwendung von Raw Data Sockets.

Vorteile – Technologischer Vorsprung durch den Einsatz der Limes Appliance

Unified Threat Management auf Parameterbasis ermöglicht ein zentrales Filtern sämtlicher Datenströme innerhalb des Netzwerkes und von außen in ein internes Netzwerk. Im Gegensatz zu sehr häufig verbreiteten Softwarefirewalls oder lokal installierten Virenschutzprogrammen kann man diesen Gateway nicht einfach umgehen. Auch verbrauchen Softwarelösungen Leistung und Speicher, Protokolldateien können durch feindliche HTML-Seiten gelöscht werden und DoS-Angriffe können den Schutz lahmlegen. Bei einer Hardware Appliance funktioniert das nicht.

Die Security Appliances von Underground_8 soll darüber hinaus über ein prop-
rietäres und bestehendes Security Network gewartet und gemonitored werden.
Über einen Up-2-Date-Service-Vertrag werden die Appliances automatisch auf
dem Letztstand gehalten und mit AV, IDS & System Updates dynamisch versorgt.
Diese Kombination von Sicherheitsmechanismen, gepaart mit ständiger Überwa-
chung durch die Underground_8-Sensoren, bilden ein einzigartiges Produkt im
Bereich Network Security. Ein völlig transparenter Core wird diesen Sicherheits-
anspruch in beiden Richtungen ermöglichen und die Appliances so gut wie unan-
greifbar machen.

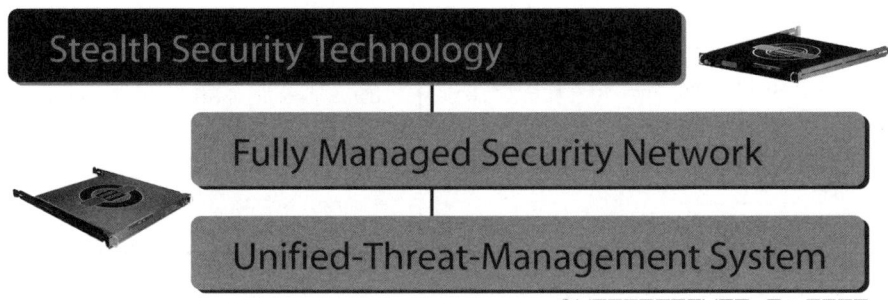

Abb. 13.6: Aufbau der Stealth Security Technology

Der aktuelle Stand der Technik lässt sich im Vergleich zum transparenten Unified-
Thread-Management-System wie folgt darstellen:

Bereich	Stand der Technik			neu entwickeltes transparentes UTMS	
	nicht transparent	pseudotransparent	transparent	transparent	nicht transparent
Unified-Threat-Management	☑	☑		☑	
Firewall	☑	☑		☑	
Virenscan	☑	☑		☑	
Web-Content Filtering	☑	☑		☑	
Antivirus mit Anispywareschutz	☑	☑		☑	
Intrusion Prevention System	☑	☑		☑	
Antispam	☑	☑		☑	
Virenscan	☑	☑		☑	
Traffic Shaping	☑	☑		☑	
Proxy	☑		☑	☑	

☑.................Standard
☑.................nur vereinzelt

Diese Unsichtbarkeit beinhaltet folgende Vorteile zu derzeit angewandten Technologien:

Komponente	Neuheit	+Vorteil/ -Nachteil
UTM-System	Plug & Play-Konfiguration	+ geringer Konfigurationsaufwand + in jeder Architektur einsetzbar + Anwendungsmöglichkeit auch im privaten Bereich"
	Systemunabhängigkeit	+ überall einsetzbar
	fully managed	+ liveupdate für alle Bereiche
	Transparenz	+ UTMS verfügt über keine IP-Adresse und kann daher nicht angesprochen werden + intern/ extern wird aufgehoben
Firewall		
Web-Content Filtering		+ ...daher absolute Unverwundbarkeit von innen und außen
Antivirus mit Anispywareschutz		
Intrusion Prevention System		+ beidseitiger Schutz
Antispam		
Traffic Shaping		

2.2 Technischer Reifegrad

Zurzeit sind die Bereiche UTMS und Fully Managed Security Network technologisch umgesetzt. Es existieren Prototypen und eine Serienfertigung wird bis Ende des 1. Quartals 2006 abgeschlossen sein. Mit der Entwicklung des völlig transparenten Core-Moduls wurde bereits im Oktober 2005 begonnen. Die voraussichtliche Fertigstellung in Zusammenarbeit mit der Fachhochschule Hagenberg ist im Herbst 2007 geplant.

2.3 Absicherung

Die Patentierung des Identifizierungsvorgangs der Security Appliances im Security Network ist geplant, wofür bereits mit der Erstellung von entsprechenden Unterlagen begonnen wurde. Die Software-Schutzrechte der verwendeten Komponenten liegen bei Underground_8. Es ist nicht geplant, Patente oder Schutzrechte an andere Unternehmen zu lizenzieren.

2.4 Technologienutzung

Der Vertrieb der Appliances erfolgt entweder direkt oder durch Retailer (Canon Austria, Chiligreen AG, MediaTech, DLI Systems), System-Integratoren und Internet Service Provider (ISP). Durch die zentrale Erfassung von systemkritischen Indikatoren und die Auswertung derselbigen ist es möglich, gewisse Dateninhalte mit Vertriebspartnern gemeinsam zu nutzen und dadurch einen ISP als Partner mit relevanten Daten für allfälligen First Level Support zu beliefern. Eine Partnerschaft in diesem Bereich konnte bereits mit der Firma Liwest, dem zweitgrößten Kabelnetzwerkprovider in Österreich, und der Breitbandinitiative Oberösterreich abgeschlossen werden.

Lizenzvergaben sind nicht geplant.

2.5 Kundennutzen

Das Kernprodukt von Underground_8 ist der Limes, eine Network Security Appliance, die in Real Time Statusinformationen an ein zentrales Rechenzentrum überträgt. Dort wird zentral der Datenverkehr ausgewertet und analysiert. Verschiedene Signaturen und Muster können identifiziert und Systemzustände überwacht werden. In frei definierbaren Intervallen werden diese Appliances mit Updates zentral versorgt.

Die Security Appliances gibt es in unterschiedlichen Ausführungs- und Preisvarianten. Es existieren sechs leistungsmäßig unterschiedliche Varianten. Alle sechs Varianten profitieren vom selben Service Level im Bereich Managed eSecurity Services. Neben diesen Appliances bilden Service Level Agreements (Wartungsverträge) für Updates in den Bereichen System, AV, AntiSpam und IDS/IPS die Grundlage für den wirtschaftlichen Erfolg von underground_8.

Underground_8 generiert Umsätze aus dem Vertrieb der Appliances und den laufenden Serviceverträgen. Durch die Entwicklung der Stealth Security Technology möchte sich Underground_8 global als Player im Bereich Security Appliances installieren. Die entstehende Stealth-Security-Produktlinie wird analog zu den bereits bestehenden managed eSecurity Appliances vertrieben werden. Darüber hinaus möchte Underground_8 ein Kompetenzzentrum in den Bereichen eSecurity Consulting und Schulung für Vertriebspartner und Enterprise-Kunden aufbauen.

2.6 Vergleich zu Konkurrenzprodukten und -dienstleistungen

herkömmliche Security Appliance	Limes Stealth Technology
- aufwendige Netzwerkkonfiguration	+ keine Netzwerkkonfiguration
- abhängig von Infrastruktur	+ unabhängig von Infrastruktur
- verwundbar von innen	+ unverwundbar von allen Richtungen
- nur wenige redundante Lösungen	+ redundant durch Verwendung von STP (Spanning Tree Protokoll)
- nicht kompatibel zu bestehenden Systemen	+ arbeitet mit allen bestehenden Systemen zusammen
- sichtbar von außen	+ absolut unsichtbar von außen und innen

Mitbewerber im Bereich managed eSecurity Systems stammen vorwiegend aus den USA (Silicon Valley). Da die Industrie noch sehr jung und rasant wachsend ist, ergibt sich eine sehr hohe Nachfrage nach Service und Support, die durch den Mitbewerb nur ungenügend, teilweise auch gar nicht wahrgenommen wird. Diese Erfahrung wurde bei diversen Teststellungen gemacht und wodurch der Limes Security Appliance auch der Vorzug gegenüber anderen Produkten gegeben wurde. Ein weiterer Vorteil für den Underground_8-Kunden sind die nur sehr geringen Update-Intervalle. Vergleichbare Produkte von Mitbewerbern haben die gerade in jüngster Zeit auftretenden Internetwürmer Sober-U und Ebay-phish durch zu hoch angesetzte Update-Intervalle nicht oder zu spät erkannt.

Neben den unter 2.1.3 beschriebenen Vorteilen unterstützen folgende **Produkt-merkmale** der Stealth Network Technology die Kaufentscheidung unserer Kunden:

- Kompatibilität zu bestehenden Netzwerken

- Bestehende Hardware und Netzwerke können weiter verwendet werden

- Sicherheitszertifizierung – unsere Lösung wird sicherheitszertifiziert. In naher Zukunft ist mit einem ähnlichen Boom an Sicherheitszertifizierungen zu rechnen, wie es ihn vor einigen Jahren mit ISO-Zertifizierungen gegeben hat.

- Schutz vor Netzwerkmissbrauch – von innen und außen! Erfahrungsgemäß ist dieser zusätzliche Schutz von innen nicht nur bei Unternehmen mit hohem Sicherheits- und Spionagerisiko gegeben, sondern auch bei Schulen und Universitäten.

- Einfachste und kostengünstige Wartung & Installation – muss nur in den Serverschrank eingeschoben werden, keine Installationen mehr notwendig

- Kompatibilität zu allen IP-Adressversionen (V4 und V6)

Nachteile:

- Der Preis ist höher als bei softwarebasierenden Sicherheitslösungen. Dem entgegenzuhalten ist jedoch der unvergleichlich höhere Sicherheitsstandard!

2.7 Rechtliche Markteintrittsbarrieren

Es sind in absehbarer Zeit keine rechtlichen Markteintrittsbarrieren zu erwarten.

Rechtliche Markteintritts- oder Anwendungsbarrieren gibt es derzeit für keines der Produkte. Abfallabgaben werden in den Verkaufspreis der Appliance integriert und durch den Assemblierungspartner von Underground_8 in Österreich abgeführt. Durch die gut skalierte Hardwareplattform und die laufenden Systemerneuerungen haben die Security Appliances eine sehr hohe Lebens- und Einsatzdauer, die weit über dem eines handelsüblichen PC-Computersystems liegt. Umwelt- und Entsorgungsbelastungen durch ständiges Erneuern entfallen dadurch.

3. Markt und Wettbewerb

3.1 Zielgruppen

Der typische und auch logische Kunde für die von Underground_8 angebotenen Security Appliances sind kleine und mittlere Unternehmen mit einer Größenordnung bis 600 Mitarbeitern. Mit dem Zunehmen der Abhängigkeit von digitalen Kommunikationsformen steigt auch das digitale Sicherheitsbewusstsein. Es entsteht massiver Bedarf an up-to-date-Security-Lösungen, die am besten aus einer Hand kommen. Daher werden diese Lösungen zumeist outgesourced.

Da IT-Sicherheit ein globales Thema ist, wollen wir mit unserer Neuentwicklung einen weltweiten Markt bedienen.

Folgende Umsätze bzw. Absatzzahlen mit **nicht transparenten Systemen** sind für 2006 geplant:

- Liwest (führender Internetprovider in den Städten Linz, Wels, Steyr und angrenzendem Umland der genannten Städte): es bestehen bereits Rahmenverträge über eine Exklusivabnahme. Der Vorstand von Liwest schätzt das Gesamtvolumen auf etwa 2000 Geräte, für das Jahr 2006 sind rund 1000 Stück geplant. Unsere interne Planung rechnet vorsichtig mit 100 Stück im Jahr 2006. Vertriebsstart ist Februar 2006.

- Mywave (führender Internetprovider im ländlichen OÖ-Raum – auf Basis neuester Funktechnologie): 2006 werden wir etwa 20 Geräte an unseren Vertriebspartner mywave verkaufen.

- Inode (Österreichweit tätiger Provider): Die derzeit laufende 2. Evaluierungsphase wird über einen Geschäftsabschluss entscheiden. Nach erfolgreichem Abschluss der 1. Evaluierungsphase sind von den 10 Mitbewerbern noch 3 im Rennen. Die Markteinschätzung von Inode liegt bei etwa 1000 Stück pro Jahr.

- Education highway (Provider und e-learning-Dienstleister für Schulen in Österreich): in diesem Zusammenhang wird eine Lösung für Schulen gesucht. Wir befinden uns derzeit in der technischen Evaluierungsphase. Die Markteinschätzung liegt in diesem Anwendungsbereich allein in Oberösterreich bei rund 200 Geräten.

- Sonstige: bei den sonstigen Vertriebspartnern rechnen wir mit 10 Stück für 2006.

3.2 Marktpotenzial

Den weltweiten Markt für transparente Security-Systeme schätzen wir mittelfristig wie folgt ein:

Zielmarkt	Marktpotential in Mio €
Österreich	150
EU	7.500
weltweit	30.000

Die Gartner Group schätzt den Markt für **Managed eSecurity Services** für 2005 auf **5,3 Milliarden USD**. Für das Jahr 2006 und folgende rechnet man in diesem Bereich mit einer durchschnittlichen Wachstumsrate von 50 Prozent. Diese Wachstumsraten wurden erst kürzlich von Analysten von IDC Group und Raymond James veröffentlicht.

Zurzeit bedient Underground_8 etwa 25 Kunden quer durch alle Branchen. Die internationale Normierung der Internetstandards und die Architektur der Appliances ermöglichen einen globalen Rollout ab 2007. Noch befinden sich alle Kunden in Oberösterreich. Aktuelle Anfragen gibt es bereits aus den USA, der BRD und Brasilien. Seit der Unternehmensgründung im Sommer 2005 wurden etwa € 50.000.- Umsatz mit nicht transparenten Sicherheitssystemen erzielt.

3.3 Konkurrenten

Der Wettbewerb im Bereich nicht-transparenter UTM-Systeme ist sehr überschaubar. In der folgenden Übersicht ein Vergleich der derzeit angebotenen Produkte/Dienstleistungen im Bereich Security Appliances (**ohne Transparenz!**):

Funktionen	Underground_8 Limes 2005	Cisco PIX	Fortinet	Astaro Sonic	Sonic
			Unternehmen		
Managed Services	☑	-	☑	-	-
Integrierte Firewall Funktionalität	☑	☑	☑	☑	☑
Anti Virus Protection	☑	-	☑	-	-
Intrusion Detection	☑	☑	☑	-	☑
Virtual Private Network Functionality	☑	☑	☑	-	☑
E-mail Scanning	☑	-	☑	-	-
Spam Filtering	☑	-	☑	-	-
DHCP Service	☑	☑	☑	☑	☑
NTP Service	☑	☑	☑	☑	☑
Spyware Protection	☑	-	☑	-	-
Content Filtering	☑	☑	☑	☑	☑
Logging/Monitoring	☑	☑	☑	☑	☑
Automated „Push" Updates	☑	-	☑	-	-
HTTP based Administration	☑	-	☑	☑	-
Traffic Shaping	☑	☑	☑	☑	☑

Für den Bereich **transparente UTM-Systeme** gibt es weder im Inland noch im Ausland Konkurrenz:

Themengebiet	Mitbewerber in Österreich	bedeutendste Mitbewerber International
Transparente Systeme	-	-
Unified-Threat-Management System	-	**ASTARO** - 2000 gegründetes Unternehmen mit Sitz in Karlsruhe (Deutschland)
		FORTINET - 2000 gegründetes Unternehmen mit Sitz in Sunnyvale (Kalifornien)
Firewall	-	**CISCO** - 1984 gegründetes Unternehmen mit Sitz in San Jose (Kalifornien)
		SONIC - Unternehmen mit Sitz in Novato (Kalifornien)
		NETGEAR - 1996 gegründetes Unternehmen mit Sitz in Santa Clara (Kalifornien)
		uvm.

3.4   Wirtschaftliche Markteintrittsbarrieren

Es gibt keine wirtschaftlichen Markteintrittsbarrieren.

3.5   Marktinformationen

Die Marktdaten wurden auf Basis unserer eigenen Erfahrungen sowie den Marktabschätzungen unserer Kooperationspartner ermittelt.

4. Marketing

4.1 Kommunikationsmittel

Um den Vertrieb voranzutreiben, sind folgende *Marketingaktivitäten* geplant:

- Artikel in Fachzeitschriften

- Informationsveranstaltungen

- Messen

- Symposien

- Kommunikationsmittel der Kooperationspartner

Wichtig ist uns aber im Marketing vor allem, mit unseren Partnern am „Point of Sale" stark aufzutreten, denn nur hier werden die Umsätze gemacht.

4.2 Vertrieb

Eine von Underground_8 besetzte Nische ist die Zusammenarbeit mit Internet Service Providern (ISP). Durch die Flexibilität des Underground_8-Systems kann in Verbindung mit dem ISP ein großer Mehrwert für den Verbraucher geschaffen werden. Die Appliance wird vom ISP auf Basis einer monatlichen Gebühr und 24- monatiger Vertragsbindung an den Endkunden vertrieben. Der HEK (Händlereinkaufspreis) wird bei Vertragsbeginn an Underground_8 abgeführt. In der monatlichen Gebühr sind weiters die Preise für Connectivity sowie Service-Updates enthalten und es wird ein monatlicher Fixbetrag für Up2Date-Services vom ISP an Underground_8 abgeführt.

Weiters erfolgt der Verkauf unserer Produkte und Dienstleistungen über Händler, wobei der Kunde dem Händler den Endverkaufspreis bezahlt und direkt an uns die monatliche Gebühr für Service Updates entrichtet. Einen Teil dieser Gebühr zahlen wir an den Händler.

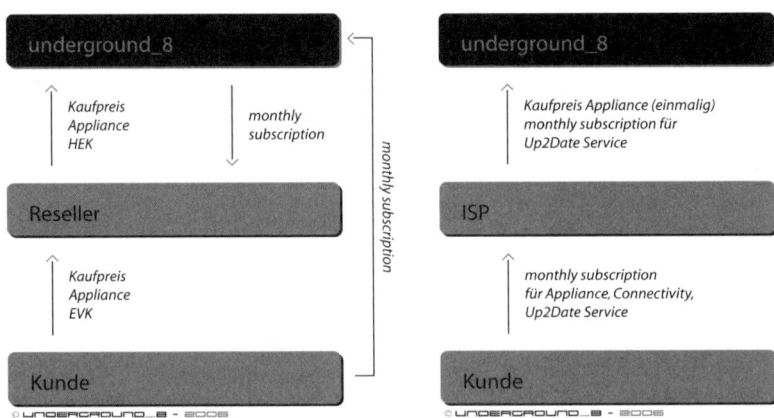

Abb. 13.7: Vertriebsstrukturen

Der **Vertrieb** ist über folgende, bereits bestehende, sowie potenzielle Neukunden und **Partnerunternehmen geplant:**

Reseller

- Canon

- Chilli Green

- Media Tech

Internet Service Provider

- education highway

- Inode

- Liwest

- Mywave

Weitere Unternehmen werden im Laufe der Zeit folgen.

Wir können mit diesen Partnerunternehmen schon jetzt eine sehr gute Marktdurchdringung erreichen und entsprechende Absatzzahlen und damit Deckungsbeiträge für unser Unternehmen lukrieren.

In geringem Umfang wollen wir unsere Entwicklung auch direkt vertreiben.

Zunächst werden die Techniker unserer Vertriebspartner auf alle Spezifikationen unserer Entwicklung geschult. Danach erfolgt eine kurze Schulung des Endkunden vor Ort am jeweiligen Projekt durch das Partnerunternehmen.

In den USA ist ein eigener Aufbau des Vertriebs geplant. Durch den langjährigen beruflichen Aufenthalt von Hrn. Wiesauer können die in der Vergangenheit geschaffenen Kontakte zu lokalen Unternehmen genutzt werden. Außerdem stehen bereits vorhandene Offices zum weiteren Aufbau von Warehouses zur Verfügung.

4.3   Produktion & Leistungserstellung

Softwareproduktion

Die Software wird zur Gänze im Unternehmen selbst erstellt. Einzelne in sich abgeschlossene Projekte werden im Rahmen von Projekten mit der Fachhochschule Hagenberg oder der Johannes Kepler Universität in Linz erstellt und dann hausintern verwertet und integriert.

Hardwareproduktion

Sämtliche Security Appliances werden in Oberösterreich durch einen Partnerbetrieb endgefertigt und ausführlichen „Burn-In"-Tests unterzogen. Die endgültige Fertigstellung, das Einsetzen des OS-Chips und die Vergabe einer einzigartigen Seriennummer erfolgt durch Underground_8 inhouse. Die verwendeten Platinen und der Großteil des Chipsets sowie die CPU's werden von Lieferanten in Taiwan und der BRD bezogen. Im Zuge der Produktweiterentwicklung ist geplant, die Platine und Teile des Chipsets aus Kontinuitätsgründen hausintern herzustellen.

4.4   Bezogene Leistungen

Bezugspartner Hardware:

Micro-Star International Co., Ltd.
MSI Headquarters – Taiwan
TEL: 886–2–3234–5599
FAX: 886–2–3234–5488

Acrosser Technology – Ms. T. L.
10F, No.12, Lane 609, Sec.5, Chongsin Rd
Sanchong, Taipei 241
Taiwan, R.o.China
TEL: 886-2-2999-2887

Aus Platzgründen wird das Assembling der Hardwarekomponenten derzeit extern vergeben.

Assemblingpartner Hardware:

Datalink GmbH – Hr. M. B.MSI
Langholzstr. 16
A–4050 Traun
TEL: +43 7229 51717–0

Collini GmbH – Hr. M.
Hovalstraße 11
A–4614 Marchtrenk
TEL: +43 7243 550-0

5.   Management

5.1   Angaben zur Geschäftsführung

	Name	Funktion	Bruttolohn p.M.
1	Günther Wiesauer	Vertrieb & Hardware	erfolgsabhängig
2	Johannes Hörburger	Softwareentwicklung	erfolgsabhängig

Der eingetragene gewerberechtliche Geschäftsführer des Unternehmens ist Hr. Günther Wiesauer, als handelsrechtliche Geschäftsführer agieren Hr. Günther Wiesauer und Hr. Johannes Hörburger gemeinsam.

Hr. Johannes Hörburger leitet die Softwareentwicklung und ist vor allem für die technischen Aspekte der Geschäftsführung zuständig. Die dafür nötige langjährige Erfahrung und Ausbildung in diesem Bereich konnte Hr. Hörburger bei zahlreichen Großprojekten im europäischen und nordamerikanischen Ausland erlangen.

Hr. Günther Wiesauer ist für den Vertrieb, Kooperationen, Organisation und die technische Entwicklung der Hardware zuständig. Hr. Wiesauer hat bereits einschlägige Erfahrung in diesen Bereichen. Er konnte in der Vergangenheit gemeinsam mit Partnern als technischer Vorstand einer Aktiengesellschaft in Deutschland und technischer Vorstand eines Transaktion Service Providers in Kalifornien sein Know-how als leitender Entwickler und Mitglied eines Management-Teams festigen.

Die festen und freien Mitarbeiter beschäftigen sich ausschließlich mit der technischen Weiterentwicklung der Underground_8-Produktlinien. Die Entlohnung der freien Mitarbeiter erfolgt auf Basis von Werkverträgen. Die Geschäftsführer werden erfolgsabhängig entschädigt, ein Angestelltenverhältnis besteht zurzeit nicht. Im Sinne einer zukünftigen Expansion des Unternehmens werden Mitarbeiter im technischen Bereich, im Vertrieb und im Marketing gesucht.

Im Zuge eines Großprojektes für die OÖ Studentenheime konnte man bereits 2005 als Hersteller und Entwickler von Security Appliances einen sehr guten Erfolg verbuchen und sich gegen etablierte Konkurrenz wie Sonic Networks und Fortinet durchsetzen.

5.2 Lebensläufe der Geschäftsführung

Günther Wiesauer	
Geboren:	am 29. Mai 1970 in Linz
Ausbildung:	
1982–1990	BG/BRG Linz Peuerbachstraße (Matura)
1990–1994	Studium Jus und Informatik an der Johannes Kepler Universität Linz
Beruflicher Werdegang:	
1994	Consultant für Lawnet Austria – Aufbau und Administration einer Internet Service Infrastruktur
1995	Gründung der Firma Generation_Web in Linz: eCommerce Lösungen and Web Services für kleine und mittlere Unternehmen in Österreich und Deutschland
1998	25% Teilhaber (Generation_Web wurde in das Unternehmen eingebracht) und technischer Leiter bei Unicom GmbH: Softwareentwicklung und Aufbau von IT-Infrastrukturen. Großer Fokus – die Vollautomatisierung von terrestrischen Radiostationen. Technische Umsetzung und Konzeption.
2000	CTO von Webcast Media Group AG in Berlin (D) und 10% Anteilseigner: Audio Content Solution Provider für Internet Streaming Audio und Video Content für Firmen wie Yahoo Germany, T-Online and SpreeRadio 105,5.
2001	Technischer Leiter von Unicom IT-Solutions in Linz: Patente für Mobile Commerce und Customer Relationship Management Solutions für große europäische Unternehmen. Konzeptentwicklung und technische Umsetzungsplanung bis Ende 2001. Danach geplante Übernahme der 33%-Anteile durch Mitgesellschafter.

2002	Mitgründer und technischer Leiter von Novapointe LLC in Ontario (USA): Backoffice Service Provider hauptsächlich für TV-Marketing Klienten für die Bereiche Angebotsabwicklung, Call Center und Kreditkartenzahlungen. Kernfokus – Entwicklung von Security-Lösungen und einer Frontend-Lösung für die online-Abwicklung von Kreditkartenzahlungen und Logistiktransaktionen. Kunden wie UBI, 1–800 Flowers und Anthony Robbins. Nach Fertigstellung der technischen Lösung aus dem Unternehmen ausgeschieden. 25 % der Aktien wurden wie geplant von Mitgesellschaftern übernommen.
Seit 2005	Mehrheitseigentümer und Geschäftsführer von Underground_8 in Linz, Aufnahme in das tech2B Programm. Konzeption, Entwicklung und Vertrieb von Netzwerk-Security-Systemen. Bei diesem Unternehmen ist kein Ausstieg aus dem Unternehmen geplant, langfristiger Unternehmensaufbau und Etablierung als Marktführer.

Johannes Hörburger	
Geboren:	am 5. März 1976 in Linz
Ausbildung:	
1986–1998	Kevenhüller Gymnasium Linz
1986–1994	Bundes Realgymnasium Auhof (Matura)
1994–1996	Studium Chemie und Informatik an der Johannes Kepler Universität in Linz
1996–1999	Ausbildung zum Schullehrer sowie im Bereich der Erwachsenenbildung in Unterrichtsmethoden, Information Research, Teamwork und Informationstechnologien an der Pädagogische Akademie des Bundes in Linz
Beruflicher Werdegang:	
1999–2002	Angestellt als IT Developer and Server Administrator bei Unicom EDV Dienstleistungs GmbH
2000	Planung, Entwicklung, Installation und Konfiguration einer Streaming Server Farm für „dasWebradio.de"

2001	Umsetzung eines Online Store Order Fulfillment Systems für Transnet Europe
2002	Gründung der Firma BigApple Ahammer & Hoerburger OEG: zuständig für die Bereiche Verrechnung, Verkauf, Financial Controlling, Computertechnik und Server Administration.
2003	Umsetzung eines Online Response Systems für Novapoint LLC
Ende 2003	Planung, Entwicklung und Prüfen eines Content Management Systems inklusive File Uploads, Image Processing, Kategorisierung und User Management
2004	Angestellt als Shop, Server, Sales und Service Manager bei McSHARK Multimedia AG, Linz. (z.B. Planung, Realisation und Implementierung eines kompletten Netzwerks für die LIMAK (Linzer Management Akademie) inklusive Server, Backup-Strategien, Time Management und Network Security)
Seit 2005	Gründer und Geschäftsführer von Underground_8 in Linz: Entwicklung und Vertrieb von Netzwerk-Security-Systemen

5.3 Mitarbeiter

Neben den derzeitigen Arbeitsplätzen werden 4 neue Mitarbeiter im Bereich Entwicklung, Verkauf und Schulung/Services eingestellt. Weiters werden die 6 Spezialisten von der Fachhochschule Hagenberg, die bereits durch die Vermittlung von FH-Prof. DI Kolmhofer und Univ. Prof. Dr. Roithmayr an dem Entwicklungsprojekt beteiligt sind, im Laufe des kommenden Jahres (Ende Juli) von unserem Unternehmen übernommen. Die fachliche Eignung der Absolventen ist demnach nicht weiter zu erläutern.

Für 2007 ist ein zusätzlicher Mitarbeiter für den Vertrieb geplant.

2008 werden voraussichtlich 2 weitere Mitarbeiter für den Bereich Entwicklung angestellt.

Mit Erreichen der Serienreife bzw. Übernahme der Produktion werden weitere Mitarbeiter benötigt. Das sich daraus ergebende Wachstum kann noch nicht in Arbeitsplätzen dargestellt werden, weil dazu erst Produktionstiefe und Organisationsaufbau abgeklärt werden müssen.

5.4 Referenzen

Folgende Referenzprojekte und strategische Allianzen konnten bereits abgeschlossen werden:

Referenzprojekte

- **OÖ Studentenheime:** Network Security Appliance für mehr als 600 Netzwerkteilnehmer
  Ansprechpartner: Mag. P.S. (Geschäftsführer)

- **Media Tech:** Vertriebspartner für Österreich und Deutschland seit Unternehmensgründung
  Ansprechpartner: H. R. (Geschäftsführer)

- **Fa. Mitterhuemer Unternehmensgruppe:** mehrere Security Appliances verbinden Standorte, sichern Server und ermöglichen UTM „on-the-fly".
  Ansprechpartner: G. S. (technischer Leiter)

Strategische Partnerschaften

- **Fa. Liwest** – Kabelnetzwerkbetreiber: plant Underground_8 Security Appliances großflächig für Business Kunden einzusetzen

- **Breitbandoffensive OÖ** – Glasfaser/Funknetzwerkbetreiber: plant underground_8 Security Appliances grossflächig für Business Kunden einzusetzen

- **Fa. Canon** – Erzeuger von Druckern/Network-Dienstleister: plant underground_8 Security Appliances zu vertreiben

- **Fa. Chiligreen AG** – Erzeuger von Computersystemen: plant underground_8 Security Appliances zu vertreiben

- **Fa. DLI Systems** – Erzeuger und Distributor von Computersystemen: plant underground_8 Security Appliances zu vertreiben

6.   Zeitplan

6.1   Meilensteine

Start der Entwicklung „Transparent Unified

Threat Management System"   01.10.05

Fertigstellung Businessplan   Feb. 06

Proof of Concept Studie (Umsetzungsvariante)   Feb. 06

Seed- und Jungunternehmerfinanzierungsrunde   März/April 06

Verkaufstart Limes 2005   April 06

Erste verrechenbare Umsätze   Juni 06

Fertigstellung „transparent UMTS"   Okt. 07

Beginn der Serienfertigung „transparent UMTS"

7.   Finanzierung und Vorschaurechnung

7.1   Investitionen

Folgende Investitionen wurden bisher getätigt:

Kostenposition	Betrag in €	
Büro & -infrastruktur	5.400	
PC & Drucker	540	
Summe Infrastruktur		**5.940**
Weiterbildung	5.136	
Coaching	11.346	
wissenschaftl. Betreuung	3.600	
Summe Weiterbildung & Coaching		**20.082**
F&E Material	88.000	
Patentierung	10.000	
Businessentwicklung	7.000	
Summe Sachkosten		**105.000**
Gesamtsumme Investitionen		**131.022**

finanziert durch		
Tech2B		**99.676**
Eigenmittel		**31.346**

7.2   Derzeitige Finanzierung

Die bis dato durchgeführten Investitionen wurden zu einem Großteil von der tech2b-Gründerzentrum GmbH, der Rest durch Eigenmittel finanziert.

Die Kosten für die Arbeitsplätze und Infrastruktur wurden ebenfalls von tech2B im Rahmen des Inkubatorprogramms übernommen.

7.3   Förderungen

Es wird damit gerechnet, dass im Rahmen des Forschungsförderungsprogramms der FFG nicht rückzahlbare Zuschüsse sowie ein Darlehen (Zinssatz 2 % p.a.) im Verhältnis 50:50 gewährt werden. In der Planung wird von einem Zuschuss und Darlehen in Höhe von je € 40.000 im ersten Jahr und € 110.000 im zweiten Jahr ausgegangen.

7.4   Rechnungswesen

Das Rechnungswesen von Underground_8 wird extern vergeben.

Die vorliegende Vorschaurechnung für die Jahre 2006, 2007 und 2008 beruht auf den aktuellen Zeit-, Kosten- und Ertragsplanungen.

7.5 Cashflow-Rechnung

Der Cashflow aus dem operativen Bereich zeigt, dass nur in den Jahren 2006 bis
2007 aus dem Betrieb Anfangsverluste durch die Entwicklungstätigkeiten und
den Geschäfts- und Vertriebsaufbau zu tragen sind. Ab dem Jahr 2008 wirtschaftet
Underground_8 positiv.

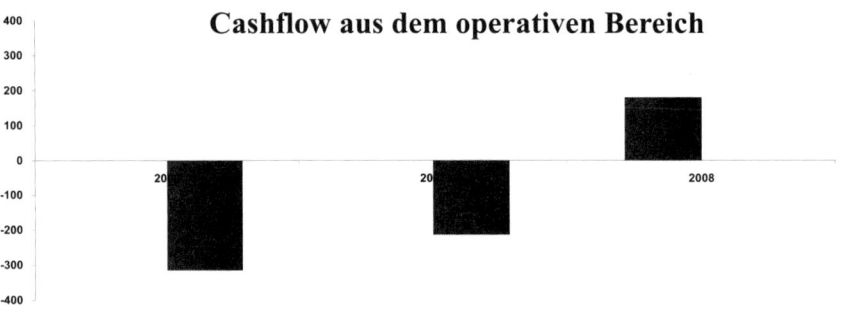

Der Cashflow aus Investitionen besteht im Planungszeitraum aus den Investitionen für den Betriebsausbau aufgrund der steigenden Mitarbeiterzahl sowie für
Forschungseinrichtungen zur weiteren Entwicklungstätigkeit.

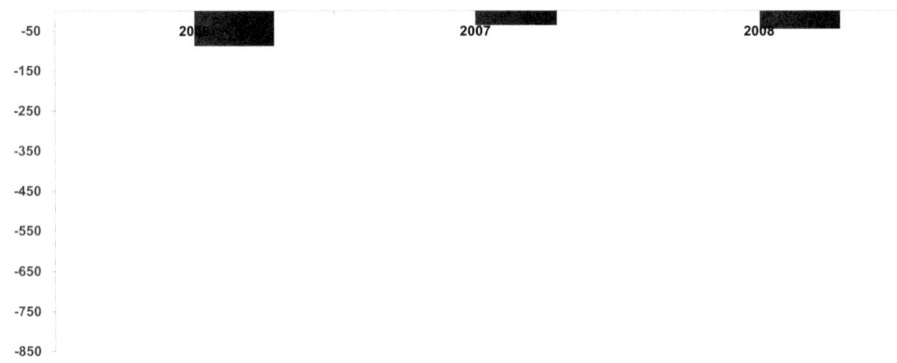

Der Cashflow aus Finanzierungsaktivitäten besteht in einem Kapitalzufluss im
Jahr 2006 aus der Nutzung des Kontokorrentkredits für Investitionen (Jungunternehmer Investitionskonto), den beiden ersten FFG-Zuschusszahlungen, dem ersten Teil des Mezzanindarlehens sowie der Einlage durch die Gesellschafter bei
Gründung der GmbH.

Der Finanzsaldo verändert sich geplanterweise 2007 wie folgt:

- Zuzählung Mezzanindarlehen Teil 2

- Zuzählung FFG-Darlehen

- Umbuchung der Start-up-Investitionen auf das Abstattungskreditkonto

Cashflow von Finanzierungsaktivitäten

7.6 Liquide Mittel

Der dargestellte Bedarf an liquiden Mitteln beruht auf einem optimierten Lagerstand und den unterstellten Planungsprämissen.

Zur Sicherung der Liquidität dient das Mezzaninkapital der AWS von € 700.000. Neben diesen Mitteln wird um ein Jungunternehmerdarlehen für Investitionen von € 122.000 von der AWS angesucht.

7.7 Cashflow Statement

Cashflow Statement	2006	2007	2008
Jahresüberschuss	-318.488	-189.795	279.726
+ Abschreibungen (- Zuschreibungen) auf das Anlagevermögen	19.925	28.275	38.400
+ Dotierung (- Auflösung) langfristiger Rückstellungen			
- Gewinne aus dem Verkauf von Anlagevermögen			
- Auflösung nicht rückzahlbarer Investitionszuschüsse			
+/- Sonstige zahlungsunwirksame Aufwendungen/Erträge	0	0	0
Cashflow aus dem Ergebnis	**-298.563**	**-161.520**	**318.126**
- Erhöhung von Vorräten inkl. geleisteter Anzahlungen und ARA	-26.556	9.734	-48.335
+ Erhöhung von erhaltenen Anzahlungen, PRA			
- Erhöhung von Forderungen aus Lieferungen und Leistungen und sonstige Forderungen	-34.105	-80.507	-141.878
+ Erhöhung von Verbindlichkeiten aus Lieferungen und Leistungen und sonstige Verbindlichkeiten	44.731	19.035	52.231
- Erhöhung von Forderungen an Konzerngesellschaften (für Lieferung und Leistung)			
+ Erhöhung von Konzernverbindlichkeiten (für Lieferung und Leistung)			
+ Erhöhung von Rückstellungen			
Cashflow aus dem operativen Bereich	**-314.493**	**-213.258**	**180.144**
- Investitionen in das Anlagevermögen	-87.000	-35.000	-45.000
+ Abgänge aus dem Anlagevermögen			
Cashflow aus Investitionsaktivitäten	**-87.000**	**-35.000**	**-45.000**
+ Einzahlungen aus Kapitalerhöhungen	35.000	0	0
+ Einzahlungen aus Gesellschafterzuschüssen			
- Ausschüttungen an Gesellschafter			
+ Einzahlungen (- Rückzahlungen) aus Kreditaufnahmen	84.993	-84.993	0
+ Einzahlungen von Mezzanindarlehen	300.000	400.000	0
+ Einzahlungen aus FFG-Darlehen	40.000	110.000	0
Cashflow aus Finanzierungsaktivitäten	**459.993**	**425.007**	**0**
Cashflow aus dem operativen Bereich	**-314.493**	**-213.258**	**180.144**
Cashflow aus Investitionsaktivitäten	**-87.000**	**-35.000**	**-45.000**
Cashflow aus Finanzierungsaktivitäten	**459.993**	**425.007**	**0**
Zahlungswirksame Veränderung der liquiden Mittel	**58.500**	**176.749**	**135.144**

7.8 Bilanz

Aktiva	2006	2007	2008
Aufwendungen für das Ingangsetzen			
Anlagevermögen	**67.075**	**73.800**	**80.400**
Immaterielle Vermögensgegenstände			
Sachanlagen	**67.075**	**73.800**	**80.400**
Arbeitsplätze/Infrastruktur	19.200	16.800	19.400
Technische Laboreinrichtung, Werkzeuge	3.750	2.500	1.250
Sandbox Entwicklungsumgebung	6.000	4.000	2.000
3rd Party Software wie Compiler, Betriebssysteme etc.	3.750	2.500	1.250
Büroausstattung	4.375	5.500	9.000
Sonstige	30.000	42.500	47.500
Umlaufvermögen	**60.661**	**237.673**	**488.860**
Vorräte	**26.556**	**16.823**	**65.157**
Handelswaren	26.556	16.823	65.157
Forderungen und sonstige Vermögensgegenstände	**34.105**	**114.612**	**256.490**
Forderungen aus Lieferungen und Leistungen	34.105	114.612	256.490
Kassenbestand, Schecks, Guthaben bei Kreditinstituten	**0**	**106.239**	**167.213**
Rechnungsabgrenzungsposten			
Summe Aktiva	**127.736**	**311.473**	**569.260**

Passiva	2006	2007	2008
Eigenkapital	**-283.488**	**-473.283**	**-193.556**
Einlage	**35.000**	**35.000**	**35.000**
Bilanzgewinn/-verlust	**-318.488**	**-508.283**	**-228.556**
davon Gewinn-/-verlustvortrag		-318.488	-508.283
davon Jahresgewinn	-318.488	-189.795	279.726
Mezzaninkapital	**241.499**	**570.990**	**496.819**
Mezzanindarlehen	241.499	570.990	496.819
Förderdarlehen FFG	**40.000**	**150.000**	**150.000**
Verbindlichkeiten	**129.724**	**63.766**	**115.997**
Verbindlichkeiten gegenüber Kreditinstituten	**84.993**	**0**	**0**
Kontokorrent	84.993		
Verbindlichkeiten aus Lieferungen und Leistungen	**4.757**	**8.876**	**17.119**
Verbindlichkeiten gegenüber verbundenen Unternehmungen	**0**		
Sonstige Verbindlichkeiten	**39.974**	**54.890**	**98.878**
davon Steuern	18.596	27.554	64.781
davon im Rahmen der sozialen Sicherheit	21.378	27.337	34.097
übrige			
Summe Passiva	**127.736**	**311.473**	**569.260**

7.9 Erläuterungen zur Bilanz

Die Sachanlagen beruhen auf der Investitionsplanung und werden über die Nutzungsdauer abgeschrieben:

Investitionsplanung	ND	2006	2007	2008
1 Arbeitsplätze/Infrastruktur	5	24.000	3.000	10.000
2 Technische Laboreinrichtung, Werkzeuge	4	5.000		
3 Sandbox Entwicklungsumgebung	4	8.000		
4 3rd Party Software wie Compiler, Betriebssysteme e	4	5.000		
5 Büroausstattung	8	5.000	2.000	5.000
10 Sonstige	4	40.000	30.000	30.000
Summe Investitionen		**87.000**	**35.000**	**45.000**

Abschreibungen	2006	2007	2008
1 Arbeitsplätze/Infrastruktur	4.800	5.400	7.400
2 Technische Laboreinrichtung, Werkzeuge	1.250	1.250	1.250
3 Sandbox Entwicklungsumgebung	2.000	2.000	2.000
4 3rd Party Software wie Compiler, Betriebssysteme etc.	1.250	1.250	1.250
5 Büroausstattung	625	875	1.500
10 Sonstige	10.000	17.500	25.000
Summe Abschreibungen	**19.925**	**28.275**	**38.400**

Vorräte

Die Vorräte ergeben sich aus der Hardware für die Security Appliance (Handelswaren).

Forderungen aus Lieferungen und Leistungen

Diese basieren auf den Verkauf der Security Appliance sowie den Provisionserträgen. Es ist dabei mit einem größeren Zahlungsverzug (ca. 30 Tage) zu rechnen.

Eigenkapital

Mit der Gründung der GmbH werden von den Eigentümern € 35.000 in Form von Stammkapital ins Unternehmen eingebracht. Im Planungszeitraum wird ein negatives Eigenkapital (gem. § 225 (1) HGB) ausgewiesen. Es entsteht dadurch jedoch kein insolvenzrechtlich wirksamer Tatbestand, da die Fortführungsprognose eine positive Entwicklung aufweist und mit dem Mezzaninkapital entsprechendes Eigenkapital nachgewiesen werden kann.

Mezzaninkapital

Im Rahmen des Seedfinancing-Programms sollen im Jahr 2006 € 300.000 ins Unternehmen eingebracht werden, Ende 2006/Anfang 2007 weitere € 400.000.

Förderdarlehen

Das Förderdarlehen wird im Rahmen des Forschungsprojekts von der FFG gewährt, wobei 2006 mit € 40.000 und 2007 mit weiteren € 110.000 gerechnet wird.

Verbindlichkeiten

Verbindlichkeiten ergeben sich aus der Nutzung des Kontokorrentkredits im Jahr 2006. Bei den Verbindlichkeiten aus Lieferungen und Leistungen kalkulierten wir ein Zahlungsziel von 15 Tagen ein.

Sonstige Verbindlichkeiten ergeben sich aus der Zahlung der Umsatzsteuer an das Finanzamt sowie den Sozialbeiträgen für das Personal.

7.10 Gewinn- und Verlustrechnung

Gewinn- und Verlustrechnung	2006	2006-1	2006-2	2006-3	2006-4	2006-5	2006-6	2006-7	2006-8	2006-9	2006-10	2006-11	2006-12	2007	2008
1 Umsatzerlöse	204.630	0	0	0	0	0	9.522	20.105	25.878	35.015	28.720	33.855	51.535	687.670	1.538.940
Provisionserlöse	14.025	0	0	0	0	0	149	665	1.178	1.935	2.507	3.183	4.409	138.936	404.478
4 sonstige betriebliche Erträge	40.000	0	0	0	0	25.000	0	0	0	0	15.000	0	0	110.000	0
5 Aufwendungen für Material und sonstige bezogene Herstellungsleistungen	-114.168	0	0	-50.919	0	-22.225	-10.000	0	-17.000	0	0	-14.024	0	-213.016	-410.860
a) Materialaufwand	-87.168	0	0	-50.919	0	-22.225	0	0	0	0	0	-14.024	0	-185.016	-410.860
b) Aufwendungen für bezogene Leistungen	-27.000	0	0	0	0	0	-10.000	0	-17.000	0	0	0	0	-28.000	0
6 Personalaufwand	-382.980	-8.000	-8.000	-13.200	-23.780	-23.780	-38.060	-39.380	-39.380	-39.380	-39.380	-39.380	-71.260	-637.860	-795.595
b) Gehälter	-382.980	-8.000	-8.000	-13.200	-23.780	-23.780	-38.060	-39.380	-39.380	-39.380	-39.380	-39.380	-71.260	-637.860	-795.595
7 Abschreibungen	-19.925	0	0	0	0	0	0	0	0	0	0	0	0	-28.275	-38.400
auf immaterielle Gegenstände des Anlagevermögens und Sachanlagen sowie auf aktivierte Aufwendungen für das Ingangsetzen und a) Erweitern eines Betriebes	-19.925	0	0	0	0	0	0	0	0	0	0	0	0	-28.275	-38.400
8 sonstige betriebliche Aufwendungen:	-65.070	-800	-5.070	-13.720	-5.720	-5.720	-6.220	-6.720	-4.020	-4.270	-4.270	-4.270	-4.270	-247.250	-418.836
a) Steuern soweit sie nicht unter Z 21 fallen															
b) übrige	-65.070	-800	-5.070	-13.720	-5.720	-5.720	-6.220	-6.720	-4.020	-4.270	-4.270	-4.270	-4.270	-247.250	-418.836
9 Betriebsergebnis	-323.488	-8.800	-13.070	-77.839	-29.500	-26.725	-44.609	-25.330	-33.344	-6.700	2.577	-20.636	-19.586	-189.795	279.726
15 Zinsen und ähnliche Aufwendungen	5.000	0	0	0	0	0	0	0	0	0	0	0	0	0	0
16 Zwischensumme aus Z 10 bis 15	5.000	0	0	0	0	0	0	0	0	0	0	0	0	0	0
17 Ergebnis der gewöhnlichen Geschäftstätigkeit	-318.488	-8.800	-13.070	-77.839	-29.500	-26.725	-44.609	-25.330	-33.344	-6.700	2.577	-20.636	-19.586	-189.795	279.726
21 Steuern vom Einkommen und vom Ertrag															
22 Jahresüberschuss/Jahresfehlbetrag	-318.488	-8.800	-13.070	-77.839	-29.500	-26.725	-44.609	-25.330	-33.344	-6.700	2.577	-20.636	-19.586	-189.795	279.726
28 Gewinnvortrag/Verlustvortrag aus dem Vorjahr														-318.488	-508.283

7.11 Erläuterungen zur Gewinn- und Verlustrechnung

Umsatzerlöse entstehen einerseits durch den Verkauf der Limes Security Application, andererseits aus den monatlichen Gebühreneinnahmen für das Up2date-Service (=Provisionserlöse).

Umsatzerlöse		2006	2006-1	2006-2	2006-3	2006-4	2006-5	2006-6	2006-7	2006-8	2006-9	2006-10	2006-11	2006-12	2007	2008
1	Limes_100	35.685	0	0	0	0	0	1.647	2.745	3.843	5.490	5.490	8.235	8.235	98.825	27.450
2	Limes_150	46.605	0	0	0	0	0	3.585	4.780	5.975	5.975	7.170	9.560	9.560	179.250	35.850
3	Limes_200	26.290	0	0	0	0	0	0	2.390	4.780	4.780	4.780	4.780	4.780	95.600	47.800
4	Limes_500	34.320	0	0	0	0	0	4.290	0	4.290	8.580	4.290	4.290	8.580	107.250	42.900
5	Limes_1000	20.970	0	0	0	0	0	0	0	6.990	0	6.990	6.990	0	104.850	69.900
6	Limes_2000	40.760	0	0	0	0	0	0	10.190	0	10.190	0	0	20.380	101.900	101.900
7	Limes Stealth 100	0	0	0	0	0	0	0	0	0	0	0	0	0	0	164.700
8	Limes Stealth 150	0	0	0	0	0	0	0	0	0	0	0	0	0	0	286.800
7	Limes Stealth 200	0	0	0	0	0	0	0	0	0	0	0	0	0	0	143.400
8	Limes Stealth 500	0	0	0	0	0	0	0	0	0	0	0	0	0	0	205.920
9	Limes Stealth 1000	0	0	0	0	0	0	0	0	0	0	0	0	0	0	167.760
10	Limes Stealth 2000	0	0	0	0	0	0	0	0	0	0	0	0	0	0	244.560
Summe Umsatzerlöse		**204.630**	**0**	**0**	**0**	**0**	**0**	**9.522**	**20.105**	**25.878**	**35.015**	**28.720**	**33.855**	**51.535**	**687.670**	**1.538.940**

Provisionserlöse		2006	2006-1	2006-2	2006-3	2006-4	2006-5	2006-6	2006-7	2006-8	2006-9	2006-10	2006-11	2006-12	2007	2008
1	Limes_100	2.995	0	0	0	0	0	45	119	224	373	522	745	969	27.714	48.276
2	Limes_150	1.967	0	0	0	0	0	45	104	179	253	343	462	581	20.383	36.475
3	Limes_200	1.148	0	0	0	0	0	0	32	96	160	223	287	351	11.867	23.351
4	Limes_500	1.617	0	0	0	0	0	60	60	120	240	300	359	479	14.735	27.314
5	Limes_1000	2.099	0	0	0	0	0	0	0	210	210	420	630	630	26.447	57.932
6	Limes_2000	4.199	0	0	0	0	0	0	350	350	700	700	700	1.400	37.789	79.777
7	Limes Stealth 100	0	0	0	0	0	0	0	0	0	0	0	0	0	0	22.350
8	Limes Stealth 150	0	0	0	0	0	0	0	0	0	0	0	0	0	0	17.880
9	Limes Stealth 200	0	0	0	0	0	0	0	0	0	0	0	0	0	0	9.570
8	Limes Stealth 500	0	0	0	0	0	0	0	0	0	0	0	0	0	0	14.376
9	Limes Stealth 1000	0	0	0	0	0	0	0	0	0	0	0	0	0	0	25.188
10	Limes Stealth 2000	0	0	0	0	0	0	0	0	0	0	0	0	0	0	41.988
Summe Umsatzerlöse		**14.025**	**0**	**0**	**0**	**0**	**0**	**149**	**665**	**1.178**	**1.935**	**2.507**	**3.183**	**4.409**	**138.936**	**404.478**

Der Erlösplanung liegen folgende Mengen und Preisplanungen zugrunde:

Mengenplanung	2006	2006-1	2006-2	2006-3	2006-4	2006-5	2006-6	2006-7	2006-8	2006-9	2006-10	2006-11	2006-12	2007	2008
1 Limes_100	65						3	5	7	10	10	15	15	180	50
2 Limes_150	39						3	4	5	5	6	8	8	150	30
3 Limes_200	11							1	2	2	2	2	2	40	20
4 Limes_500	8						1		1	2	1	1	2	25	10
5 Limes_1000	3								1		1	1	1	15	10
6 Limes_2000	4							1		1			2	10	10
7 Limes Stealth 100	0														250
8 Limes Stealth 150	0														200
9 Limes Stealth 200	0														50
10 Limes Stealth 500	0														40
9 Limes Stealth 1000	0														20
10 Limes Stealth 2000	0														20

Preisplanung (VK) - excl. Ust	2006	2007	2008
1 Limes_100	549	549	549
2 Limes_150	1.195	1.195	1.195
3 Limes_200	2.390	2.390	2.390
4 Limes_500	4.290	4.290	4.290
5 Limes_1000	6.990	6.990	6.990
6 Limes_2000	10.190	10.190	10.190
7 Limes Stealth 100			658,8
8 Limes Stealth 150			1.434,0
9 Limes Stealth 200			2.868,0
10 Limes Stealth 500			5.148,0
9 Limes Stealth 1000			8.388,0
10 Limes Stealth 2000			12.228,0

Preisplanung up2date Service	2006	2007	2008
1 Limes_100	178,80	178,80	178,80
2 Limes_150	178,80	178,80	178,80
3 Limes_200	382,80	382,80	382,80
4 Limes_500	718,80	718,80	718,80
5 Limes_1000	2.518,80	2.518,80	2.518,80
6 Limes_2000	4.198,80	4.198,80	4.198,80
7 Limes Stealth 100			178,80
8 Limes Stealth 150			178,80
9 Limes Stealth 200			382,80
10 Limes Stealth 500			718,80
9 Limes Stealth 1000			2.518,80
10 Limes Stealth 2000			4.198,80

Sonstige betriebliche Erträge kommen aus dem Zuschuss aus der FFG-Förderung.

Materialaufwand

Materialaufwand		2006	2006-1	2006-2	2006-3	2006-4	2006-5	2006-6	2006-7	2006-8	2006-9	2006-10	2006-11	2006-12	2007	2008
1	Limes_100	32.021	0	0	32.021	0	0	0	0	0	0	0	0	0	51.234	32.021
2	Limes_150	18.898	0	0	9.449	0	0	0	0	0	0	0	9.449	0	56.693	9.449
3	Limes_200	9.449	0	0	9.449	0	0	0	0	0	0	0	0	0	11.339	9.449
4	Limes_500	9.150	0	0	0	0	4.575	0	0	0	0	0	4.575	0	22.875	18.300
5	Limes_1000	7.575	0	0	0	0	7.575	0	0	0	0	0	0	0	22.725	15.150
6	Limes_2000	10.075	0	0	0	0	10.075	0	0	0	0	0	0	0	20.150	20.150
7	Limes Stealth 100	0	0	0	0	0	0	0	0	0	0	0	0	0	0	80.053
8	Limes Stealth 150	0	0	0	0	0	0	0	0	0	0	0	0	0	0	75.591
7	Limes Stealth 200	0	0	0	0	0	0	0	0	0	0	0	0	0	0	28.347
8	Limes Stealth 500	0	0	0	0	0	0	0	0	0	0	0	0	0	0	36.600
9	Limes Stealth 1000	0	0	0	0	0	0	0	0	0	0	0	0	0	0	45.450
10	Limes Stealth 2000	0	0	0	0	0	0	0	0	0	0	0	0	0	0	40.300
Summe Materialaufwand		**87.168**	**0**	**0**	**50.919**	**0**	**22.225**	**0**	**0**	**0**	**0**	**0**	**14.024**	**0**	**185.016**	**410.860**

Folgende **Aufwendungen für bezogene Leistungen** sind geplant:

Aufwendungen für bezogene Leistungen	2006	2007	2008
1 Hardware Teststellungen	10.000	15.000	
2 Hardware Prototyp	5.000	5.000	
3 Hardware Teststellung	2.000	8.000	
4 FH Hagenberg	10.000		
Summe Aufwendungen für bezogenen Leistungen	**27.000**	**28.000**	**0**

Personalaufwand

Bei den Gehältern ist eine Erhöhung von 3% per anno ab 2007 eingeplant.

Personalplanung		2006	2006-1	2006-2	2006-3	2006-4	2006-5	2006-6	2006-7	2006-8	2006-9	2006-10	2006-11	2006-12	2007	2008
1	R.S.	29.800	500	500	2.400	2.400	2.400	4.800	2.400	2.400	2.400	2.400	2.400	4.800	34.608	35.646
2	G.T.	30.000	2.500	2.500	2.500	2.500	2.500	2.500	2.500	2.500	2.500	2.500	2.500	2.500	36.050	37.132
3	A.Z.	58.080				5.280	5.280	10.560	5.280	5.280	5.280	5.280	5.280	10.560	76.138	78.422
4	E.U.	39.600			3.300	3.300	3.300	6.600	3.300	3.300	3.300	3.300	3.300	6.600	47.586	49.014
5	K.A.	109.200							15.600	15.600	15.600	15.600	15.600	31.200	224.952	231.701
6	Administration	20.000				2.000	2.000	2.000	2.000	2.000	2.000	2.000	2.000	4.000	28.840	29.705
7	Vertrieb	0													70.000	72.100
8	C.G.	36.300				3.300	3.300	6.600	3.300	3.300	3.300	3.300	3.300	6.600	47.586	49.014
	Entwicklung	0														138.600
9	A.S.	24.000	4.000	4.000	4.000	4.000	4.000	4.000	4.000	4.000	4.000	4.000	4.000	4.000	57.680	59.410
#	T.M.	36.000	6.000	6.000	6.000	6.000	6.000	6.000	6.000	6.000	6.000	6.000	6.000	6.000	86.520	89.116
Summe Personal		**382.980**	**13.000**	**13.000**	**18.200**	**28.780**	**28.780**	**43.060**	**44.380**	**44.380**	**44.380**	**44.380**	**44.380**	**76.260**	**709.960**	**869.858**

Mitarbeiter R.S. wird mit März 2006 voll im Unternehmen eingestellt. Derzeit ist er über die Implacement-Stiftung angestellt. Der geplante Einstellungszeitpunkt der weiteren Mitarbeiter ist aus der obigen Tabelle ersichtlich.

Die **sonstigen Aufwendungen** setzen sich wie folgt zusammen. Dabei wurde ein jährlicher Preisanstieg von 2% einkalkuliert:

Sonst. betr. Aufwendungen	2006	2007	2008
3 Mieten	7.000	28.800	29.376
4 Werbung	9.000	36.000	72.000
5 Reisekosten/ Bewirtung	13.350	25.000	40.000
6 PKW	0	30.000	30.000
7 Betriebskosten EDV	3.850	28.000	28.560
8 Instandhaltungen allgemein	0		
9 Telefon, Fax, Internet	0	6000	7.000
10 Büromaterial	0	3.600	4.000
11 Fachliteratur	2.200	3.000	4.000
15 Gebühren, Abgaben, Kammer	550	2.000	2.500
16 Spesen des Geldverkehrs	220	250	400
17 Buchführung, Personalverrechnung	1.100	5.600	6.000
19 Umgründungskosten	8.000	5.000	5.000
20 Rollout andere Länder	0	50.000	150.000
29 Sonstige	19.800	24.000	40.000
Summe Sonstige Aufwendungen	**65.070**	**247.250**	**418.836**

8. Ergänzung: Leitfragen zum Businessplan „Underground_8"

Genereller Eindruck

1. Würden Sie Kapitel und/oder Absätze ergänzen bzw. streichen? Wenn ja, welche? Weshalb?

2. Würden Sie die Gliederung dieses BP verändern? Wenn ja: Welche Änderungen? Weshalb?

3. Wie beurteilen Sie den BP hinsichtlich des Umfangs?

4. Wie beurteilen Sie den BP hinsichtlich Verständlichkeit (Sprache, Formulierungen) vor dem Hintergrund der Zielgruppe Banken und Investoren (d.h. meist keine fachlich-technischen Kenntnisse oder einschlägige Branchenerfahrung)?

5. Wie beurteilen Sie den Produktnamen „Limes" nach Marketing-Gesichtspunkten?

6. Wie beurteilen Sie den BP bezüglich des Corporate Designs, insbesondere hinsichtlich des Firmennamens „Underground_8"?

Kap. „Executive Summary"

1. Vermissen Sie (als branchenfremder Investor) Informationen in dieser Zusammenfassung?

2. Wird durch diese Zusammenfassung das Interesse eines potenziellen Investors für „Underground_8" geweckt? Wenn ja: Wodurch? Wenn nein: Was würden Sie ändern, um dieses Ziel zu erreichen?

Kap. 1 „Unternehmen"

1. Wie wichtig halten Sie die Frage des Standortes für ein IT-Unternehmen wie „Underground_8"?

2. Wie stufen Sie Linz als Standort ein?

3. Warum macht eine Umgründung einer OEG in eine GmbH Sinn? Welche Vor- und Nachteile bietet eine GmbH?

Kap. 2 „Technologie und Produkt"

1. Wenn Sie an die Zielgruppe der Investoren denken: Würden Sie Aspekte der Produktbeschreibung in Kap. 2.1 ändern? Wenn ja: Welche?

2. Werden die Vorteile durch den Einsatz der Limes-Appliance im Kap. 2.1.3 klar und verständlich dargestellt? Wenn nein: Was würden Sie verändern?

3. Inwieweit tragen die Abbildungen zum Verständnis des Produktes bei?

4. Es wird im BP auch auf die Vor- und Nachteile der „Underground_8"-Technologie eingegangen. Inwieweit würden Sie im BP eventuelle Nachteile des eigenen Produkts anschneiden?

5. Wie könnten die Informationen zum technischen Reifegrad noch anders aufbereitet werden?

6. Welche Schutzmaßnahmen des geistigen Eigentums von „Underground_8" könnten noch getroffen werden?

7. Sind Maßnahmen zum Schutz der Innovation vor Nachahmung getroffen worden?

8. Welche Inhalte würden Sie unter dem Punkt. 2.4 „Technologienutzung" erwarten? Würden Sie diesen Punkt inhaltlich anders gestalten? Wenn ja: In welcher Form?

9. Welchen Kundennutzen erkennen Sie aus dem gleichnamigen Absatz? Könnte dieser anders dargestellt bzw. formuliert werden?

10. Wie könnte die Konkurrenzanalyse noch anders gestaltet werden? Könnte dieser Absatz auf andere Teile des BP aufgeteilt werden? Wenn ja: Auf welche?

11. Sind neben den angeführten Abfallabgaben weitere rechtliche Markteintrittsbarrieren denkbar?

Kap. 3 „Markt und Wettbewerb"

1. Als Zielgruppe für das Produkt werden „logischerweise" Klein- und Mittelbetriebe (KMU) angegeben. Auf welchen Informationen im BP basiert diese Schlussfolgerung?

2. Ist die Zielgruppe klar und hinreichend formuliert?

3. Welche zusätzlichen Informationen zum Marktpotenzial könnten noch gegeben werden?

4. Welche Strategie verfolgt „Underground_8" bei den Angaben zu gegenwärtigen und zukünftigen Märkten? Welche Strategie würden Sie formulieren?

5. Die Konkurrenzanalyse zeigt eine starke Übereinstimmung mit einem Konkurrenzprodukt. Würden Sie diesen Umstand im BP näher behandeln oder nicht? Wenn ja: Wie?

6. Warum existieren keine wirtschaftlichen Markteintrittsbarrieren? Welche wären bei einer Unternehmung im Bereich IT-Security denkbar?

7. An welcher Stelle des BP würden Sie die Quellen der im BP gegebenen Marktinformationen anführen?

8. Halten Sie eine SWOT-Analyse in diesem Kapitel für zielführend? Wenn nein: Warum nicht? Wenn ja: Welche Informationen nehmen Sie in diese auf?

Kap. 4 „Marketing"

1. Wo sehen Sie den Point of Sale bei „Underground_8" (z.B. Büro von „Underground_8", Elektronikmarkt, ...)?

2. Welche zusätzlichen Marketingaktivitäten wären für Sie noch realistisch und sinnvoll?

3. Welche Angaben finden Sie im BP zum Preis des Produktes? Sind diese ausreichend? Begründen Sie Ihre Entscheidung.

4. Welcher Ansatz bzw. welche Strategie wird bei der Preisplanung verfolgt?

5. Welches Vertriebssystem wählt „Underground_8"? In welcher Form könnte das gewählte System im BP (im Abschnitt 4.2 angegeben) anders veranschaulicht werden?

6. Ist eine klare Vertriebsstruktur erkennbar?

7. Beschreiben Sie das Geschäftsmodell von „Underground_8" basierend auf den Informationen des BP.

8. Könnten die Kap. 4.3 und 4.4 anschaulicher und übersichtlicher gestaltet werden? Wenn ja: Erarbeiten Sie einen Vorschlag.

Kap. 5 „Management"

1. Welche Punkte in den Lebensläufen der Gründer sind für einen Investor (vor dem Hintergrund des Gründungsvorhabens) besonders interessant und wichtig?

2. Was verstehen Sie unter einer „erfolgsabhängigen Entschädigung"?

3. Welche Kompetenzen finden sich im „Underground_8"-Team? Welche Kompetenzen fehlen Ihrer Meinung nach?

4. Inwiefern finden Sie die Angabe der Referenzkunden im Kapitel „Management"? gerechtfertigt?

5. Welche Sozialversicherung ist für die Geschäftsführer zuständig und warum?

Kap. 6 „Zeitplan"

1. Welche Änderungen hinsichtlich der inhaltlichen und optischen Aufbereitung des Zeitplans wären für Sie sinnvoll?

2. Sind die gesetzten Meilensteine nachvollziehbar und realistisch?

3. Welche Meilensteine wären Ihrer Meinung nach für den Zeitraum nach Oktober 2007 denkbar, auch im Hinblick auf die Internationalisierung in die USA?

Kap. 7 „Finanzierung und Vorschaurechnung"

1. In welchem Bereich kann man aufwandsseitig das Unternehmen optimieren?

2. Auf welcher Seite der Bilanz finden Sie die Mezzaninfinanzierung des Unternehmens?

3. Inwiefern sind Ihrer Meinung nach die Positionen in der Investitionsplanung sowie die dazugehörigen Beträge aus dem BP heraus plausibel?

4. Können Sie aus den bisherigen Informationen des BP den gegenwärtigen und auch den weiteren Investitionsbedarf ableiten?

5. Wie bewerten Sie das finanzielle Risiko, das die Unternehmer eingehen?

6. Skizzieren Sie ein best case- und ein worst case-Szenario für „Underground_8". Welche entscheidenden Einflussfaktoren würden Sie hierfür berücksichtigen?

7. Wie hoch sind die Umgründungskosten des Unternehmens? Sind diese im Finanzplan zu berücksichtigen?

8. Welche Finanzierungsquellen wurden genutzt? Welche Quellen wären für Sie noch denkbar/sinnvoll gewesen?

14. Ausblick: Entwicklung des Unternehmens

Ergänzend zu den bisher in Zusammenhang mit der Gründungsvorbereitung und der Businessplan-Erstellung behandelten Themen wird in diesem Kapitel auf die Entwicklung des Unternehmens nach erfolgter Gründung eingegangen. Dabei wird insbesondere auf Wachtumsbarrieren und mit dem Ausbau des Unternehmens verbundene Herausforderungen an das Management eingegangen.

14.1 Veränderungen in Anforderungen und Kompetenzen

Das vorliegende Buch fokussiert auf das **Gründungsmanagement.** D.h. im Vordergrund stehen die Entwicklung der Geschäftsidee und die Prüfung ihrer Markttragfähigkeit sowie die Aufbereitung eines fundierten Businessplanes. Für technologieorientierte Unternehmen mit hohem Finanzierungsbedarf ist es besonders bedeutsam, den Businessplan auf den Informationsbedarf von (branchenfremden) Investoren auszurichten.

Natürlich sind Geschäftsplanerstellung, Durchführung der Gründung und Aufnahme erster Geschäftsbeziehungen nur die ersten Schritte unternehmerischen Handelns. Gerade die **Aufbau- und Frühentwicklungsphase** ist durch **massive Lerneffekte** aus der unternehmerischen Tätigkeit und (Fehl)Erfahrungen mit Kunden, Lieferanten, Teammitgliedern und Mitarbeitern, Banken und Netzwerkpartnern gekennzeichnet. **Lerneffekte**

Das Ausmaß, in dem unternehmerische Erfahrungen und Feedback zu Veränderungen im unternehmerischen Verhalten und zur Weiterentwicklung der unternehmerischen Kompetenzen führten, ist je nach Person sehr unterschiedlich und hängt mit der individuellen **Reflexionsfähigkeit und -bereitschaft** zusammen (siehe Kap. 1.2). **Reflexionsfähigkeit und -bereitschaft**

Damit zusammenhängend verändert sich auch die **Problemwahrnehmung** im Zeitablauf erheblich: In der **(Vor)Gründungsphase** wird vor allem eine „Gründungs-Bürokratie" befürchtet, die Gründungsinteressierten suchen nach Finanzierungsquellen und Förderungen, stellen – viel zu selten – Überlegungen hinsichtlich des optimalen Standortes an und erleben das Fehlen von Praxiserfahrungen und -kontakten. In der **Aufbauphase** dagegen stehen die Suche nach (weiteren) Kunden und Lieferanten, die Wahrnehmung großer Konkurrenz, die Suche nach geeigneten Mitarbeitern, Teamprobleme sowie die Sicherung des Lebensunterhaltes durch das junge Unternehmen an vorderster Stelle. **Veränderte Problemstellungen**

Damit verändern sich auch die erforderlichen Kompetenzen: Kompetenzdefizite in den Bereichen Verhandlungsführung, Verkaufsgespräche, kaufmännisches Wissen, Netzwerkaufbau usw. werden im unternehmerischen Alltag „hautnah" als erfolgskritisch erlebt.

In der Frühentwicklungsphase steht auch die **Entscheidung über die zukünftige Entwicklung des Unternehmens** an. Dabei können in Gründungsteams die Vorstellungen deutlich differieren, was eine häufige Konfliktursache bildet.

- Während einige Unternehmen ums wirtschaftliche Überleben kämpfen, sind andere bestrebt, sich zu konsolidieren und weiterhin erfolgreich zu bleiben, wollen aber **bewusst nicht wachsen.**

- Eine weitere Gruppe strebt einen **allmählichen Ausbau** des Unternehmens an, oft verbunden mit ersten Internationalisierungsschritten.

- Die **schnellwachsenden Unternehmen** (rapid growing enterprises, „gazelles") sind durch ein schnelles Markt- und Mitarbeiterwachstum gekennzeichnet; wobei für „born globals" Wachstum durch Internationalisierung von Beginn an aufgrund zu kleiner nationaler Absatzmärkte oder kritischer Produktionsgrößen eine überlebenswichtige Entscheidung darstellt.

Entscheidungen über Unternehmenswachstum können bewusst aus dem Unternehmen heraus getroffen werden, da bestimmte strategische Ziele verfolgt werden. Umgekehrt legen auch Umweltsituationen Wachstum und/oder Internationalisierung nahe. Beispiele dafür sind die Internationalisierung von Hauptabnehmern oder erstmaliges Listing bei Buying Centers von Großunternehmen, die eine hohe Lieferkapazität fordern.

14.2 Kritische Wachstumsschwellen und -faktoren

Wachstumsschwellen Empirische Untersuchungen zum Wachstum und Überleben des Unternehmens zeigen eine auch im EU-Vergleich sehr hohe Überlebensquote österreichischer Jungunternehmen, aber ebenso Problemfelder in der Frühentwicklungsphase auf.

KSV-Statistik So zeigen die Statistiken des Kreditschutzverbands von 1870 (KSV), dass gerade **im dritten Geschäftsjahr** die **Konkursanfälligkeit** und -häufigkeit am höchsten ist.[33] Dies hängt häufig mit Liquiditätsproblemen aufgrund von einsetzenden Steuer- und Sozialversicherungszahlungen zusammen (siehe Kap. 10.4)

Liabilities In der Fachliteratur wird hinsichtlich der Frühentwicklungsphase von Unternehmen eine Reihe von „Hypotheken" diskutiert (Mugler 2005):

Liability of smallness **Hypothek der Kleinheit:** Junge Unternehmen weisen tendenziell eine geringere Überlebenswahrscheinlichkeit auf, da größere/ältere Unternehmen über eine stärkere Marktmacht und Größenvorteile, z.B. bei Kredit- oder Preisverhandlungen, verfügen.

---

[33]	Die jeweils aktuellen Zahlen zur Insolvenzentwicklung in Österreich finden sich unter http://www.ksv.at.

Hypothek der Neuheit: Junge Unternehmen scheiden tendenziell häufiger aus dem Markt aus, da

- sie aufgrund mangelnder Erfahrungen fehleranfälliger als alte Unternehmen sind,

- sie erst Beziehungen zu Marktpartnern aufbauen müssen und dabei auf verfestigte Strukturen stoßen können,

- sie noch nicht über nachweisbare Zuverlässigkeit (z.B. Lieferfähigkeit, Termintreue, Referenzen) verfügen,

- ihr geringer Bekanntheitsgrad den Absatz ihrer Produkte und Dienstleistungen erschwert.

Liability of newness

Hypothek der Jugend bzw. des Heranwachsens: In der unmittelbaren Anfangsphase eines Betriebes steigt das Risiko des Scheiterns zunächst an und fällt anschließend wieder. Die Hauptursache dieses Phänomens liegt im sog. Organisationskapital, über das Unternehmen in ihrer Anfangsphase verfügen. Dieses umfasst einerseits finanzielle Ressourcen, andererseits soziales Kapital in Form eines Vertrauensvorschusses interessierter Kunden und nahestehender Personen. Unternehmen scheitern, wenn dieses Kapital aufgezehrt wird, ohne dass ein ausreichender Nachschub an Ressourcen sichergestellt werden konnte.

Liability of adolescence

Ähnlich wie zuvor in der Gründungsphase (siehe Abb. 1.1) existieren **wachstumsrelevante Einflussfaktoren** auf mehreren Ebenen: Unternehmerperson, Unternehmensstrukturen und Umfeld (Welter 2006).

Kritische Wachstumsfaktoren

Auf der **Ebene der Unternehmerperson(en)** müssen unternehmerische Kompetenzen (in den Bereichen betriebswirtschaftlich-juristischer Kenntnisse, Führung, Strategie- und Visionsentwicklung, Kommunikation und Verhandlung, Organisation, Internationalisierung usw.) mit Fokus auf den speziellen Anforderungen der Wachstumsphase vorhanden sein. Allerdings genügen einschlägige **Kenntnisse und Erfahrungen** alleine nicht. Eine **Koppelung mit ausreichender Motivation zum Wachstum** ist erforderlich, damit zielgerichtet entsprechende Aktivitäten entfaltet werden (siehe Kap. 1.2). Die individuelle Motivation hängt wiederum mit Faktoren wie Ausbildung, Alter, Geschlecht, Einflüsse aus dem mikrosozialen Umfeld, persönlicher Work-Life-Balance, sowie dem Erkennen von Wachstumschancen und von als nützlich eingestuften Unterstützungsangeboten des Umfeldes zusammen.

Unternehmerische Kompetenzen

Auf **Ebene des Unternehmens** existieren ebenfalls eine Reihe von für das Unternehmenswachstum entscheidenden Faktoren. Wichtig ist die vorhandene **Ressourcenbasis** (hinsichtlich finanzieller Ausstattung, Mitarbeiterzahl und -kompetenzen, vorhandene [technische] Ausstattung, funktionierende Organisationsstrukturen und -abläufe etc.). Bisher realisierte Marktanteile, Marktaussichten, Zuverlässigkeit von Produkt und Lieferanten, Reputation bei Kunden und in der Öffentlichkeit erleichtern den **Zugang zu Krediten, Venture Capital** und zum **Arbeitsmarkt.** Einen weiteren wichtigen Engpass stellt die **Rekrutierung geeigneter Mitarbeiter** dar. Ein Ausbau des Unternehmens erfordert meist den Übergang von der Pionier- in die Differenzierungsphase (Glasl/Lievegoed 2004) und

Ressourcen des Unternehmens

damit **aufbau- und ablaufstrukturelle Veränderungen**. Die Schaffung von Organisationseinheiten, Einführung von Zwischenhierarchien, eindeutige Klärung von Aufgaben und Zuständigkeiten, Einführung von Planungs- und Kontrollsystemen stellen erhebliche Herausforderungen für die Leitungsebene dar, die oft die Beiziehung externer Beratungsexpertise erforderlich machen.

Umfeldfaktoren   Auch im Unternehmensumfeld können kritische Wachstumsfaktoren identifiziert werden. Im **Umfeld i.e.S.** ist das öffentlich geförderte **Unterstützungsangebot** (Trainings- und Beratungsprogramme, Informationsleistungen, Coaching, Förderungen, Haftungsübernahmen [siehe Kap. 7] speziell hinsichtlich Wachstumsförderung von KMU anzuführen, ebenso der **Zugang zu (in)formellem Beteiligungskapital** (siehe Kap. 5.3.) sowie der **Zugang zum Arbeitsmarkt** (regionale Verfügbarkeit von Personal mit den erforderlichen Kompetenzen, Arbeitsbewilligungen, Dauer von Such- und Rekrutierungsprozessen etc.).

Im **Umfeld i.w.S.** stellt die **wirtschaftliche Entwicklung** (allgemeine Konjunktur, Entwicklung der Kaufkraft, der Branche, der Nachfrage, Potenzial des Zielmarktes, potenzielle Marktsegmente) einen wichtigen Einflussfaktor dar. Auch die generelle gesellschaftliche Einstellung gegenüber Unternehmertum und Wirtschaftswachstum ist hier anzuführen (Abb. 1.1). Ob die genannten Faktoren eine Wirksamkeit entfalten, hängt entscheidend davon ab, dass sie von der Unternehmensleitung überhaupt wahrgenommen bzw. wie sie individuell interpretiert werden (siehe Kap. 1.2). Typische Wachstumsauslöser sind z.B. einschneidende Branchentransformationen aufgrund von Veränderungen der Technologie, der Gesetzeslage oder der Konsumentenpräferenzen – sofern diese wahrgenommen und als unternehmerische Opportunity eingeschätzt werden (siehe Kap. 2).

14.3 Unternehmenswachstum als Managementherausforderung

Die Verfolgung einer Wachstumsstrategie stellt eine Reihe von Herausforderung an das Management junger Unternehmen.

14.3.1 Ausbauabsichten erfordern eine weitere Finanzierungsrunde: Suche nach Beteiligungskapital

Die Finanzierung wird nicht nur von Gründern, sondern auch von wachstumsorientierten Unternehmern, die vor einer weiteren Finanzierungsrunde stehen, als Hauptproblem gesehen. Gerade bei technologieorientierten Unternehmen bilden ein überzeugendes und tragfähiges Geschäftsmodell, eine aussichtsreiche unternehmerische Gelegenheit und deren Ausarbeitung in einem fundierten Businessplan eine wichtige Grundlage für die Verwirklichung eines „Big-Money-Modells" (siehe Kap. 5.1). Auch für die anstehende Erweiterungsrunde müssen Finanzierungspartner, wie Venture Capitalists oder Business Angels, gesucht und von der Markttragfähigkeit und Rentabilität des Ausbauvorhabens überzeugt werden (siehe Kap. 5.3). Dafür bildet die Weiterführung und Überarbeitung des ursprünglichen Businessplanes eine wichtige Grundlage.

14.3.2 Mitarbeiterrekrutierung, -bindung und -entwicklung

In der Gründungsphase arbeiten Gründer(teams) oft ohne (fixe) Mitarbeiter und federn die Kapazitätsanforderungen durch eigenen Arbeitseinsatz ab. Aus Überlastung resultierende Probleme z.B. familiärer und gesundheitlicher Art und Fragen der Work-Life-Balance werden in der Aufbauphase oft verdrängt. Eine der wichtigsten Wachstumsvoraussetzungen ist deshalb die **Gewinnung und dauerhafte Bindung geeigneter Mitarbeiter.** Es ist eine Personalbedarfsplanung zu erstellen, um die für das geplante Wachstum benötigten Personen zum richtigen Zeitpunkt und mit den benötigten Kompetenzen verfügbar zu haben.

Mitarbeitergewinnung und -bindung

Damit stellt sich eine Reihe von zu lösenden Aufgaben:

Problemfelder

- Gerade technologieorientierte Unternehmen benötigen oft **spezielle Kompetenzen,** bei denen sie am Arbeitsmarkt in harter Konkurrenz mit größeren Unternehmen stehen. Auch die **kulturelle Passung** ist von entscheidender Bedeutung (Stichwort „Intrapreneurship"). Die Fähigkeit und Bereitschaft zum Umgang mit raschem Wandel und laufenden Veränderungen und zur Übernahme neuer Aufgabenbereiche, Teamfähigkeit und hoher Leistungswille stellen wichtige Anforderungen dar.

- Aufgrund der dünnen Personaldecke ist für Jungunternehmen eine **schnelle Integration in den Arbeitsprozess** wichtig. Einführungsmaßnahmen werden dabei durch die hohe Arbeitsbelastung der Stammbelegschaft erschwert.

- Gerade in kleinen Unternehmen ist es besonders notwendig, sicherzustellen, dass rekrutierte (hoch)qualifizierte Mitarbeiter das Unternehmen nicht wieder allzuschnell verlassen. **Fehlbesetzungen und Fluktuation** wirken sich aufgrund der dünnen Personaldecke sowie begrenzter Personalbudgets in Jungunternehmen weitaus schwerwiegender aus als in Großunternehmen.

- Bei der Ermittlung der Gehaltshöhe ist ein Vergleich mit der Konkurrenz anzustellen, es ist aber auch zu berücksichtigen, ob das Unternehmen den **erhöhten Personalaufwand** auch mittel- und langfristig durch eine entsprechend gesicherte **Auftragslage** tragen kann. Saisonale Schwankungen sind zu berücksichtigen. Deshalb sind hier auch Überlegungen hinsichtlich Make or Buy (Leiharbeit) anzustellen.

- Es sind Überlegungen zur **Kompetenzentwicklung des gesamten Teams** anzustellen (Analyse von Aufgaben und erforderlichen Kompetenzen, Einarbeitungspläne, Erstellung eines Personalentwicklungskonzeptes). Stellvertretungs- und Finanzierungsprobleme bei Besuch von inner- und überbetrieblichen Personalentwicklungsmaßnahmen stellen hier die Hauptprobleme dar.

- **Personalführungsagenden** (Einarbeitung, Mitarbeitergespräche, Delegation und Kontrolle, Teamführung) müss(t)en von der zeitlich hoch belasteten Unternehmensspitze verstärkt wahrgenommen werden. Insbesondere Personen mit technischem Hintergrund verfügen hier oft nicht über hinreichende Kompetenzen.

14.3.3 Teamentwicklung und Konfliktmanagement

Konflikte im **Gründungsteam** treten verstärkt dann auf, wenn zu Beginn der Zusammensetzung dieses Teams bzw. kontinuierlicher Begleitung des Teamprozesses zu wenig Aufmerksamkeit geschenkt wurde (siehe Kap. 1.5). Ziel- und Arbeitskonflikte werden in der Aufbauphase sowie bei anstehenden Wachstumsentscheidungen – mit ihren tiefgreifenden Konsequenzen hinsichtlich Arbeitsbelastung, Arbeits- und Führungsstil und finanziellem Risiko – sehr deutlich sichtbar. Durch die **Neuaufnahme von Mitarbeitern** ändern sich Teamstrukturen, Fragen der Aufgabendelegation und Mitarbeiterführung treten (erstmals) auf. Ggf. sind starke saisonale Schwankungen der Belegschaft mit entsprechender Fluktuation zu verkraften. Bei schnell wachsenden Unternehmen gilt es, schnell eine große Anzahl neuer Mitarbeiter zu integrieren. Diese **personellen und organisationalen Veränderungsprozesse**, oft gekoppelt mit Arbeits- und Zeitdruck und unklaren Zukunftsaussichten, können zu Unruhe im Unternehmen führen und erhöhen das **Konfliktpotenzial**. Als Beispiel sei die Integration neuer Mitarbeiter, die Aufgabenumverteilungen erfordert, genannt. Speziell bei Internationalisierung können Akkulturationsprobleme und Teamkonflikte auftreten. Dieses Konfliktpotenzial ist entweder unternehmensintern oder durch **Beiziehung externer Berater** (Organisationsentwicklungs- und Konfliktberatung, Mediation, Team-Coaching) zu lösen.

14.3.4 Beiziehung externer Beratungsexpertise

Suche, Auswahl, Zusammenarbeit

Im Zuge des Unternehmensausbaues ergeben sich eine Reihe von Problemstellungen, die die Beiziehung externer Beratungsexperten angezeigt erscheinen lassen. Typische Fachbereiche sind: Steuerberatung, Organisationsentwicklung, (Team)Coaching, Exportberatung, Verkaufsstrategie und Verhandlungsführung, Marketing. Bei der Gründungsvorbereitung konnten zahlreiche von der Gründungsinfrastruktur meist kostenlos angebotene Trainings-, Beratungs- und Informationsleistungen in Anspruch genommen werden (siehe Kap. 7). Nunmehr besteht für Unternehmen das Problem, aus einer Überfülle von Anbietern die jeweils geeigneten **auszuwählen** und mit diesen zielgerichtet zusammenzuarbeiten.

Finanzielle Belastung

Zudem sind – ausgenommen bei speziellen Wachstumsförderprogrammen – **Marktpreise** für Beratungsleistungen zu zahlen, was das Budget zusätzlich belastet.

Make or Buy

Zunehmend stellt sich auch die Frage, ob und welche Geschäftsprozesse an externe Fachleute ausgelagert werden sollen, oder m.a.W., auf welche Kernkompetenzen sich das Unternehmerteam fokussieren möchte (**Make-or-Buy**-Entscheidungsproblem, z.B. Auslagerung der Buchhaltung an Steuerberater, Leiharbeit, Einsatz von Handelsvertretern).

14.3.5 Unternehmenswachstum bedeutet Unternehmens-Entwicklung

Wachstumsförderliche Strategien

Bei der Entwicklung einer wachstumsförderlichen Strategie ist z.B. zu klären

● ob eine Vernetzung mit Unternehmen gleicher oder aufeinanderfolgender Produktionsstufen erfolgen soll (horizontale bzw. vertikale Kooperation),

- welche Innovationen hinsichtlich Produkt/Dienstleistung, Produktionsverfahren, Marktsegmenten, Vertriebskanälen vorgesehen sind,

- welche Kompetenzen seitens der Mitarbeiter dafür erforderlich sind.

Die Absicht zum Unternehmensausbau erfordert, sich mit Fragen der **Unternehmensentwicklung** auseinanderzusetzen.

- Spätestens in dieser Phase wird die **Einführung von Steuerungsinstrumentarien** (Aufbau eines Rechnungswesens, Controlling-Instrumente) erforderlich.

- **Aufbau- und Ablauforganisation** werden formalisiert, um Unklarheiten über Zuständigkeiten abzubauen (z.B. Einführung von Stellen- und Aufgabenbeschreibungen).

- **Kompetenzentwicklung** ist zu planen (Einführung von Mitarbeitergesprächen, Fördergespräche, Erstellung eines Kompetenzentwicklungskonzeptes für das Unternehmen).

- **Externe Kooperationen** gewinnen an Bedeutung und werden u.U. stärker formalisiert (Weiterbildungsverbund, gemeinsame Exportgesellschaften, Beitritt zu einem Cluster). Dies erfordert Netzwerkkompetenz und die Fähigkeit der Kooperation mit Unternehmen mit oft stark differierender Unternehmenskultur (z.B. großbetrieblich geprägte Kulturen, interkulturelle Kulturunterschiede).

- Eine Internationalisierung des Unternehmens macht die Entwicklung einer **Internationalisierungsstrategie** notwendig. Veränderungen in der Organisationsstruktur und der rechtzeitige Aufbau von Internationalisierungskompetenz im Unternehmen stellen hier wichtige Herausforderungen dar.

14.4 Weiterführende Literatur

Entrepreneurship-Lehrbücher mit ausführlicher Behandlung des Wachstumsmanagements von Jungunternehmen: *Dowling/Drumm* (2003), *Fueglistaller* et al. (2008), *Mugler* (2005), *De* (2005), *Hisrich* et al. (2005), *Volkmann/Tokarski* (2006), *Wickham* (2006), *Timmons/Spinelli* (2007), *Barringer/Ireland* (2008). Handbücher: *Barrow* et al. (2001), *Ganz* et al. (2005).

Forschungsergebnisse zu KMU-Wachstum: *Welter* (2006), *Davidson* et al. (2006).

Entwicklungsphasen von Unternehmen: *Glasl/Lievegoed* (2004); Unternehmenskultur in KMU: *Schein* (2003); Lebenszyklusorientierte Unternehmensführung in KMU: *Fueglistaller/Halter* (2006).

Gründungs- und Wachstumsfinanzierung: *Kofler/Polster-Grüll* (2002), *Grabherr* (2002) *Börner/Grichnik* (2006).

Kompetenzentwicklung in KMU: *Stiefel* (2006), *Kailer/Heyse* (2007); Studien, Checklisten und Cases of good practice: Projekt „Betriebliche Kompetenzentwicklung in Klein- und Jungunternehmen" (WK OÖ & IUG): *www.iug.jku.at, www.ooe.wifi.at/uak, www.netzwerk-hr.at.*

Human Ressource-Netzwerke mit KMU-Bezug: Staatspreis für betriebliche Weiterbildung und österreichweites HR-Netzwerk: *www.knewledge.at;* HR-Netzwerk OÖ: *www.netzwerk-hr.at.*

Team: *Birley/Stock*ley (2000), *Lechler/Gemünden* (2003), *Shane* (2003).

Intrapreneurship: *Wunderer/Bruch* (2000), *Frank* et al. (2006).

Standardwerk zu Konfliktmanagement: *Glasl* (2004).

Unternehmensberatung: *Schein* (2000); Instrumente der Entwicklungsberatung: *Glasl* et al. (2005); Forschungsergebnisse zu Beratung von KMU: *Kailer/Walger* (2000).

Unternehmenskooperationen: *Rößl* (2006); Netzwerke: *Corsten* (2000), *Lechner* (2003), *Schmude* (2003), Fallstudien mit Jungunternehmen: *Reiß* (2000); Lernende Region: *Scheff* (1999).

Globalisierung und KMU: *Chell* (2003); mit Fokus auf neue EU-Mitglieder in Mittel- und Osteuropa: *Kailer/Pernsteiner* (2006); Internationalisierungskompetenz und Lernkultur in KMU: *Kailer/Falter* (2005); Handbuch zur Internationalisierung: *Krystek/Zur* (2001).

14.5 Blick in die Praxis von G. Wiesauer: Underground_8

Günther Wiesauer
Gründer und Geschäftsführer von „Underground_8", Linz
www.underground8.com

Der Businessplan bei Underground_8

Der Businessplan ist für unser Unternehmen ein wertvolles und lebendiges Instrument. Er wird laufend überarbeitet und angepasst. Die Gründung eines Einpersonen-Unternehmens kann zur Not auch ohne Businessplan erfolgen. Ab einer gewissen Größe, insbesondere bei großem Kapitalbedarf, ist dies allerdings unvorstellbar, so wie ein verantwortungsvoller Kapitän niemals ohne Karte auf das offene Meer segeln würde. Der Businessplan wird bei uns verwendet, um daraus das Budget abzuleiten, inklusive Budgetkontrolle. Wichtig ist er auch für die Vorlage bei Investoren. Hier ist der jeweils aktuelle Businessplan Basis und Argumentationsgrundlage für die Gespräche. Diese Aufgabe hat auch der in diesem Buch enthaltene Businessplan erfolgreich erfüllt.

Managementherausforderungen im Zuge des Wachstums

Organisatorische Änderungen Im Zuge des Wachstums des Unternehmens war es unbedingt notwendig, auf zwei Ebenen neue Strukturen zu schaffen. Zum einen im Bereich der Geschäftsführung, zum anderen auf der Ebene des Gesamtunternehmens. Im Rahmen einer Klausur legten wir die *zukünftige Gesamtstrategie* für das Unternehmen fest, um daraus die *Aufgabenverteilung der einzelnen Geschäftsführer* abzuleiten. Damit wurde vermieden, dass weiterhin, salopp formuliert, jeder für alles zuständig ist und jeder alles macht.

Ab einer gewissen Unternehmensgröße wurde ebenfalls eine Umstrukturierung des Unternehmens unumgänglich. Underground_8 besteht nun aus sieben Abteilungen. Diese werden von *Team-Leadern* geleitet, in deren Aufgabenbereich auch das Benchmarking fällt. Dieses erfolgt über Wochenberichte, die jeder Mitarbeiter an den Teamleader abliefert. Die Ergebnisse dieser Berichte werden aufbereitet und an die Geschäftsführung übermittelt, sodass diese aktuell und kompakt über den Status im Unternehmen informiert ist. Im Zuge des Unternehmenswachstums und angesichts zahlreicher neuer Mitarbeiter musste auch eine Art „Hausordnung" etabliert werden, die bis hin zur Benutzung der Kaffeemaschine reicht.

Neugestaltung des Vertriebs

Wir mussten im Laufe unserer Tätigkeit erkennen, dass Vertrieb nicht gleich Vertrieb ist. Dieser wurde deshalb in die Bereiche „Neukundenakquisition" und „Kundenbetreuung" gegliedert. Jeder der beiden Bereiche benötigt einen anderen Typ von Vertriebsmitarbeiter. Das ist eine Lernerfahrung, die sich jetzt auch in den neueren Versionen unseres Businessplanes widerspiegelt.

Ausweitung der Geschäftsführung

Finanzierungsrunden mit Venture-Capital-Gesellschaften und Banken sowie ständig steigende Mitarbeiterzahlen haben gezeigt, dass das vorhandene Know-how nicht ausreicht, um diese Aufgaben qualifiziert zu lösen. Es wurde deshalb eine dezidierte Position für Finanzierung und Controlling, ein CFO, geschaffen. Dafür wurde ein externer Experte eingestellt und am Unternehmen beteiligt. Dessen Aufgabe ist es nun, unter anderem die finanziellen Aspekte des Businessplans zu verfassen, die Verhandlungen mit Investoren vorzubereiten und mitzugestalten. In diesem kritischen Bereich ist Expertenwissen für eine erfolgreiche finanzielle Performance des Unternehmens absolut notwendig.

Mitarbeiterrekrutierung

Hier gab es zwei Probleme: Es herrschte ein Mangel an Mitarbeitern, die einerseits qualifiziert waren, sich andererseits aber auch sozial gut in das Team einfügen sollten. Dank einer sehr guten Mundpropaganda für den Arbeitgeber Underground_8 und geeigneter Rekrutierungsmethoden (in erster Linie Online-Jobportale und Inserate in Informatik-Fachzeitschriften) zählen Rekrutierungsprobleme mittlerweile zur Vergangenheit.

Kapitalbeschaffung

Durch eine risikoaverse Einstellung von österreichischen Banken erweist sich die Aufbringung von Fremdkapital in Österreich als sehr schwierig. Dies stellt ein erhebliches Hindernis für Start-ups dar. Als Ausgleich dafür wurde Underground_8 bei der Gründung durch eine sehr hilfreiche und gut ausgebaute Förderungslandschaft unterstützt, die einen großen Beitrag leistete.

Einrichtung eines Advisory Boards

Um externes Wissen und Kompetenz in Underground_8 einzubringen, wurde ein Advisory Board mit Vertretern aus Wissenschaft, Business, Private Equity und Fördereinrichtungen zusammengestellt. Die Mitglieder besprechen quartalsweise den aktuellen Stand, Erfolge und Probleme von Underground_8. Dieser Input des Advisory Boards erwies sich für Underground_8 als sehr wertvoll.

Standort Nicht nur durch seine Nähe zu Deutschland und zur Tschechischen Republik ist Linz ein optimaler Standort. Auch die Dynamik des oberösterreichischen Wirtschaftsraums machte Linz für Underground_8 zur ersten Wahl in Österreich. Um einerseits in einem der größten Märkte Europas direkt vertreten zu sein und andererseits um zollrechtliche Bestimmungen und Hindernisse zu reduzieren, wurden weitere Stützpunkte von Underground_8 in Deutschland und in der Schweiz eröffnet.

Literaturverzeichnis

Achleitner, A.-K./Engel, R.: Der Markt für Inkubatoren in Deutschland. European Business School. Oestrich-Winkel, 2001.

Achleitner, A.-K./Kaserer, C./Jarchow, S./Wilson, K.: Entrepreneurship-Ausbildung im deutschsprachigen Europa. In: Finanz Betrieb, Heft 4/2007, S. 265–272.

Apfelthaler, G./Schmalzer, T./Schneider, U./Wenzel, R.: Global Entrepreneurship Monitor – Bericht 2007 zur Lage des Unternehmertums in Österreich. FH Joanneum/Universität Graz (Hrsg.). Graz 2008 (Download: www.gemconsortium.com/download)

Ardichvili, A./Cardozo, R./Ray, S.: A theory of entrepreneurial opportunity identification and development. In: Journal of Business Venturing, 18 (2003), pp. 105–123.

Atzlesberger, G.: Gründungsförderungen in Österreich. Diplomarbeit JKU. Linz 2004.

Bachmann, S./Baumgartner, G./Feik, R./Giese, K.J./Jahnel, D./Lienbacher, G. (Hrsg.): Besonderes Verwaltungsrecht. Springer. Wien und New York 2007 (5. überarb. Aufl.).

Bandura, A.: Self-Efficacy mechanisms in human agency. In: American Psychologist, 37, 1982, pp. 122–147.

Barney, J.: Gaining and Sustaining Competitive Advantage. Prentice Hall. New York. 2006 (3rd ed.).

Barringer, B./Ireland, D.: Entrepreneurship – Successfully Launching New Ventures. Pearson Prentice Hall. Upper Saddle River (N.J.) 2008 (2nd ed.).

Barrow, C./Barrow, P./Brown, R.: The Business Plan Workbook. Kogan Page. London 2001.

Barrow, C./Brown, R./Clarke, L.: The Business Enterprise Handbook. Kogan Page. London 2001.

Barrow, C.: Incubators. A realist's guide to the worlds new business accelerators. Wiley. Chichester 2001.

Beck, J.: Patent- und Markenstrategie für Unternehmensgründer, in: *Dowling, M./Drumm, H. J. (Hrsg.):* Gründungsmanagement. Springer. Berlin u.a. 2003 (2. Aufl.), S. 261–390.

Berekoven, L./Eckert, W./Ellenrieder, P.: Marktforschung – Methodische Grundlagen und praktische Anwendung. Gabler. München 2006 (10. Aufl.).

Bertl, R./Djanani, C./Eberhartinger, E./Kofler, H./Tumpel, M. (Hrsg.): Handbuch der österreichischen Steuerlehre, Bd. I – Bd. V. LexisNexis ARD ORAC. Wien 2004-2006.

Bertl, R/Eberhartinger, E./Egger, A. (Hrsg.): Eigenkapital – Finanzierung, Basel II, Bilanzierung, Besteuerung, Reporting. Linde. Wien 2005.

Birley, S./Stockley, S.: Entrepreneurial Teams and Venture Growth. In: *Sexton, D. L/Landstrom, H. (eds.):* The Blackwell Handbook of Entrepreneurship. Blackwell. Oxford, UK: Blackwell Publishing, Oxford 2000, pp. 107-127.

Berger, M.: Effiziente Konzeption von Produktinnovationen – Innovationsprobleme und adäquate Methoden. Shaker. Aachen 1998.

Böhm, M.: Wie man mit schmalem Budget erfolgreich wirbt. Cornelsen. Berlin 2004.

Börner, C./Grichnik, D.(Hrsg.): Entrepreneurial Finance. Kompendium der Gründungs- und Wachstumsfinanzierung. Physica. Heidelberg 2005.

Bremberger, W.: Das Dienstleistungsspektrum der Wirtschaftskammer OÖ gegenüber der mittelständischen Wirtschaft. In: *Schauer, R./Kailer, N./Feldbauer-Durstmüller, B. (Hrsg.)*: Mittelständische Unternehmen – Probleme der Unternehmensnachfolge. Trauner. Linz 2005, S. 427–443.

Bremberger, W., Klimitsch, M.: Die Gründungsberatung in der Wirtschaftskammer Oberösterreich. In: *Kailer, N./Walger, G. (Hrsg.)*: Perspektiven der Unternehmensberatung für kleine und mittlere Betriebe. Linde. Wien 2000.

Brunnthaller, M./Wührer, G.: Marketing und Netzwerke – Anmerkungen zur Netzwerkkomponente von Unternehmen im oberösterreichischen Technologiecluster. In: *Feldbauer-Durstmüller, B./Schwarz, R./Wimmer, B. (Hrsg.)*: Handbuch Controlling und Consulting. Linde. Wien 2005, S. 123–143.

Casson, M.: The Entrepreneur. Martin Robertson. Oxford 1982.

Chell, E.: Entrepreneurship: Globalization, Innovation and Development. Thomson Learning. London 2001.

Corsten, H.: Unternehmungsnetzwerke. Oldenbourg. München und Wien 2001.

Corsten, H.: Dimensionen der Unternehmensgründung – Erfolgsaspekte der Selbständigkeit. Schmidt. Berlin 2002.

Davidson, P./Achtenhagen, L./Naldi, L.: What Do We Know About Small Firm Growth? In: *Parker, S. (ed.)*: The Life Cycle of Entrepreneurial Ventures. Springer. New York 2006, pp. 361–400.

De, D.: Entrepreneurship – Gründung und Wachstum von kleinen und mittleren Unternehmen. Pearson Studium. München 2005.

Deakins, D./Freel, M., Entrepreneurship and small firms, McGraw-Hill Education. Berkshire. 2003 (3rd ed.).

Dehn, W./Krejci, H. (Hrsg.): Das neue UBG. SWK-Spezial. 82. Jg., April 2007. Linde. Wien 2007 (2. akt. Auflage).

Delmar, F., The psychology of the entrepreneur. In: *Carter, S./Jones-Evans, D. (eds.)*: Enterprise and small Business – Principles, Practice and Policy. FT Prentice. Essex 2002, pp. 132–154.

Deloitte (Hrsg.), Basel II – Handbuch zur praktischen Umsetzung des neuen Bankenaufsichtsrechts. Berlin 2005

Denk, C./Feldbauer-Durstmüller, M./Mitter, C./Wolfsgruber, H. (Hrsg.): Externe Unternehmensrechnung – Handbuch für Studium und Bilanzierungspraxis. Linde. Wien 2007 (3. Aufl.)

Dittrich R.: Österreichisches und internationales Urheberrecht. Manz. Wien 2006 (5. Aufl.).

Donnenberg, O. (Hrsg.): Action Learning. Klett Cotta. Stuttgart 1999.

Doralt, W./Ruppe, H.G., Grundriss des österreichischen Steuerrechts – Band 1. Manz. Wien 2003 (8. Aufl.).

Doralt, W./Ruppe, H.G., Grundriss des österreichischen Steuerrechts – Band 2. Manz. Wien 2006 (4. Aufl.).

Dowling, M./Drumm, H.-J. (Hrsg.): Gründungsmanagement. Springer. Berlin u.a. 2003 (2. Aufl.).

Drucker, P.: Innovation and entrepreneurship. Harper & Row. New York 1985.

Eckstaller, C./Huber-Jahn, I.: Private Equity und Venture Capital. Begriff – Grundlagen – Perspektiven. Wissenschaft und Praxis. Sternenfels 2006.

Egger, A. /Winterheller, M.: Kurzfristige Unternehmensplanung. Budgetierung. Linde. Wien 2007 (14. Aufl.).

Egger, A./Samer, H./Bertl, R.: Der Jahresabschluss nach dem Unternehmensgesetzbuch, Band I – Der Einzelabschluss – Erstellung und Analyse. Linde. Wien 2006 (10. Aufl.).

Eschenbach, R./Eschenbach, S./Kunesch, H.: Strategische Konzepte. Ideen und Instrumente von Igor Ansoff bis Hans Ulrich. Schäffer-Poeschel. Stuttgart. 2008 (5. überarb. Aufl.).

European Commission, Directorate-General for Enterprise and Industry (ed.) (2008): Entrepreneurship in higher education, especially within non-business studies. Final Report of the Expert Group. Bruxelles.

Fallgatter, M.: Theorie des Entrepreneurship. Deutscher Universitäts-Verlag. Wiesbaden 2002.

Faltin, G./Ripsas, S./Zimmer, J. (Hrsg.): Entrepreneurship – Wie aus Ideen Unternehmen werden. Beck. München 1998.

Fayolle, A.: Le métier de créateur d'entreprise. Éditions d'Organisation. Paris 2003.

Feldbauer-Durstmüller, B./Schwarz, R./Wimmer, B. (Hrsg.): Handbuch Controlling und Consulting. Linde. Wien 2005.

Filzmoser, F.: Gewerbliches Berufsrecht nach der GewO-Novelle 2002. Linde. Wien 2003.

Fink, M. /Kraus, S. /Almer-Jarz, D. (Hrsg.): Sozialwissenschaftliche Aspekte des Gründungsmanagements – Die Entstehung und Entwicklung junger Unternehmen im gesellschaftlichen Kontext. ibidem Verlag. Hannover/Stuttgart 2007.

Feik, R., Gewerberecht, in: *Bachmann, S./Baumgartner, G./Feik, R./Giese, K.J./Jahnel, D./ Lienbacher, G. (Hrsg.):* Besonderes Verwaltungsrecht. Springer. Wien und New York 2007 (5. überarb. Aufl.), S. 151–187.

Frank, H. (Hrsg.): Corporate Entrepreneurship. Fakultas WUV. Wien 2006.

Frank, H./Korunka, C./Lueger, M.: Entrepreneurial Spirit: Unternehmerische Orientierung und Gründungsneigung von Studierenden. Fakultas WUV. Wien 2002.

Frank, H./Lueger, M./Korunka, C.: The significance of personality in business start-up intentions, start-up realization and business success. In: Entrepreneurship & Regional Development, 19, May 2007, pp. 227–251.

Franke, N./Gruber, M./Henkel, J./Hoisl, K.: Die Bewertung von Gründerteams durch Venture-Capital-Geber, in: Die Betriebswirtschaft (DBW), 64, 2004/6, S. 651–670.

Fritz, C.: Gesellschafts- und Unternehmensformen. Linde. Wien 2007 (3. Aufl.).

Freudenmann, H.: Planung neuer Produkte. Stuttgart 1965.

Fritz, G./Stefan, G.: Unternehmerhandbuch 2007. KGV. Brunn a. G. 2007.

Fueglistaller, U.: Charakteristik und Entwicklung von Klein- und Mittelunternehmen (KMU), Schweizerisches Institut für Klein- und Mittelunternehmen an der Universität St. Gallen (Hrsg.). KMU HSG. St. Gallen 2008 (2. Aufl.).

Fueglistaller, U./Litzka, B.: Kultur – Strategie – Struktur, Eine Nasenlänge Voraus dank Innovation, Tagungsdokumentation. Lenzerheide/Schweiz. 12.5.2006.

Fueglistaller, U./Halter, F.: Führen – Gestalten – Leben: KMU in Bewegung – Eine Auseinandersetzung mit lebenszyklusorientierter Unternehmensführung. Schweizerisches Institut für Klein- und Mittelunternehmen an der Universität St. Gallen (Hrsg.). KMU HSG. St. Gallen 2006.

Fueglistaller, U./Müller, C./Volery, T.: Entrepreneurship: Modelle – Umsetzung – Perspektiven. Mit Fallbeispielen aus Deutschland, Österreich und der Schweiz. Gabler. Wiesbaden 2004.

Gaedke, G./Sonnleitner, Ch.: Umsatzsteuerbasiswissen für das Rechnungswesen – Grundlagen und Praxisbeispiele. dbv. Graz 2004.

Ganz, W./Meiren, T./Woywode, M. (Hrsg.): Schnelles Unternehmenswachstum: Personal – Innovation – Kunden. Kohlhammer. Stuttgart 2005.

Geymayer, R./Tröthan, N.: Die optimale Rechtsform. Unternehmensgründung nach dem UGB. Orac. Wien 2006.

Gibb, A.: Towards the Entrepreneurial University: Entrepreneurship Education as a lever for change. National Council for Graduate Entrepreneurship Policy Paper 3. Birmingham 2005.

Glasl, F.: Konfliktmanagement. Haupt und Freies Geistesleben. Bern und Stuttgart 2004 (8. bearb. Aufl.).

Glasl, F./Kalcher, T./Piber, H. (Hrsg.): Professionelle Prozessberatung. Haupt und Freies Geistesleben. Bern u.a. 2005.

Glasl F./Lievegoed, B.: Dynamische Unternehmensentwicklung – Wie Pionierbetriebe und Bürokratien zu Schlanken Unternehmen werden. Haupt und Freies Geistesleben. Bern und Stuttgart 2004 (3. erw. Aufl.).

Grant, R.: Contemporary Strategy Analysis. Blackwell. Malden 2007 (6th ed.).

Grabherr, O.: Risikokapitalinstrumente im unternehmerischen Wachstumszyklus. In: *Stadler, W. (Hrsg.)*: Venture Capital und Private Equity. Deutscher Wirtschaftsdienst. Köln 2001, S. 29–42.

Grabherr, O.: Finanzierung mit Private Equity und Venture Capital – Investitionsphasen und -situationen für den Einsatz von Risikokapital: Start up, Early Stage, Later Stage, Buy Out, Public to Private. In: *Kofler, G./Polster-Grüll, B. (Hrsg.):* Private Equity und Venture Capital. Linde. Wien 2003, S. 219–264.

Grabherr, R.: Investor´s Fit – Wie finden Sie zum richtigen Kapitalgeber? In: *Stadler, W. (Hrsg.)*: Venture Capital und Private Equity. Deutscher Wirtschaftsdienst. Köln 2001, S. 225–238.

Grohmann-Steiger, C./Schneider, W./Eberhartinger, E.: Einführung in die Buchhaltung im Selbststudium, Band I – Informationsteil. Facultas WUV. Wien 2006 (17. Aufl.).

Grabler, H./Stolzlechner, H./Wendl, H.: Kommentar zur Gewerbeordnung. Springer. Wien und New York 2003 (2. Aufl.).

Guserl, R./Pernsteiner, H. (Hrsg.): Handbuch Finanzmanagement in der Praxis. Gabler. Wiesbaden 2004.

Gutschelhofer, A./Weiss, G.: Ansätze zum Gründungscontrolling. In: *Feldbauer-Durstmüller, B./Schwarz, R./Wimmer, B. (Hrsg.):* Handbuch Controlling und Consulting. Linde. Wien 2005, S. 237–264.

Harrison, R./Leitch, C.: Entrepreneurial Learning: Researching the Interface between Learning and the Entrepreneurial Context. In: Entrepreneurship in Theory and Practice, 29(4), 2005, pp. 351–369.

Heyse, V./Kailer, N.: Kompetenzentwicklung und -management in kleinen und mittleren Unternehmen. In: *Heyse, V./Erpenbeck, J. (Hrsg.):* Kompetenzmanagement. Waxmann. Münster 2007, S. 241–250.

Hinterhuber, H../Matzler, K./Pechlaner, H.: Lebenszyklen der Unternehmensneugründung – Vom strategischen Management zum Leadership. Fallbeispiel der Firma Dr. Schär GmbH. In*: Frank, H./Klandt, H. (Hrsg.):* Fallstudien zum Gründungsmanagement, Vahlen. München 2002, S. 155–172.

Hippel, E. von: The sources of innovation, Oxford University Press. New York 1994 (Reprint).

Hilber, K., Rechte und Pflichten gegenüber dem Finanzamt. LexisNexis ARD ORAC. Wien 2000.

Hills, G./Hultman, C.: Entrepreneurial Marketing. In: *Lagrosen, S./Svensson, G. (eds.):* From Marketing – Broadening the Horizons. Studentlitteratur. Lund 2006, pp. 219–233.

Hisrich, R./Peters, M./Sheperd, D.: Entrepreneurship. McGraw Hill. New York 2005 (7th ed.).

Hofert S.: Existenzgründung im Team. Eichborn. Frankfurt am Main 2006.

Hörmann, F./Haslinger, St./Hirschler, K: Unternehmensbesteuerung anhand von Fallbeispielen. Ueberreuter Redline Wirtschaft. Wien 2002.

Janeba-Hirtl, E./Höbart, J.: Idealtypischer Ablauf einer Venture Capital Finanzierung. In: *Kofler, G./Polster-Grüll, B. (Hrsg.):* Private Equity und Venture Capital. Linde. Wien 2003, S. 125–158.

Jud, T.: Private Equity und Venture Capital und seine Entwicklung in Österreich: In: *Kofler, G./Polster-Grüll, B. (Hrsg.):* Private Equity und Venture Capital. Linde. Wien 2003, S. 25–48.

Kailer, N.: Existenzgründung: Die Rolle von Gründungsberatung und -training. In: Internationales Gewerbearchiv, Heft 2/2001, S. 105–119.

Kailer, N.: Wie lernen GründerInnen und JungunternehmerInnen (und was lernen ihre Helfer daraus)? – Förderung des Gründungs- und Übernahmeerfolges durch Abbau der „gaps" zwischen Bedarfslage der Nachfrager und Angebotsgestaltung durch unterstützende Stellen. In: *Fueglistaller, U./Pleitner H.-J./Volery, T./Weber W. (Hrsg.):* „Umbruch der Welt – KMU vor Höhenflug oder Absturz", Rencontres de St. Gall 2002. KMU-HSG. St. Gallen 2002, S. 203–214.

Kailer, N.: Konzeptualisierung der Entrepreneurship Education an Hochschulen: Empirische Ergebnisse, Problemfelder und Gestaltungsansätze. In: Zeitschrift für KMU und Entrepreneurship (ZfKE), 53. Jg., Heft 3 (2005), S. 165–184.

Kailer, N.: Gründungspotenzial und –aktivitäten von Studierenden an österreichischen Hochschulen – Austrian Survey on Collegiate Entrepreneurship. IUG-Arbeitsbericht 2007/3. Linz 2007.

Kailer, N./Falter, C.: Auswirkungen der Globalisierung auf Lernkultur und Kompetenzentwicklung in kleinen und mittleren Unternehmen. QUEM-Materialien Nr. 66. Arbeitsgemeinschaft Betriebliche Weiterbildungsforschung (Hrsg.). Berlin 2006 (www.abwf.de).

Kailer, N./Neubauer, H.: Entrepreneurship Education an Hochschulen: Empirische Erkenntnisse, Designansätze und Implementierungsvorschläge. In: Frank, H./Neubauer, H./Rößl, D. (Hrsg.): Beiträge zur Betriebswirtschaftslehre der Klein- und Mittelbetriebe. In: Zeitschrift für KMU und Entrepreneurship (ZfKE), Sonderheft 7 (2008), S. 57–74.

Kailer, N./Stockinger, A.: JungunternehmerInnen in Oberösterreich – Gründungsplanung, Kompetenzentwicklung, Kooperation mit Externen und Standortüberlegungen. IUG-Arbeitsbericht 2007/1. Linz 2007(a).

Kailer, N./Stockinger, A.: Betriebliche Kompetenzentwicklung in Kleinbetrieben. Ergebnisse einer Unternehmensbefragung in Oberösterreich. IUG-Arbeitsbericht 2007/2. Linz 2007(b).

Kailer, N./Pernsteiner, H. (Hrsg.): Wachstumsmanagement für Klein- und Mittelbetriebe. Erich Schmidt. Berlin 2006.

Kailer, N./Walger, G.: Perspektiven der Unternehmensberatung für kleine und mittlere Betriebe. Linde Wien 2000.

Kalss, S./Nowotny, C.: Kommentar zum GmbH-Gesetz. Springer. Wien-New York. 2007.

Karollus, M./Huemer, D./Harrer, M.: Casebook Handels- und Gesellschaftsrecht. Facultas WUV. 2. Auflage, Wien 2008

Kirzner, I.: Wettbewerb und Unternehmertum. Mohr. Tübingen 1978.

Klandt, H.: Gründungsmanagement: Der Integrierte Unternehmensplan, Oldenbourg. München und Wien 2006 (2. Aufl.).

Klandt, H./Hakansson, P.-O./Motte, F.: Vademecum für Unternehmensgründer, Business Angels und Netzwerke. Books on Demand GmbH. Norderstedt 2002.

Klandt, H./Koch, L./Knaup, U.: FGF Report Entrepreneurship-Professuren 2004. Förderkreis Gründungsforschung e.V. Bonn 2004.

Krystek, U./Zur, E. (Hrsg.): Handbuch Internationalisierung. Springer. Berlin 2001 (2. bearb. Aufl.).

Koch, L./Zacharias, C.: Gründungsmanagement. Oldenbourg. München Wien 2001.

Kofler, G./Polster-Grüll, B. (Hrsg.): Private Equity und Venture Capital – Finanzwirtschaftliche, steuerliche und rechtliche Aspekte der Finanzierung mit Risikokapital. Linde. Wien 2003.

Kolb, D.: Experiential Learning – Experience as the Source of Learning and Development. Prentice Hall. Upper Saddle River (N.J.) 1984.

Kotler, P./Keller, K.-L./Bliemel, F.: Marketing-Management. Strategien für wertschaffendes Handeln. Pearson Studium. München u.a. 2007 (12. Aufl.).

Krejci, H., Gesellschaftsrecht Band I. Manz. Wien 2005.

Krejci, H., Gesellschaftsrecht Band II. Manz. Wien 2006.

Kucsko, G.: Roadmap Geistiges Eigentum. Manz. Wien 2004.

Kucsko, G.: marken.schutz. Manz. Wien 2006.

Lang-von Wins, T.: Der Unternehmer – Arbeits- und organisationspsychologische Grundlagen. Springer. Berlin u.a. 2004.

Lechler, T./Gemünden, H.: Gründerteams – Chancen und Risiken für den Unternehmenserfolg. Physica/Deutsche Ausgleichsbank. Heidelberg 2003.

Lechner, C.: Unternehmensnetzwerke – Wachstumsfaktor für Gründer. In: *Dowling, M./ Drumm, H.-J. (Hrsg.)*: Gründungsmanagement. Springer. Berlin u.a. 2003 (2. Aufl.), S. 305–316.

Lechner, K./Egger, A./Schauer, R.: Einführung in die Allgemeine Betriebswirtschaftslehre. Linde. Wien 2006 (23. Aufl.).

Leitl, B.: Förderungen von Klein- und Mittelunternehmen. In: *Schauer, R./Kailer, N./Feldbauer-Durstmüller, B. (Hrsg.):* Mittelständische Unternehmen – Probleme der Unternehmensnachfolge. Trauner. Linz 2005, S. 351–380.

Longenecker, J./Moore, C./Petty, J.: Small Business Management – An Entrepreneurial Emphasis. South Western College (International Thomson). Cincinatti 2005 (13th ed.).

Lombriser, R./Abplanalp, A.: Strategisches Management. Versus. Zürich 2005 (4. Aufl.).

Lumpkin, G./Liechtenstein, B.: The Role of Organizational Learning in the Opportunity-Recognition Process. In: Entrepreneurship in Theory and Practice, 29 (4) 2005, pp. 451–472.

Madl, P./Anderl, A.: ABC der Geschäftsgründung. Linde. Wien 2003.

McClelland, D. C.: The achieving society. Van Nostrand. Princeton (N.J.), 1961.

McKinsey & Company (Hrsg.), Planen, gründen, wachsen. Mit dem professionellen Businessplan zum Erfolg. Ueberreuter Redline Wirtschaft. Wien 2007 (4. erw. Auflage).

Meffert, H.: Marketing: Grundlagen marktorientierter Unternehmensführung. Konzepte, Instrumente, Praxisbeispiele. Gabler. Wiesbaden 2007 (10. Aufl.).

Meffert, H./Bruhn, M.: Dienstleistungsmarketing. Grundlagen – Konzepte – Methoden. Mit Fallstudien. Gabler. München 2006 (5. überarb. und erw. Aufl.).

Meyer, J.-A.: Bekanntheit und Einsatz von Innovationsmethoden in jungen KMU. In: *Pleitner, H.-J./Weber, W. (Hrsg.):* Die KMU im 21. Jahrhundert: Impulse, Aussichten, Konzepte. KMU-HSG. St. Gallen 2000, S. 155-168.

Mintzberg, H /Ahlstrand, B./Lampel, J., Strategy Safari – Eine Reise durch die Wildnis des strategischen Managements. Redline Wirtschaft. Heidelberg 2007

Moser, K./Batinic, B./Zempel, J. (Hrsg.): Unternehmerisch erfolgreiches Handeln. Verlag für Angewandte Psychologie. Göttingen 1999, S. 173–192.

Mücke, T.: Prozessbezogene Analyse von High-Tech Inkubatororganisationen entlang der Wertekette. Diplomarbeit JKU. Linz 2003.

Mücke, T./Rami, U.: Soziales Kapital und Nutzung von Netzwerkstrukturen durch Unternehmerinnen – eine empirische Analyse. In: *Fink, M. /Kraus, S. /Almer-Jarz, D. (Hrsg.)*: Sozialwissenschaftliche Aspekte des Gründungsmanagements – Die Entstehung und Entwicklung junger Unternehmen im gesellschaftlichen Kontext. ibidem Verlag: Hannover/ Stuttgart 2007, S. 139–162.

Müller, G.: Dispositionelle und biographische Bedingungen beruflicher Selbständigkeit. In: *Moser, K./Batinic, B./Zempel, J. (Hrsg.):* Unternehmerisch erfolgreiches Handeln. Verlag für Angewandte Psychologie. Göttingen 1999, S. 173–192.

Müller, W.: Sozialversicherung von A– Z. Linde. Wien 2005 (3. Auflage).

Mugler, J.: Grundlagen der BWL der Klein- und Mittelbetriebe. Facultas. Wien 2005.

Mugler, J./Fath, C.: Added Values durch Business Angels, in: Zeitschrift für KMU und Entrepreneurship (ZfKE), 53. Jg., Heft 4/2005, S. 272–295.

Mullins, J.: The New Business Road Test. FT Prentice Hall. Harlow 2003.

Nathusius, K.: Grundlagen der Gründungsfinanzierung. Gabler. Wiesbaden 2001.

Neck, P.: Entrepreneurship: A Discipline with Problems of Definition and Measurement. In: *Brauchlin, E./Pichler, H.-J.* (Hrsg.): Unternehmer und Unternehmerperspektiven für Klein- und Mittelunternehmen. Duncker & Humblot. Berlin und St. Gallen 2000, 151–162.

Neubauer, H.: Unterstützungsdienste und Unterstützungsleistungen im Rahmen des Gründungsprozesses – empirische Auseinandersetzung mit ihren Determinanten. In: *Fueglistaller, U./Pleitner, H.J./Volery, T./Weber, W., (Hrsg.):* Umbruch der Welt – KMU vor Höhenflug oder Absturz. KMU-HSG. St. Gallen 2002, S. 223–234.

Nonaka, I./Takeuchi, H.: Die Organisation des Wissens. Campus. Frankfurt/Main und New York 1997.

Parker, S. (ed.): The Life Cycle of Entrepreneurial Ventures. International Handbook Series on Entrepreneurship Vol. 3. *Acs, Z./Audretsch, D. (eds.).* Springer. New York 2006.

Pearce, R./Barnes, S.: Raising Venture Capital. Wiley. Chichester (West Sussex) 2006.

Peneder, M./Schwarz, G./Jud, T.: Endbericht: Der Einfluss von Private Equity (PE) und Venture Capital (VC) auf Wachstum und Innovationsleistung österreichischer Unternehmen. Studie im Auftrag des Bundesministeriums für Wirtschaft und Arbeit. Wien 2006.

Pernsteiner, H.: Förderung der Unternehmensgründung: Eine grundsätzliche finanzwirtschaftliche Erörterung. In: *Kailer, N./Pernsteiner, H./Schauer, R. (Hrsg.):* Initiativen zur Unternehmensgründung und -entwicklung. Linde. Wien 2000, S. 39–56.

Pernsteiner, H. (Hrsg.): Finanzmanagement aktuell. Linde. Wien (erscheint 2008).

Pernsteiner, H./Andeßner, R.: Finanzmanagement kompakt. Linde. Wien 2007 (2. Aufl.).

Perridon, L./Steiner, M.: Finanzwirtschaft der Unternehmung. Vahlen. München 2002 (11. überarb. Aufl.).

Pfohl, H.-C. (Hrsg.): Betriebswirtschaftslehre der Mittel- und Kleinbetriebe. Erich Schmidt. Berlin 2006 (4. Aufl.).

Pichler, H.-J./Pleitner, H.-J./Schmidt, K.-H.: Management in KMU. Die Führung von Klein- und Mittelunternehmen. Haupt. Bern 2000 (3. erw. Aufl.).

Porter, M. E.: Wettbewerbsstrategie. Methoden zur Analyse von Branchen und Konkurrenten. Campus. Frankfurt/New York. 2002 (11. Aufl.)

Rae, D.: The Entrepreneurial Spirit. Blackhall. Dublin 1999.

Rae, D.: Entrepreneurship – from opportunity to action. Palgrave McMillan. Basingstoke (Hampshire). 2007.

Reiß, M. (Hrsg.): Netzwerk Unternehmer – Fallstudien netzwerkintegrierter Spin-offs, Ventures, Start-ups und KMU. Vahlen. München 2000.

Reiß, M./Rudorf, E.: Unternehmensgründung in Netzwerken. In: *Rosenstiel, L. von/Lang-von Wins, T. (Hrsg.):* Existenzgründung und Unternehmertum. Schaeffer-Poeschel. Stuttgart 1999, S. 129–158.

Röpke, J.: Der lernende Unternehmer: Zur Evolution und Konstruktion unternehmerischer Kompetenz. Mafex. Marburg 2002.

Rössl, D.: Relationship Management. Facultas. Wien 2006.

Rotter, J.: General expancies for internal versus external control of reinforcement. Psychological Monographs: General and Applied, 80 (1), 1966.

Schauer R.: Betriebswirtschaftslehre. Grundlagen. Linde. Wien 2006.

Schauer, R./Kailer, N./Feldbauer-Durstmüller, B. (Hrsg.): Mittelständische Unternehmen – Probleme der Unternehmensnachfolge. Trauner. Linz 2005.

Schefczyk, M.: Finanzieren mit Venture Capital, Grundlagen für Investoren, Finanzintermediäre, Unternehmer und Wissenschafter. Schaeffer-Poeschel. Stuttgart 2000.

Scheff, J.: Lernende Regionen: regionale Netzwerke als Antwort auf globale Herausforderungen. Linde. Wien 1999.

Schein, E.: Prozeßberatung für die Organisation der Zukunft. EHP Organisation. Bergisch Gladbach 2000.

Schein, E.: Organisationskultur. EHP Organisation. Bergisch Gladbach 2003 (2. Aufl.).

Schmitz, C.: Zur Entwicklung des Unternehmerbegriffes. Reihe FGF Entrepreneurship-Research Monographien, Band 39. Eul. Lohmar und Köln 2004.

Schmude, J.: Standortwahl und Netzwerke von Unternehmensgründern. In: *Dowling, M./ Drumm, H.J. (Hrsg.)*: Gründungsmanagement – Vom erfolgreichen Unternehmensstart zu dauerhaftem Wachstum. Berlin u.a.. 2003, S. 247–260.

Schory, K./Roch, A./Faoro-Stampfli, M.: Innovationsmanagement für KMU. Haupt. Bern 2006.

Schulte, T./Pradel, M.: Guerilla-Marketing für Unternehmertypen. Wissenschaft und Praxis. Sternenfels 2006.

Schummer, G./Kriwanek, S.: Das neue Unternehmensgesetzbuch. Aus HGB wird UGB. Orac. Wien 2006.

Schumpeter, J.: Theorie der wirtschaftlichen Entwicklung. Duncker & Humblot Berlin 1911.

Schwarz, C.: Gründungsalltag, Gender und Gründungsfinanzierung. ibw-Schriftenreihe Nr. 133. *Institut für Bildungsforschung der Wirtschaft (Hrsg.).* Wien 2006.

Schwarz, R.: Betriebs- und finanzwirtschaftliche Anforderungen an die kapitalnachfragenden Unternehmen. In: *Kofler, G./Polster-Grüll, B. (Hrsg.):* Private Equity und Venture Capital. Linde. Wien 2003, S. 159–186.

Schwarz, E./Krajger, I./Dummer, R.: Innovationskompass für kleine und mittelständische Unternehmen. Linde. Wien 2006.

Shane, S.: A General Theory of Entrepreneurship – The Individual-Opportunity Nexus. Edward Elgar. Cheltenham (UK) 2003.

Shane, S./Venkataraman, S.: The promise of entrepreneurship as a field of research. In: Academy of Management Review, 25 (1), January 2000, pp. 217-226. (Wiederabdruck: *Shane, C. (ed.).:* The Foundations of Entrepreneurship, Vol. I. Edward Elgar. London 2002, pp. 3–12).

Simon, H./Von der Gathen, A.: Das große Handbuch der Strategieinstrumente. Werkzeuge für eine erfolgreiche Unternehmensführung. Campus. Frankfurt/Main 2002.

Southon, M./West, C.: The Beermat Entrepreneur. Pearson Education. Edinburgh 2005 (2nd ed.).

Sozialversicherungsanstalt der gewerblichen Wirtschaft (Hrsg.): Gewerbliche Sozialversicherung – Erstinformation, Wien 2007.

Sozialversicherungsanstalt der gewerblichen Wirtschaft (Hrsg.): Freiberufliche Sozialversicherung – Erstinformation, Wien 2007.

Specht, G./Beckmann, C./Amelingmayer, J.: F & E-Management. Schaeffer-Poeschel. Stuttgart 2002 (2. Aufl.).

Springer, W.: Factbook – Beteiligungskapital in Österreich. Wien 2002.

Stadler, W. (Hrsg.): Venture Capital und Private Equity. Köln 2001.

Staudt, E./Kailer, N./Kriegesmann, B./Meier, A./Stephan, H./Ziegler, A.: Kompetenz und Innovation – Eine Bestandsaufnahme jenseits von Personalmanagement und Wissensmanagement. In: *Staudt., E./Kailer, N./Kottmann, M./Kriegesmann, B./Meier, A./Muschik, C./Stephan, H./Ziegler, A.:* Kompetenzentwicklung und Innovation – Die Rolle der Kompetenz bei Organisations-, Unternehmens- und Regionalentwicklung. Waxmann. Münster u.a. 2002, S. 127–236.

Stiefel, R.: Personalentwicklung in Klein- und Mittelbetrieben. Rosenberger. Leonberg 2006 (5. Aufl.).

Stutely, R.: The definitive business plan. FT Prentice Hall. Harlow 2002 (2nd ed.).

Szyperski, N./Nathusius, K.: Probleme der Unternehmensgründung. Eul. Lohmar und Köln 1999 (2. Aufl.).

Tiffany, P./Peterson, S.: Business Plans for Dummies. Wiley. Hoboken (NY). 2005 (2nd ed.).

Timmons, J./Spinelli, S.: New Venture Creation – Entrepreneurship for the 21st Century. McGraw-Hill International/Irwin. Boston et al. 2007 (7th ed.).

Tumpel, M. (Hrsg.): Fachlexikon Steuern. Linde. Wien 2008.

Tumpel, M.: Steuern kompakt – Eine Einführung in die Steuerlehre. Linde. Wien 2007.

Volkmann, C./Tokarski, K.: Entrepreneurship – Gründung und Wachstum von jungen Unternehmen. Lucius & Lucius/UTB. Stuttgart 2006.

Walter, S./Walter, A.: Unternehmensgründung und Funktionen von Netzwerkbeziehungen. In: *Achleitner, A./Klandt, H./Koch, L./Voigt, K.-I. (Hrsg.)*: Jahrbuch Entrepreneurship 2005/ 06. Gründungsforschung und Gründungsmanagement. Springer. Berlin 2005, S. 109–124.

Weber, M.: Die protestantische Ethik und der Geist des Kapitalismus. Beltz Athenäum. Weinheim 2000 (3. Aufl.).

Weiß, G./Kailer, N.: Gründungsfinanzierung und Kapitalbeschaffung von Jungunternehmern in Oberösterreich – eine empirische Analyse. In: Pernsteiner, H. (Hrsg.): Finanzmanagement aktuell – Unternehmensfinanzierung, Wertpapiermanagement, Kapitalmarkt, Bank, Versicherung. Linde. Wien 2008, S. 263–282.

Welter, F.: Strategien, KMU und Umfeld. Handlungsmuster und Strategiegenese in kleinen und mittleren Unternehmen. RWI: Schriften Heft 69. Duncker & Humblot. Berlin 2003.

Welter, F.: Mythos Unternehmenswachstum? Ein kritischer und reflektierender Blick auf Wachstumspfade von KMU. In: *Meyer, J.-A. (Hrsg.)*: Aufbruch und Wachstum von KMU in neue Märkte. Jahrbuch der KMU-Forschung und -praxis 2006. Eul. Lohmar 2006, S. 19–36.

Werani, T./Gaubinger, K./Kindermann, H.: Praxisorientiertes Business to Business Marketing – Grundlagen und Fallstudien aus Unternehmen. Gabler. Wiesbaden 2006.

Wickham, P.: Strategic Entrepreneurship. Financial Times/Prentice Hall. Harlow (England) 2006 (4th ed.).

Wied, L.: Die Gründerfallen – Die häufigsten Fehler bei Strategie, Marketing und Management. Linde. Wien 2007.

Wiener Börse AG: Chancen und Möglichkeiten einer Beteiligungsfinanzierung, Ausgabe 08/ 2004, Wien 2004.

Wirtschaftskammer Österreich (Hrsg.): Leitfaden für Gründerinnen und Gründer. Wien 2007 (12. Aufl.), Download unter: www.gründerservice.net

Wieseneder, S.: Reputationsmanagement. Hanser. München und Wien 2006.

Wunderer, R./Bruch, H.: Umsetzungskompetenz – Diagnose und Förderung in Theorie und Unternehmenspraxis. Vahlen. München 2000.

Zimmerer, T./Scarborough, N.: Essentials of Entrepreneurship and Small Business Management. Pearson Prentice-Hall. Upper Saddle River (N.J.) 2008 (5th ed.).

Internet-Quellen (Abrufdatum 23.7.2008)

Academia+Business: www.aplusb.at

accent Gründerservice GmbH: http://www.accent.at/

Austria Wirtschaftsservice: www.awsg.at

build! Gründerzentrum Kärnten GmbH: http://www.build.or.at/

Bundesministerium für Wirtschaft und Arbeit/Bundesministerium für Verkehr, Innovation und Technologie (Hrsg.): Österreichische Innovationslandkarte: www.innovationszentren-austria.at

Bundesministerium für Finanzen (Hrsg.): Selbstständigen Buch. Steuerleitfaden für neu gegründete Unternehmen. Wien 2006: www.bmf.gv.at/Publikationen/Downloads/BroschrenundRatgeber/Selbstaendigenb_dt_Apr07_WEB.pdf

Business Creation Center Salzburg GmbH (BCCS): http://www.bccs.at/

Center for Academic Spin-offs Tyrol Gründungszentrum – GmbH: http://www.cast-tyrol.com/

Forschungsförderungsgesellschaft: www.ffg.at

Global Entrepreneurship Monitor (GEM): Österreichbericht: *Apfelthaler* u.a. (2008): http://www.gemconsortium.com/download

Gruber, M./ Harhoff, D./Tausend, C.: Finanzielle Entwicklung junger Wachstumsunternehmen, Working Paper: www.vcontarget.de/de/branchen/studien/ index_Inhalt2_absatz_2_20040227115142.pdf

Gründungsbonus: www.gruendungsbonus.at

help.gv.at (Hrsg.): Berechnung der Einkommensteuer: www.help.gv.at/Content.Node/80/Seite.800210.html#berechnungsteuer

i2B&GO! (Hrsg.): Handbuch zur Business Plan Erstellung, Wien 2007: wwww.i2b.at

INiTS Universitäres Gründerservice Wien GmbH: http://www.inits.at/

International Survey on Collegiate Entrepreneurship (ISCE) (Hrsg.): www.isce.ch

National Business Incubation Association (Hrsg.): What Is Business Incubation? www.nbia.org/resource_center/what_is

Science Park Graz GmbH: http://www.sciencepark.tugraz.at/

Sozialversicherungsanstalt der gewerblichen Wirtschaft (Hrsg.): www.sva.or.at

Steirische Wirtschafsförderung GmbH (Hrsg.): Informationen für neue Selbständige: www.neue-selbstaendige.at

tech2b Gründerzentrum GmbH: www.tech2b.at

v-start Kompetenzzentrum für Unternehmensgründung GmbH: http://www.v-start.at/

Verband der Technologiezentren Österreichs (Hrsg.): www.vto.at

Weka Verlag (Hrsg.): Informationen zum Gesellschaftsrecht: www.weka.at/gesellschaftsrecht

Zentrum für angewandte Technologie: http://www.unternehmerwerden.at/...

Gründungsrelevante Internetadressen

Im Folgenden werden, ohne Anspruch auf Vollständigkeit, einige nützliche Internetquellen für Gründungsplaner und Gründer angeführt:

Öffentliche Institutionen

Bundesministerium für Finanzen (BMF): Anlaufstelle für Steuerfragen: www.bmf.gv.at

Bundesministerium für Wirtschaft und Arbeit (BMWA): Abteilung für KMU-Politik und Gründungen: www.bmwa.gv.at/BMWA/Schwerpunkte/Unternehmen/UnternKMUPol

Europäische Union: Aktivitäten der Europäischen Union zur Förderung des Entrepreneurshipgedankens: ec.europa.eu/enterprise/entrepreneurship/support_measures

Finanz Online: Abwicklung von Behördenwegen online: www.finanz-online.at

Institut für Unternehmensgründung und Unternehmensentwicklung (IUG): Institut der Johannes Kepler Universität Linz: www.iug.jku.at

Kammer der Wirtschaftstreuhänder Österreich: www.kwt.or.at

Land Oberösterreich: Anlaufstelle für Ansuchen, Förderungen und Informationen: www.ooe.gv.at

Transferzentrum für Entrepreneurship der Fachhochschule Oberösterreich: Zentrale Anlaufstelle für Gründungen aus der FH Oberösterreich: www.fh-ooe.at/fh-oberoesterreich/transferzentrum

Wirtschaftskammer Österreich (WKÖ): Beratung und Interessenvertretung österreichischer Unternehmer: www.wko.at

Finanzielle Unterstützung

Austria Wirtschaftsservice (AWS): Zentrale Anlaufstelle für Start-up-Förderungen: www.awsg.at

Academia+Business (A+B): Programm der FFG und des Bundesministeriums für Verkehr, Innovation und Technologie zur Errichtung und Betrieb von akademischen Inkubatoren in Österreich. Inkl. Links zu allen A+B-Inkubatoren Österreichs: www.aplusb.at

Forschungsförderungsgesellschaft (FFG): Institution zur Förderung von Forschung, Technologie und Innovation im Bereich der anwendungsorientierten Forschung: www.ffg.at

Informationsplattformen

Betriebliche Kompetenzentwicklung in Klein- und Jungunternehmen: Personalentwicklungsinstrumente, Firmenbeispiele, Studienergebnisse aus OÖ: www.iug.jku.at; www.ooe.wifi.at/uak; www.netzwerk-hr.at

Espacenet: Netzwerk europäischer Patentdatenbanken: www.espacenet.com

Europäisches Netzwerk für Sozial- und Wirtschaftsforschung (ENSR): EU-weites Netz von Instituten zur angewandten Politikforschung mit speziellem Fokus auf Klein- und Mittelunternehmen. Österreichvertreter: KMU Forschung Austria. EU-weite Forschungsarbeiten und Dokumentationen in den Bereichen KMU und Enterpreneurship: www.ensr-net.com/

Global Entrepreneurship Monitor (GEM): Ergebnisse internationaler Erhebungen zu Entrepreneurship-Themen: www.gemconsortium.org

International Survey on Collegiate Entrepreneurship (ISCE): Internationale Erhebung der Gründungsneigung und -aktivitäten von HochschülerInnen: www.isce.ch

Gründerguide: Plattform mit fachlichen Informationen zur Unternehmensgründung: www.gruenderguide.at

Gründerkolleg RWTH-Aachen: Wegweiser durch den Gründungsprozess: www.gruenderkolleg.rwth-aachen.de

Gründerservice: Plattform der Wirtschaftskammer Österreich mit Informationen für Gründer: www.gruenderservice.net

Help: Offizieller Amtshelfer für Informationen rund um behördliche Angelegenheiten: www.help.gv.at

Institut für Bildungsforschung der Wirtschaft (IBW): Forschungsarbeiten und Publikationen im Bereich der Berufsbildung inkl. Entrepreneurship, Materialien für Lehrlingsausbildung.: www.ibw.at

KMU Forschung Austria (Austrian Institute for SME Research, früher: Institut für Handels- und Gewerbeforschung): Forschungsarbeiten zu Klein- und Mittelbetrieben und Entrepreneurship, Datenbanken (Bilanz-, Brancheninformations-, Konjunkturdatenbank), Branchenmonitor, Projekte usw.: www.kmuforschung.ac.at

Kreditschutzverband von 1870 (KSV): Größter österreichischer Gläubigerschutzverband. Wirtschaftsdaten, Erhebungen, Debitorenmanagement: www.ksv.at

Nachfolgeguide: Plattform mit fachlichen Informationen zur Unternehmensnachfolge: www.nachfolgeguide.at

Österreichisches Patentamt: Zur Anmeldung und Recherche von Patenten: www.patentamt.at

Schweizerisches Institut für Klein- und Mittelunternehmen an der Universität St. Gallen: Forschungsergebnisse, Links, Dokumentationen der internationalen KMU-Forscherkonferenz „Rencontres de St. Gall", Weiterbildungsangebote: www.kmu-unisgh.ch

Statistik Austria: Zentrale Anlaufstelle für statistische Daten: www.statistik-austria.at

Finanzierung

Angel Investmentclub Oberösterreich (AICO): Oberösterreichischer Business Angels Club: www.aico.cc

Austrian Venture Capital and Private Equity Association (AVCO): Vereinigung der österreichischen Private-Equity-und Venture-Capital-Unternehmen: www.avco.at

Danube Equity Invest-Management GmbH: Corporate-Venture-Fonds mit Sitz in Linz: www.danubequity.com

European Business Angels Network (EBAN): Vereinigung europäischer Business-Angels-Netzwerke: www.eban.org

European Venture Capital Association (EVCA): Vereinigung der europäischen Private-Equity- und Venture-Capital-Unternehmen: www.evca.com

Gamma Capital Partners Beratungs- & Beteiligungs AG (GCP): Venture-Capital-Unternehmen mit Sitz in Wien: www.gamma-capital.com

i2: Informationen der AWS zu i2, der Vereinigung österreichischer Business Angels: www.businessangels.at

Infrastrukturelle Unterstützung

Clusterland Oberösterreich GmbH: Informationen zu den oberösterreichischen Clustern: www.clusterland.at

Gate2Business: Plattform der A+B-Zentren zum Matching von Geschäftsideen mit Unternehmern: www.gate2business.at

Gründerinnenzentrum Oberösterreich: Gründerzentrum in Wels mit einem speziellen Angebot für Gründerinnen: www.gzo.at

Gründerzentren OÖ: Plattform der oberösterreichischen Technologie- und Gründerzentren: www.technologiezentren.at

i2b & GO!: Österreichischer Businessplan-Wettbewerb: www.i2b.at

Junge Wirtschaft: Jungunternehmervertretung der Wirtschaftskammer Österreich: www.jungewirtschaft.at

OÖ Technologie- und Marketing GmbH (TMG): Anlaufstelle für Betriebsansiedlung und -erweiterung in Oberösterreich: www.tmg.at

Glossar

Action Learning: Lernprozesse werden durch gemeinsame Reflexion praktischer Probleme in einem Team von Lernenden angestoßen. Expertenwissen wird dabei kritisch hinterfragt. Form des erfahrungsorientierten Lernens.

AICO (Angel Investement Club Oberösterreich): Vereinigung oberösterreichischer Business-Angels (Betreuung: tech2b).

AWS (Austria Wirtschaftsservice): Förderbank des Bundes; die zentrale Abwicklungsstelle für die unternehmensbezogene Wirtschaftsförderung.

AVCO (Austrian Private Equity and Venture Capital Organisation): Vereinigung österreichischer Risikokapitalgesellschaften und Förderer von Risikokapital. Die AVCO ist die Ansprechstelle für Fragen zu Private Equity und Venture Capital in Österreich.

Basel II: Mit der neuen Basler Eigenkapitalverordnung („Basel II") wird die Eigenkapitalunterlegung international tätiger Banken stärker am tatsächlich vorhandenen Risiko der Bank ausgerichtet. Die Eigenkapitalunterlegung orientiert sich insbesondere am Rating (extern bzw. bankintern) der Kreditnehmer. Gestellte Sicherheiten sind differenzierter berücksichtigt. Zudem sind operationale Risiken mit Eigenkapital zu unterlegen.

Beteiligungsfinanzierung: Finanzierung von nicht börsenotierten Unternehmen. Ziel von Beteiligungsfinanziers ist die Finanzierung wachstumsstarker Unternehmen, die eine Börseeinführung in den nächsten drei bis fünf Jahren ab dem Beteiligungszeitpunkt erwarten lassen. Der Beteiligungsfinancier stellt dem Unternehmen Kapital ohne Sicherheiten zur Verfügung und erhält dafür Anteile am Unternehmen. Beteiligungsfinanzierung umfasst damit exitorientiertes Risikokapital im engeren Sinne, wie Business Angels, Venture-Capital-Gesellschaften, Private-Equity-Gesellschaften und Mezzanine-Capital-Fonds.

BIMBO (Buy-In-Management-Buy-Out): Eine Kombination aus MBI (Management-Buy-In) und MBO (Management-Buy-Out). Beim BIMBO erfolgt zuerst der MBI eines Unternehmer-Managers, der gemeinsam mit dem übrigen Management dann einen MBO durchführt.

Bonität (Kreditwürdigkeit): Im engeren Sinne: Qualität eines institutionellen oder individuellen Schuldners, in der Zukunft seinen Schuldendienstverpflichtungen nachzukommen. Im weiteren Sinne: der gute Ruf von Personen und Firmen im Geschäftsverkehr.

Break-Even-Point (Gewinnschwelle): Gibt die Umsatzhöhe an, bei der die Erlöse gerade die fixen und variablen Kosten decken, d.h. das Unternehmen arbeitet weder mit Gewinn noch mit Verlust.

Bridge Financing (Überbrückungsfinanzierung): Finanzielle Mittel, die einem Unternehmen zur Vorbereitung des Börsengangs vor allem mit dem Ziel der Verbesserung der Eigenkapitalquote zur Verfügung gestellt werden.

Burn Rate: Geschwindigkeit, mit der vom Unternehmen Geld aufgebraucht wird, ausgedrückt in Euro pro Monat.

Business Angel: Privatinvestoren, die sich an Unternehmen mit aktiver Unterstützung (z.B. Coaching oder Managementhilfe) und/oder Kapital beteiligen.

Buy Back: Exitvariante, bei der die Anteile durch die Altgesellschafter zurückgekauft werden.

Buyout: Unternehmensübernahme. Ein externer Eigenkapitalinvestor erwirbt über 50%, i.e. einen kontrollierenden Anteil (Leveraged Buyout oder LBO), oder das Management Team kauft den bisherigen Eigentümer mittels Private Equity, Mezzaninkapital und Senior Loans aus (Management Buyout oder MBO).

Cashflow: Ertrag eines Unternehmens, soweit er den Aufwand übersteigt, zuzüglich der reinen Buchaufwendungen. Dieser kann aus dem operativen Geschäft (Operating Cashflow), aus dem Beteiligungs-/Investitionsbereich (Investing Cashflow) oder aus dem Finanzierungsbereich (Financing Cashflow) kommen.

CHIMBO: Investing Chairman in einem MBO oder MBI.

Corporate Finance: Strukturierung von Finanzierungen von unternehmerischen Sondersituationen wie z.B. Akquisititions- und Verkaufsstrategien von Unternehmen, Internationalisierung, MBO/MBI u.Ä.

Corporate Venture Capital: Venture Capital-Finanzierungen durch Großunternehmen bzw. durch deren eigene Venture-Capital-Gesellschaften, die vorrangig strategisches Konzerninteresse verfolgen.

Cluster, Clustering (engl.: „Anhäufung"): Institutionalisiertes Netzwerk von Produzenten, Zulieferern, Forschungseinrichtungen, Dienstleistern und anderen verbundenen Institutionen mit einer gewissen regionalen und inhaltlichen Nähe zueinander, deren Mitglieder über Liefer- oder Wettbewerbsbeziehungen oder gemeinsame Interessen miteinander in Beziehung stehen. Durch die mit den Clustern beabsichtigte Schaffung von Wettbewerbsvorteilen wird von der Wirtschaftsförderung der Aufbau von Clustern als aktive Innovationsförderung verstanden.

Coaching: Interaktiver Beratungs- und Betreuungsprozess, (hier) des Gründerteams und ggf. der Mitarbeiter. Coaches können Unternehmensberater, Business Angels oder Betreuer von VC-Gesellschaften sein. Coaches arbeiten jedoch nicht selbst im Unternehmen mit.

DB – Deckungsbeitrag (Bruttogewinn): Ist der Betrag, den ein Produkt zum Decken der Fixkosten und damit dem Erzielen des Nettogewinns leistet. Er wird als Differenz der Erlöse mit den variablen Kosten pro Produkt ermittelt.

DCF (Discounted Cashflow): Methode der Unternehmensbewertung, bei der die zukünftigen Free Cashflows eines Unternehmens auf den Gegenwartswert abgezinst werden.

Deal-Flow: Investmentmöglichkeiten, die einer Beteiligungsgesellschaft angetragen werden.

Differenzierung: Die Abgrenzung von Konkurrenten entweder durch den Preis oder durch gewisse Produkteigenschaften.

Due Diligence: Intensive Prüfung sämtlicher betriebswirtschaftlichen, rechtlichen und technischen Gegebenheiten und Planungen des potenziellen Beteiligungsunternehmens. Dabei sollen mögliche Risiken, die Einfluss auf die zukünftige Geschäftstätigkeit haben könnten, erkannt werden.

Early Stage Financing: Finanzierung der Frühphasenentwicklung eines Unternehmens, beginnend von der Finanzierung der Konzeption bis zum Start der Produktion und Vermarktung.

EBIT (Earnings Before Interest and Tax): Ergebnis vor Zinsen und Steuern.

EBITDA (Earnings Before Interest, Taxes, Depreciation and Amortization): Ergebnis vor Zinsen, Steuern, Abschreibungen und Amortisation.

Entrepreneurial learning: Umfasst einerseits das Lernen unternehmerischer Haltungen und Verhaltensweisen (Entrepreneurial Education). Auch Bezeichnung für das Lernverhalten von Unternehmerpersonen, welches von Erfahrungslernen durch Planung und Durchführung von unternehmerischen Handlungen mit anschließender Reflexion der Erfahrungen charakterisiert ist.

Erfahrungsorientiertes Lernen: Geht davon aus, dass erst praktische Auseinandersetzung mit einem Lerngegenstand echtes Lernen ermöglicht. Lernen setzt eine aktive Auseinandersetzung mit konkreten Erlebnissen (hier: unternehmerischen Handlungen) voraus, die Reflexion darüber führt zur Weiterentwicklung der Kompetenzen. Der Lehrende wird dabei zum Lernbegleiter (Coach).

EVCA (European Venture Capital Association): Verband der europäischen Venture-Capital und Private-Equity-Gesellschaften.

Exit: Ausstieg eines Investors aus einer Beteiligung zur Erzielung der Rendite auf das eingesetzte Kapital.

Executive Summary: Zusammenfassende Darstellung des Businessplans.

Expansion Financing (Wachstumsfinanzierung): Das neu gewonnene Eigenkapital wird zur Finanzierung von weiteren Kapazitäten, Produktdiversifikation oder Marktausweitung und/oder für weiteres Working Capital eingesetzt.

Finanzplan: Zukunftsbezogene Rechnung, die für einen bestimmten Planungszeitraum Ein- und Auszahlungen für jede Periode (Tag, Woche, Monat, Quartal, Jahr) gegenüberstellt. Der Finanzplan ist ein Instrument der operativen Finanzplanung und dient daher vorrangig der Liquiditätsplanung.

Free Cashflow: Mittel, die nicht für die Finanzierung des laufenden Betriebs bzw. Reinvestitionen benötigt werden.

Gesellschafterdarlehen: Form von Mezzaninkapital, bei dem ein Gesellschafter dem Unternehmen, meist parallel zu einer Eigenkapitalinvestition, Darlehen gewährt.

Go-between-Strategie: Zielt auf die unternehmerische Nutzung struktureller Löcher ab.

Going Public (Börsegang): Einer der vier Wege, aus einem Investment auszusteigen (Exit). Die Anteile werden bei oder nach einem Börsegang verkauft. Der Börsegang ist sowohl aus Unternehmens- als auch aus Financiers-Sicht oft die bevorzugte Variante.

Hausbank-Prinzip: Finanzierungshilfen werden über die Hausbank des Antragstellers eingereicht und ausgezahlt. Üblicherweise ist die Hausbank die kontoführende Bank/Sparkasse des Antragstellers.

Hurdle Rate: Vor Wirksamwerden der Gewinnbeteiligung der Managementgesellschaft bzw. deren Management erhalten die Investoren zunächst eine Basisvergütung.

Illiquidität: Zustand, in dem die flüssigen Mittel und leicht liquidierbaren Vermögensgegenstände nicht ausreichen, um die fälligen Verbindlichkeiten zu erfüllen.

Inkubator: Einrichtung, in der junge Unternehmen vor allem aus der Informations- und Kommunikationstechnologie intensiv betreut werden. Das Leistungsangebot umfasst Infrastruktur, Beratung, Training, Coaching, ggf. finanzielle Unterstützung. Hauptzielgruppe sind technologieorientierte Start-ups mit hohem Wachstumspotenzial.

Insolvenz: Dauerhafte Zahlungsunfähigkeit, die meist zur Auflösung des Unternehmens führt.

IPO (Initial Public Offering): Börsenerstzulassung des Aktienkapitals.

Informelles Beteiligungskapital: Voll haftendes Eigenkapital von privaten Finanzinvestoren.

Institutionelle Investoren: Große Institutionen, z.B. Kreditinstitute, Versicherungen, Pensionsfonds oder Großunternehmen, die in Eigenkapitalfonds investieren.

Kapitalbedarf: Summe aller finanziellen Mittel, die zur Realisierung der betrieblichen Ziele benötigt wird.

Kompetenzentwicklung: Umfasst neben seminaristischem Lernen (Weiterbildung i.e.S.) auch informelle, selbstgesteuerte und -organisierte Lernformen (on-the-job-Training, Erfahrungsaustauschgruppen, Selbstentwicklung etc.). Geht über Personalentwicklung durch stärkere Berücksichtigung der Rahmenbedingungen („Zuständigkeit") hinaus. Ein wichtiger Fokus liegt auf lernförderlicher Gestaltung von Arbeitsplätzen, -inhalten und Teamzusammensetzung.

Konkurs: siehe *Insolvenz.*

Kontokorrentkredit: Kredit, über den der Kreditnehmer innerhalb der festgesetzten Laufzeit durch Verfügungen über sein Konto bis zu einem vereinbarten Kreditrahmen frei verfügen kann. Die Zinsen werden nur für den in Anspruch genommenen Kreditbetrag berechnet.

Later Stage (Spätphase): Finanzierung etablierter Unternehmen in der Expansions- oder Umstrukturierungsphase. Beteiligungsanlässe können i.W. sein: Finanzierung zusätzlicher Produktionskapazitäten, Produktdiversifikation, Innovation und/oder Marktausweitung sowie Management-Buy-Outs bzw. -Buy-Ins als mögliche Nachfolgeregelung für den Unternehmer.

LBO (Leveraged Buy-out): Zu einem wesentlichen Teil fremdfinanzierte Unternehmensübernahme, bei welcher der Kapitalinvestor einen Hebeleffekt (Leverage) hinsichtlich der Eigenkapitalrendite erwartet.

Lernzyklus (experiential learning cycle): Modell erfahrungsbasierten Lernens von D. Kolb mit vier Schritten: (1) Konkrete Erfahrung als Ausgangsbasis, (2) Beobachtung und Reflexion auf Basis des Erlebten, (3) Abstrakte Begriffsbildung i.S. einer Generalisierung von Prinzipien, die auf andere Situationen transferiert werden können, (4) aktives Experimentieren mit den neuen Einsichten. Dieser Lernzyklus wird immer wieder durchlaufen und kann an jeder Stelle begonnen werden. Personen haben unterschiedliche Lernstile, d.h. sie beherrschen bestimmte Schritte unterschiedlich gut bzw. bevorzugen bestimmte dieser Schritte.

Liquidität: Zahlungsfähigkeit von Personen oder Unternehmungen, d.h. die Fähigkeit, alle Zahlungsverpflichtungen termingerecht begleichen zu können (im Gegensatz zur Illiquidität, die einen Insolvenzgrund darstellt).

LOI (Letter of Intent, Absichtserklärung): Schriftlich abgegebene Erklärung im Vorfeld einer Investition, in der die Absicht von Investor und Unternehmer zum Abschluss des Unternehmensbeteiligungsvertrages bekundet wird. In dieser vorvertragsähnlichen Erklärung sind bereits die wesentlichen Vertragsbestandteile wie Finanzierungsvolumen, Anteilserwerb, Mitbestimmung, Verkaufsrechte etc. festgelegt.

Marketingmix (die „4 P's"): Die pro Produkt individuelle Ausgestaltung des Produktsortiments (Product), des Vertriebs (Place), der Kontrahierungspolitik (Price) und der Marktkommunikation (Promotion) ergibt den Marketingmix.

Marketingplan: Der Marketingplan als Teil des Businessplans beschreibt das marktorientierte Vorgehen für eine erfolgreiche Unternehmensgründung. Hierzu werden Informationen gesammelt, Marketingziele und Maßnahmen zu deren Erreichung festgelegt.

MBI (Management-Buy-in): Unternehmensübernahme durch Kapitalinvestoren unter gesellschaftermäßiger Einbindung eines externen Managements.

MBO (Management-Buy-out): Übernahme (nicht unbeträchtlicher) Kapitalanteile eines Unternehmens durch das bisherige Management. Die Kapitalmehrheit hingegen wird i.d.R. durch Kapitalinvestoren übernommen.

M&A (Mergers & Acquisitions): Sammelbegriff für Unternehmenstransaktionen, bei denen sich Gesellschaften zusammenschließen oder den Eigentümer wechseln.

Mezzaninkapital: Finanzierungsmittel, die eine Mischform zwischen Eigenkapital und Fremdkapital darstellen. Im Falle einer Liquidation des Unternehmens wird das Mezzaninkapital erst nach dem übrigen Fremdkapital, jedoch vor dem Eigenkapital befriedigt.

Private Placement: Angebot von Unternehmensanteilen in einem eingeschränkten Angebotsverfahren an eine beschränkte Anzahl von Investoren.

Opportunity (Gelegenheit): Gelegenheit im Sinne einer unternehmerischen Verwertung. Die Kombination einer Gründungsidee mit einem entsprechenden Marktbedürfnis.

Opportunity Plan: Die strukturierte, systematische und schriftliche Analyse über die Eignung einer Gelegenheit für eine unternehmerische Umsetzung. In der Regel kürzer als ein Businessplan und Vorstufe für eben diesen. Endpunkt des Opportunity Plans ist die Entscheidung über die unternehmerische Nutzung der Gelegenheit.

Opportunity Recognition: Die Erkennung und oftmals auch Entwicklung von unternehmerischen Gelegenheiten. Ein Hauptelement des unternehmerischen Tuns.

Private Equity (Privates Beteiligungskapital): Oberbegriff für alle Beteiligungs-Finanzierungen an nicht börsennotierten Unternehmen durch private oder institutionelle Investoren.

Rating: Objektive Bestandsaufnahme der Situation eines Unternehmens, seiner Finanzlage und seiner Zukunftserwartungen.

Risikokapital: Kapital, welches einem Unternehmen im Zuge der Beteiligung in einer jungen Entwicklungsphase zur Verfügung gestellt wird. Eine der gängigen Übersetzungen für Venture Capital.

ROI (Return on Investment): Finanzielles Verhältnis des jährlichen Gewinnes im Verhältnis zum investierten Kapital einer individuellen Investition oder den Gesamtinvestitionen in eine Unternehmung.

Seed Capital: Finanzierung der Ausreifung und Umsetzung einer Idee in verwertbare Resultate bis hin zum Prototyp, auf deren Basis ein Geschäftskonzept für ein zu gründendes Unternehmen erstellt wird.

Seed Phase: Erste Entwicklungsphase eines Unternehmens.

Serial Entrepreneur (Serienunternehmer, Multigründer): Unternehmer, der in relativ kurzen Zeitabständen immer wieder neue Unternehmen gründet, aufbaut und wieder verkauft. Im Vordergrund steht hier nicht der Geschäftsgegenstand, sondern unternehmerische Opportunities zu erkennen und zu nutzen.

SGE (Strategische Geschäftseinheit): Ein in einem Unternehmen eigenständiges Geschäftsfeld mit u.U eigenem Kundensegment.

Shareholder Value: Management- und Investorenphilosophie, in der die Interessen der Aktienbesitzer bezüglich Wachstum und Gewinn an erster Stelle stehen.

Spin-off: Ausgliederung und rechtliche Verselbsständigung einer Abteilung oder eines Unternehmensteiles aus einem bestehenden Unternehmen/einem Konzern.

Start-up: Neu gegründetes Unternehmen.

Start Up Financing (Gründungsfinanzierung): Das betreffende Unternehmen befindet sich in der Gründungsphase, im Aufbau oder seit kurzem im Geschäft und hat seine Produkte noch nicht oder nicht in größerem Umfang vermarktet.

Start-up-Phase: Gründungsnahe Frühphase eines Unternehmens, meist zu Beginn des Markteintritts.

STP-Marketing: Segmenting (Teilen eines Marktes in Segmente anhand von gewissen Kriterien), Targeting (Auswahl der für das eigene Produkt potenzialreichsten Segmente) und Positioning (Auswahl der Position und Differenzierung auf den gewählten Segmenten).

Strategischer Investor: Ein Strategischer Investor zeichnet sich durch seine rein finanzorientierte Veranlagungsweise im Beteiligungskapitalbereich aus. Im Gegensatz zu einem industriellen strategischen Investor sind Finanzinvestoren nicht an der Technologie bzw. dem Kundenzugang per se interessiert.

Strukturelle Löcher: Entstehen zwischen bereits bestehenden Unternehmen und Branchen und beinhalten oftmals unternehmerische Gelegenheiten. Die „go-between Strategie" zielt auf die unternehmerische Nutzung dieser strukturellen Löcher ab.

Syndizierung: Mehrere VC-Fonds investieren in ein und dasselbe Unternehmen, um eine höhere Kapitalsumme aufzubringen und das Risiko zu streuen.

Term Sheet: Dokument oder vorvertragsähnliche schriftliche Erklärung über eine Beteiligungsfinanzierung zwischen einem Investor und dem potenziellen Beteiligungsunternehmen, in dem die wichtigsten Eckpunkte und Bedingungen sowie der Ablauf für die Finanzierung einschließlich einer Exklusivität geregelt werden.

Trade Sale: Bestimmte Form des Exits, bei dem der Verkauf von Anteilen an einen (industriellen) Marktteilnehmer erfolgt.

UBG (Unternehmensbeteiligungsgesellschaft): Bei UBGs nach dem Gesetz über Unternehmensbeteiligungsgesellschaften (UBGG) handelt es sich um Kapitalbeteiligungsgesellschaften, die insbesondere kleinen und mittleren, nicht börsennotierten Unternehmen den mittelbaren Zugang zu den Kapitalmärkten eröffnen.

Unternehmerische Wachsamkeit (entrepreneurial alertness): Erhöhte Aufmerksamkeit gegenüber markt- und kundenbezogenen Informationen, bedingt durch Vorwissen, soziale Netzwerke und persönliche Eigenschaften. Je höher die Wachsamkeit, desto größer ist die Wahrscheinlichkeit, neue Opportunities zu entdecken.

USP (Unique Selling Proposition, Alleinstellungsmerkmal): Ein unverwechselbares Nutzenangebot, das als primäres Verkaufsargument für ein Produkt dient.

Venture Capital (Risikokapital): Begriff umfasst grundsätzlich alle Formen der Eigenkapitalfinanzierung, wird meist aber eingrenzend für die Finanzierung junger, wachstumsstarker Unternehmen mit besonderem Risiko verwendet.

Venture-Capital-Fonds: Fondsvermögen zur Finanzierung von Venture-Capital-Beteiligungen.

Working Capital (Betriebskapital): Jenes Umlaufvermögen, das durch langfristiges Kapital (z.B. Eigenkapital, langfristiges Fremdkapital, Pensionsrückstellungen) gedeckt ist. Differenz aus Umlaufvermögen und kurzfristigen Verbindlichkeiten.

Zu den Autorinnen und Autoren

Univ.-Prof. Dr.rer.soc.oec. Norbert Kailer

Betriebswirt und Wirtschaftspädagoge, 1980–1994 zuerst Produktmanager in Instituten zur Führungskräfteweiterbildung und Organisationsentwicklung in Graz, danach Fachbereichsleiter am Institut für Bildungsforschung der Wirtschaft in Wien. Forschungsarbeiten, Konzipierung und Durchführung unternehmensinterner und externer Trainings und Lehrgänge. Berufsbegleitend Promotion und Habilitation (Venia: BWL). Seit 1981 Lehraufträge und Gastprofessuren u.a. an den Universitäten Graz, Klagenfurt, Innsbruck, Linz, Bielefeld, Bern, Salzburg. 1994 Professur für Personal und Qualifikation, Institut für Arbeitswissenschaft, Ruhr-Universität Bochum. Seit 2003 Vorstand des Instituts für Unternehmensgründung und Unternehmensentwicklung (IUG) an der JKU. Arbeitsschwerpunkte: Entrepreneurship, Entwicklung von Klein- und Mittelbetrieben, Gründungs- und Wachstumsmanagement, betriebliche Kompetenzentwicklung und -bilanzierung. Fach- und Praxispublikationen siehe www.iug.jku.at.

Dr.rer.soc.oec. Gerold Weiß, MBA

Studium der Betriebswirtschaft an der JKU, Sponsion 1997, Promotion 2003. 1990–1997 Geschäftsführer eines Gastronomiebetriebes, 1997–2000 Steuerberater-Berufsanwärter, 2000–2007 Universitätsassistent am IUG. Seit 2007 Leiter des Transferzentrums für Entrepreneurship und Unternehmensgründung an der FH OÖ. Seit 2003 Unternehmensberater und Trainer. Lektor an der JKU, der Kunstuniversität Linz und der Universität Budweis. Jurymitglied und Gutachter bei Businessplan- und Ideenwettbewerben. Autor mehrerer Fachpublikationen. Arbeitsschwerpunkte: Unternehmensgründung und Unternehmensnachfolge. URL:www.fh-ooe.at/unternehmensgruendung

Unter Mitarbeit von

Dr. rer.soc.oec. Tina Gruber-Mücke

Studium BWL und Recht an der JKU, Sponsion 2003, Promotion 2007. Seit 2001 wiss. Mitarbeiterin am IUG. Lektorin an der JKU, der Kunstuniversität Linz und Universität Budweis im Bereich Businessplanung. Nebenberuflich mehrjährige Projektmitarbeit in Rechtsanwaltskanzleien und selbständige Mediatorin. Berufserfahrung in der Gründungsberatung. Forschungsschwerpunkte: Internationalisierung von KMU, Mediation und Unternehmensnachfolge.

Mag.rer.soc.oec. Alexander Stockinger

Studium der Handelswissenschaften an der JKU, Sponsion 2002. Seit 2003 wiss. Mitarbeiter am IUG, u.a. in einem Kooperationsprojekt (tech2b Gründerzentrum/IUG) zur Stimulierung und Weiterbildung von GründungsinteressentInnen. Lektor an der JKU (u.a. Innovationslaboratorium, Businessplanung), Kunstuniversität Linz und Universität Budweis (Businessplanung). Forschungsschwerpunkt: Entrepreneurship in technischen Studienrichtungen.

Mag.rer.soc.oec. Freimuth Daxner

Lehre als Bürokaufmann, Studium der Betriebswirtschaft an der JKU. Sponsion 2005. Langjährige Berufserfahrung in Personalentwicklung und -controlling in einer NPO in Linz. 2005 Gründung der Funtasia © Kindererlebnishof GmbH, seither Geschäftsführender Gesellschafter. Seit 2007 wiss. Mitarbeiter am IUG.

„Blicke in die Praxis":

DI **Peter Angermayer**, Danube Equity Invest-Management GmbH, Linz/Wien.

Dr.iur. **Friedrich Filzmoser**, Leiter Rechtsservice, Wirtschaftskammer OÖ, Linz.

Dr. **Christian Gemmato**, Marketingstrategie und Markenkreation, Leonding.

RA DDr.rer.soc.oec. et iur. **Alexander Hasch**, Rechtsanwaltskanzlei Hasch & Partner, Linz/Wi en/Gr az/Pr ag/Budwei s.

Mag.rer.soc.oec. **Bettina Kronfuß**, GründerCenter, Allgemeine Sparkasse OÖ, Linz.

MMag.rer.soc.oec. **Christian Radauer**, Geschäftsführer-Stv. von i2b – ideas to business, Wien.

Stb. Mag.rer.soc.oec. **Markus Raml**, Raml und Partner Steuerberatung GmbH, Linz.

Mag. Dr. phil. **Andrea Scheichl**, Österreichisches Patentamt, Wien.

Mag.iur. **Michael Schenk**, LL.M., Welzl-Schuster-Rechtsanwälte, Linz.

Dr. **Peter Takacs**, austria wirtschaftsservice | erp-fonds, Wien.

Günther Wiesauer, Gründer und Geschäftsführer von Underground_8, Linz.

Mag. phil. **Susanna Wieseneder**, Personal Counseling, Wien.

Layout: **Judith Miny** (IUG)

Stichwortverzeichnis